国家林业和草原局普通高等教育“十三五”规划教材

湿地生态监测与评价

郭雪莲　主编

中国林业出版社

图书在版编目(CIP)数据

湿地生态监测与评价 / 郭雪莲主编. —北京：中国林业出版社，2020. 11(2023. 12 重印)
国家林业和草原局普通高等教育“十三五”规划教材
ISBN 978-7-5219-0207-5

Ⅰ. ①湿… Ⅱ. ①郭… Ⅲ. ①沼泽化地—生态系统—环境监测—高等学校—教材 ②沼泽化地—环境生态评价—高等学校—教材 Ⅳ. ①P931. 7

中国版本图书馆 CIP 数据核字(2019)第 180776 号

国家林业和草原局普通高等教育“十三五”规划教材

中国林业出版社教育分社

策划编辑： 杜 娟　　**责任编辑：** 范立鹏

电话： (010)83143626　　**传真：** (010)83143516

出版发行 中国林业出版社(100009 北京市西城区德内大街刘海胡同 7 号)
E-mail：jiaocaipublic@ 163. com
电话：(010)83143500
http：//www. forestry. gov. cn/lycb. html
经　销 新华书店
印　刷 北京中科印刷有限公司
版　次 2020 年 11 月第 1 版
印　次 2023 年 12 月第 2 次印刷
开　本 787mm×1092mm 1/16
印　张 13. 75
字　数 445 千字
定　价 46. 00 元

案例分析
扫码阅读

《湿地生态监测与评价》编写人员

主　　编　郭雪莲

副 主 编　张　昆　郑荣波　姚允龙　董李勤　陈国柱

编写人员　(按姓氏笔画排序)

王华新　刘　强　李宁云　李艳波　杨苑君　张　昆　陈　伟　陈国柱　郑荣波　赵筱青　姚允龙　高俊琴　郭雪莲　曹春香　董李勤

前 言

湿地是地球上最具生物多样性的生态景观和人类最重要的生存环境之一，与森林、海洋一起并称为全球三大生态系统。湿地为人类生活和社会生产提供了极为丰富的自然资源，同时，还发挥着巨大的环境调节功能，对人类的发展存在重大的生态效益。各类湿地在调节气候、涵养水源、调蓄洪水、降解污染物、保护生物多样性等方面发挥着重要作用，因而被称为“地球之肾”。湿地生态系统是国家或地区生态安全体系中的重要生命支撑系统。随着人口的增长和社会经济的迅猛发展，在人们生活水平日益提高的同时，生态环境却逐渐恶化，促使人们不断提高生态保护意识，湿地的生态功能也因此受到广泛关注。

湿地类型多样、面积辽阔、分布广泛，从寒带到热带，从沿海到内陆，从平原到高原，全国各地都有湿地分布。2014 年，全国第二次湿地资源调查表明，我国湿地面积持续萎缩、生态功能逐渐退化、生物多样性不断丧失、水环境质量大幅恶化等湿地生态环境问题极为突出。湿地生态保护作为我国生态文明建设的重要内容，事关国家生态安全及经济社会的可持续发展。建立完善的湿地生态监测与评价体系，全面掌握湿地生态环境指标的动态变化，可以为湿地的管理、科学研究和合理利用提供及时、准确、翔实的基础数据，对保护湿地环境、维持湿地生态功能、实现经济的可持续发展等均具有重要意义。

截至 2019 年年底，我国共有各级湿地公园 1486 个，湿地自然保护区 602 个，国际重要湿地 57 个，还建有大批的国家级和省级重要湿地。为了及时掌握湿地的现状及发展趋势，需要大批从事湿地生态监测的专业人员，但目前我国在此类人员的培养以及培养该类人员所需的教材方面均很缺乏。

本教材以生态学理论为基础，结合编者多年研究实践，系统阐述湿地生态监测与评价的技术方法。全书共 8 章，第 1 章湿地生态监测概述，阐述湿地生态监测与评价的目的意义、发展趋势及其指标体系；第 2 章至第 7 章分别详细介绍湿地大气环境监测、湿地水环境监测、湿地土壤监测、湿地生物监测、湿地景观遥感监测及湿地周边社会经济调查的内容、指标和方法；第 8 章介绍湿地生态系统评价的方法，并通过案例对该评价方法进行演示。本教材的编写在强调基础的同时，力求反映湿地生态研究领域的最新进展，培养学生的实践操作能力。

本书由郭雪莲统筹拟定编写大纲，各位编者分工编写，最后由郭雪莲统稿，并对部分章节进行补充、修改和调整。具体分工如下：第 1 章由郭雪莲、董李勤、高俊琴编写，第

2章由张昆、董李勤编写，第3章由王华新、郑荣波、郭雪莲编写，第4章由郭雪莲、郑荣波编写，第5章由郭雪莲、陈国柱、刘强编写，第6章由姚允龙编写，第7章由李宁云、李艳波、赵筱青、杨苑君编写，第8章由曹春香、陈伟编写。

受编者水平和编写时间所限，该书难免存在一些疏漏之处，敬请读者批评指正。

编 者

2020年5月

目 录

前 言
第 1 章 湿地生态监测概述 …… (1)
1.1 湿地的相关概念 …… (1)
1.1.1 湿地的定义 …… (1)
1.1.2 湿地的类型 …… (3)
1.1.3 湿地的生态系统特征 …… (6)
1.2 湿地生态监测概况 …… (9)
1.2.1 湿地生态监测的概念 …… (9)
1.2.2 湿地生态监测的目的 …… (9)
1.2.3 湿地生态监测的意义 …… (10)
1.2.4 湿地生态监测的发展历史 …… (11)
1.2.5 湿地生态监测的发展趋势 …… (17)
1.2.6 湿地生态监测指标体系 …… (18)
1.2.7 湿地生态系统评价体系 …… (28)
参考文献 …… (36)
第 2 章 湿地大气环境监测 …… (38)
2.1 湿地气象观测场布置 …… (38)
2.1.1 观测场条件要求 …… (38)
2.1.2 观测场内仪器设施布置 …… (38)
2.2 湿地常规气象要素监测 …… (39)
2.2.1 湿地常规气象要素监测概述 …… (39)
2.2.2 自动气象站的原理和组成 …… (39)
2.2.3 自动气象站的功能 …… (39)
2.2.4 数据采集器 …… (39)
2.2.5 自动气象站数据采样和算法 …… (40)
2.2.6 自动气象站的避雷措施 …… (42)
2.2.7 自动气象站的日常工作 …… (43)
2.2.8 自动气象站的维护 …… (43)

2.3 湿地小气候监测 …………………………………………………………………… (43)
2.3.1 湿地小气候监测概述 ………………………………………………………… (43)
2.3.2 湿地小气候观测场地设置 …………………………………………………… (44)
2.3.3 湿地小气候观测场建设 ……………………………………………………… (44)
2.3.4 小气候观测时制 ……………………………………………………………… (44)
2.3.5 小气候观测操作 ……………………………………………………………… (45)
2.3.6 小气候观测的辅助记录 ……………………………………………………… (46)
2.4 湿地大气环境化学成分监测 ………………………………………………………… (46)
2.4.1 湿地大气环境化学成分监测概述 …………………………………………… (46)
2.4.2 干沉降 ………………………………………………………………………… (47)
2.4.3 湿沉降 ………………………………………………………………………… (50)
2.4.4 CO_2 浓度测定 ……………………………………………………………… (52)
2.4.5 CH_4 浓度测定 ……………………………………………………………… (52)
2.4.6 N_2O 浓度测定 ……………………………………………………………… (53)
2.5 湿地土壤—大气界面 CO_2、CH_4 和 N_2O 交换通量监测 ……………………… (53)
2.5.1 土壤 CO_2、CH_4 和 N_2O 产生与消耗过程及耦合关系 …………………… (53)
2.5.2 土壤—大气界面 CO_2、CH_4 和 N_2O 交换通量监测方法进展 …………… (54)
2.5.3 土壤—大气界面 CO_2、CH_4 和 N_2O 交换通量箱式法监测方法 ………… (55)
参考文献 …………………………………………………………………………………… (59)
第3章 湿地水环境监测 ………………………………………………………………… (60)
3.1 湿地水文要素监测 ………………………………………………………………… (60)
3.1.1 湿地水文要素监测场地设置 ………………………………………………… (60)
3.1.2 湿地水文要素监测指标 ……………………………………………………… (61)
3.1.3 湿地水文要素监测方法 ……………………………………………………… (61)
3.2 湿地水质监测 ……………………………………………………………………… (62)
3.2.1 湿地水质监测样点设置 ……………………………………………………… (62)
3.2.2 湿地水质监测样品采集 ……………………………………………………… (65)
3.2.3 湿地水质监测指标及测定方法 ……………………………………………… (69)
3.2.4 湿地水质评价标准 …………………………………………………………… (71)
3.2.5 湿地水质评价方法 …………………………………………………………… (72)
3.2.6 湿地富营养化水平评价方法 ………………………………………………… (73)
3.3 湿地沉积物监测 …………………………………………………………………… (75)
3.3.1 湿地沉积物监测样点设置 …………………………………………………… (75)
3.3.2 湿地沉积物样品采集 ………………………………………………………… (75)
3.3.3 湿地沉积物监测方法 ………………………………………………………… (76)
参考文献 …………………………………………………………………………………… (77)

第4章 湿地土壤监测 …… (79)
4.1 土壤样品采集 …… (79)
4.1.1 土壤监测样地的设置原则 …… (79)
4.1.2 土壤监测样方的设置方法 …… (80)
4.1.3 土壤取样 …… (80)
4.2 土壤样品的处理和储存 …… (82)
4.2.1 土壤样品的风干 …… (82)
4.2.2 土壤样品的研磨和过筛 …… (82)
4.2.3 土壤样品的保存 …… (83)
4.3 土壤物理性质测定 …… (83)
4.3.1 土壤颗粒组成测定 …… (83)
4.3.2 土粒密度测定 …… (84)
4.3.3 土壤容重 …… (84)
4.3.4 土壤孔隙度 …… (85)
4.3.5 土壤含水量 …… (87)
4.4 土壤化学性质检测 …… (90)
4.4.1 土壤酸碱度 …… (90)
4.4.2 土壤氧化还原电位 …… (90)
4.4.3 土壤有机质 …… (91)
4.4.4 土壤氮含量 …… (92)
4.4.5 土壤全磷 …… (93)
4.4.6 土壤全钾 …… (94)
4.4.7 土壤硫化物 …… (94)
4.4.8 土壤微量元素 …… (95)
参考文献 …… (95)
第5章 湿地生态系统生物监测 …… (97)
5.1 湿地植物监测 …… (97)
5.1.1 湿地植被类型、面积与分布 …… (97)
5.1.2 湿地植物群落的调查与监测 …… (98)
5.2 湿地鸟类监测 …… (112)
5.2.1 调查准备 …… (113)
5.2.2 鸟类调查方法 …… (114)
5.2.3 鸟类调查数据分析 …… (115)
5.3 湿地兽类监测 …… (116)
5.3.1 大型兽类种类和种群数量调查方法 …… (116)
5.3.2 小型兽类种类和种群数量的观测 …… (117)
5.4 湿地两栖、爬行类动物监测 …… (118)

5.4.1 两栖、爬行类动物分类 …… (118)
5.4.2 两栖、爬行类动物监测指标 …… (121)
5.4.3 两栖、爬行类动物监测方法 …… (121)
5.5 湿地鱼类监测 …… (127)
5.5.1 鱼类分类鉴别 …… (127)
5.5.2 鱼类监测方法 …… (129)
5.5.3 鱼类监测内容 …… (131)
5.6 湿地浮游动物监测 …… (142)
5.6.1 浮游动物分类 …… (142)
5.6.2 浮游动物监测 …… (143)
5.7 湿地底栖动物监测 …… (146)
5.7.1 底栖动物概述 …… (146)
5.7.2 底栖动物监测方法 …… (148)
5.7.3 底栖动物监测内容 …… (150)
参考文献 …… (150)
第6章 湿地景观遥感监测 …… (156)
6.1 遥感监测 …… (156)
6.1.1 遥感监测的意义 …… (156)
6.1.2 遥感监测的数据源 …… (156)
6.1.3 湿地遥感监测的应用领域 …… (159)
6.1.4 遥感监测的方法过程 …… (167)
6.2 湿地景观格局动态监测 …… (171)
6.2.1 景观格局 …… (172)
6.2.2 湿地景观动态监测 …… (177)
参考文献 …… (180)
第7章 湿地及周边社会经济调查 …… (184)
7.1 社会经济调查的流程 …… (184)
7.1.1 分析基础资料 …… (184)
7.1.2 确定调查问题 …… (184)
7.1.3 选取调查对象 …… (185)
7.1.4 设计调查方案 …… (185)
7.1.5 开展社会经济调查 …… (185)
7.2 社会经济调查方法 …… (186)
7.2.1 文献研究法 …… (186)
7.2.2 访谈调查法 …… (186)
7.2.3 问卷调查法 …… (187)
7.3 社会经济调查指标 …… (187)

参考文献 …………………………………………………………………………… (189)
第8章 湿地生态系统评价 ………………………………………………………………… (190)
8.1 湿地生态系统评价数据获取方式 ………………………………………………… (190)
8.2 湿地生态系统评价指标计算方法 ………………………………………………… (190)
8.2.1 健康评价指标计算方法 ………………………………………………… (191)
8.2.2 功能评价指标计算方法 ………………………………………………… (197)
8.2.3 价值评价指标计算方法 ………………………………………………… (198)
8.3 湿地生态系统综合评价 ………………………………………………………… (201)
8.3.1 湿地生态系统健康评价 ………………………………………………… (201)
8.3.2 湿地生态系统功能评价 ………………………………………………… (202)
8.3.3 湿地生态系统价值评价 ………………………………………………… (203)
参考文献 …………………………………………………………………………… (204)

第1章 湿地生态监测概述

1.1 湿地的相关概念

1.1.1 湿地的定义

目前，国际上对湿地并没有统一的定义。一般认为，湿地是指位于深水系统和陆地系统之间，受深水系统和陆地系统的共同影响，地表长期或季节性积水的景观类型。复杂的地理条件形成了类型多样的湿地。虽然不同类型的湿地具有不同的特征，但也存在某些共性，这些共性包括：所有湿地地表都有长期、季节性浅层积水或者土壤水分饱和；常常具有独特的土壤条件，长期处于厌氧环境或厌氧环境与好氧环境交替，积累有机物并分解缓慢；具有多种多样的适应淹水或土壤含水量饱和条件的生物。

由于湿地存在类型多样性、分布广泛性、面积差异性、淹水条件易变性，以及边界的不确定性，对湿地进行科学的定义比较困难，目前尚无统一的、被普遍认同的湿地定义。由于湿地经常位于水陆交错地带，受到水陆系统的共同作用，因此，有些学者将湿地划归陆地系统，有些学者则将湿地划归水体系统，这一缺陷导致了在湿地管理、分类中容易出现混淆和矛盾。湿地定义的多样性反映了湿地的类型、大小、区位和环境条件的复杂性与多样性。

1956年，美国鱼类和野生动物管理局提出，湿地是被浅水或暂时性积水所覆盖的低地，一般包括草本沼泽、灌丛沼泽、泥炭藓沼泽、湿草甸、泡沼、浅水沼泽以及滨河泛滥地，也包括生长挺水植物的浅水湖泊或浅水水体，但河、溪、水库和深水湖泊等稳定水体不包括在内，因为这些水体不具有暂时性，对湿地土壤植被的发展几乎毫无作用。该定义强调了湿地作为水禽生境的重要性，定义了20种湿地类型。直到20世纪70年代该定义一直作为美国的主要湿地分类标准，但该定义对水深未做规定。

美国军人工程师协会在1977年“清洁水行动”增补本的404议案要求下，给出的湿地定义为：“湿地是指那些地表水和地面积水浸淹的频度和持续时间充分，能够供养(在正常环境下确实供养)那些适应于潮湿土壤的植被的区域。湿地通常包括灌丛沼泽、草本沼泽、苔藓泥炭沼泽以及其他类似的区域。”这一定义只给出一项指标(植被)，主要是为了在湿地管理中应用简便。

1979年，美国鱼类和野生动物管理局提出了一个较为综合的湿地定义，即湿地是处于陆地生态系统和水生生态系统之间的转换区，通常其地下水位达到或接近地表，或者处于浅水淹覆状态，湿地通常具有以下3个特征：①地表长期或周期性受到水淹或水浸；②适应多水环境的水生植物；③基质以排水不良的水成土为主。这一概念为美国的湿地分类和湿地综合调查提供了依据，在美国被湿地研究人员所广泛接受。

在20世纪90年代初期，美国出版了《湿地：特征和边界》。该书将湿地定义为："湿地是一个依赖于在基质的表面或附近，持续的或周期性的浅层积水或水分饱和的生态系统，并且具有持续的或周期性的浅层积水或饱和的物理、化学和生物特征。湿地的诊断特征为水成土壤和水生植被。除非特殊的物理、化学、生物条件或人为因素，使得这些特征消失或阻碍它们发育，湿地一般具备上述特征。"尽管这个定义很少正式使用，但它是湿地的综合科学定义。1995年，美国农业部下属的土壤保护组织(现美国自然资源保护协会)将湿地定义为："湿地是一种土地，它具有一种占优势的水成土壤；经常被地表水或地下水淹没或饱和；生长有适应饱和土壤环境的典型水生植被。"这一基于农业的定义，强调的是水成土壤。

加拿大学者将湿地定义为："湿地是指水淹或地下水位接近地表，或水分饱和时间足够长，从而促进湿成和水成过程，并以水成土壤、水生植被和适应潮湿环境的生物活动为标志的土地。"湿地的干、湿存在两种极端情况：①有浅层明水面，一般水深小于2m；②在生态系统发育全过程中，淹水为主导条件的周期性淹水地方。还有的学者将湿地定义为："湿地是长期水饱和，有助于湿生或水生过程的土地，以排水不良的土壤、水生植被和适应湿生环境的多种生物活动为特征。"英国学者把湿地定义为："一个地面受水浸润的地区，具有自由水面，通常是四季存水，但也可以在有限的时间段内没有积水，自然湿地的主要控制因子是水文、气候、地形，人工湿地还有其他控制因子。"日本有关学者认为湿地的主要特征，首先是潮湿，其次是地下水位高，第三是至少在一年的某段时间内，土壤处于饱和状态。这一提法充分表明日本湿地界在湿地问题上强调水分和土壤，但同时忽略了植被现状。

1971年，在国际自然保护联盟（International Union for the Conservation of Nature and Natural Resources，IUCN)的主持下，在伊朗的拉姆萨尔会议上通过了《关于特别是作为水禽栖息地的国际重要湿地公约》(*Convention on Wetlands of International Importance Especially as Waterfowl Habitat*，简称《湿地公约》)。《湿地公约》对湿地的定义为：不论其为天然或人工、永久或暂时性的沼泽地、泥炭地或水域地带，静止或流动，淡水、半咸水、咸水水体，包括低潮时水深不超过6m的水域；同时还包括邻接湿地的河湖沿岸、沿海区域以及位于湿地范围内的岛屿或低潮时水深不超过6m的海水水体。

可见，国际上对湿地的定义有多种，虽然各有侧重，但基本都从水、土、植物三个要素出发，界定了多水(积水或饱和)、独特的土壤和适水的生物活动是湿地的基本要素。

1.1.2　湿地的类型

(1)《湿地公约》中湿地类型的划分

1990 年，在蒙特利尔召开的《湿地公约》缔约国第 4 届成员国大会上，制定了国际重要湿地分类系统(表 1-1)。该分类系统将全世界的湿地划分为天然湿地和人工湿地两大系统。天然湿地系统之下，又分为近海及海岸湿地和内陆湿地两个大类。近海及海岸湿地大类之下，又划分为 12 个湿地型；内陆湿地大类之下，又划分为 20 个湿地型。在人工湿地系统之下，划分为 10 个湿地型。从表 1-1 中可以看出，国际重要湿地分类系统对湿地的划分与《湿地公约》对湿地的定义是一致的，是一个广义的湿地分类系统。可见，国际重要湿地分类系统充分体现了保护湿地生态系统多样性和保护水禽的栖息地的宗旨。

表 1-1　国际重要湿地分类系统

湿地系统	湿地类	湿地型	《湿地公约》指定代码	说　明
天然湿地	近海及海岸湿地	浅海水域	A	低潮时水位在 6m 以内水域，包括海湾和海峡
		海草床	B	潮下藻类、海草、热带海草植物生长区
		珊瑚礁	C	珊瑚礁及其临近水域
		岩石海岸	D	海岸岛礁与海边峭壁
		沙滩、砾石与卵石滩	E	滨海沙洲、沙岛、沙丘及丘间沼泽
		河口水域	F	河口水域和河口三角洲水域
		滩涂	G	潮间带泥滩、沙滩和海岸其他淡水沼泽
		盐沼	H	滨海盐沼、盐化草甸
		红树林沼泽	I	海岸咸、淡水森林沼泽
		咸水、碱水潟湖	J	有通道与海水相连的咸水、碱水潟湖
		海岸淡水潟湖	K	淡水三角洲潟湖
		海滨岩溶洞穴水系	Zk(a)	滨海岩溶洞穴
	内陆湿地	内陆三角洲	L	内陆河流三角洲
		河流	M	河流、支流、溪流、瀑布
		时令河	N	季节性、间歇性、不规则性小河、小溪
		湖泊	O	面积大于 $8hm^2$ 淡水湖泊，包括大型牛轭湖
		时令湖	P	面积大于 $8hm^2$ 的季节性、间歇性淡水湖泊
		盐湖	Q	咸水、半咸水、碱水湖
		时令盐湖	R	季节、间歇性咸水、半咸水湖及其浅滩
		内陆盐沼	Sp	内陆盐沼及泡沼
		时令碱水、咸水盐沼	Ss	季节性盐沼及泡沼
		淡水草本沼泽	Tp	草本沼泽及面积小于 $8hm^2$ 生长植物的泡沼

（续）

湿地系统	湿地类	湿地型	《湿地公约》指定代码	说　明
天然湿地	内陆湿地	泛滥地	Ts	季节性泛洪地、湿草甸和面积小于 8hm^2 的泡沼
		草本泥炭地	U	藓类泥炭地和草本泥炭地，污林泥炭地不属此类型
		高山湿地	Va	高山草甸、融雪形成的暂时水域
		苔原湿地	Vt	高山苔原、融雪形成的暂时水域
		灌丛湿地	W	灌丛为主的淡水沼泽，无泥炭积累
		淡水森林沼泽	Xf	淡水森林沼泽、季节性泛滥森林沼泽
		森林泥炭地	Xp	森林泥炭地
		淡水泉	Y	淡水泉及绿洲
		地热湿地	Zg	温泉
		内陆岩溶洞穴水系	Zk(b)	地下溶洞水系
人工湿地		鱼虾养殖塘	1	鱼虾养殖池塘
		水塘	2	面积小于 8hm^2 的农用池塘、储水池塘
		灌溉地	3	灌溉渠系与稻田
		农用洪泛湿地	4	季节性泛滥农用地，包括集约管护和放牧草地
		盐田	5	采盐场
		蓄水区	6	水库、拦河坝、堤坝形成的大于 8hm^2 的储水区
		采掘区	7	积水取土坑、采矿地
		污水处理场	8	污水场、处理池和氧化塘等
		运河、排水渠	9	输水渠系统
		地下输水系统	Zk(c)	人工管护的岩溶洞穴水系统

(2) 中国湿地分类

根据《湿地分类》(GB/T 24708—2009)，综合考虑湿地成因、地貌类型、水文特征、植被类型可将我国湿地分为 3 级：第 1 级将全国湿地生态系统分为自然湿地和人工湿地两大类。自然湿地往下依次分为第 2 级(4 类)、第 3 级(30 类)。人工湿地往下划分第 2 级，共有 12 类。整个分类系统共包括 42 类(表 1-2)。

1.1.3　湿地的生态系统特征

湿地是由水体系统和陆地系统相互作用形成的。水体系统和陆地系统相互作用的方式和强度不同，形成的湿地类型也不同。湿地的形成主要通过两种途径：一种为陆地化过

表 1-2　中国湿地分类

1 级	2 级	3 级	划分技术标准
自然湿地	近海及海岸湿地	浅海水域	湿地底部基质为无机部分组成，植被盖度<30%的区域，包括海湾、海峡
		潮下水生层	海洋潮下，湿地底部基质为有机部分组成，植被盖度≥30%，包括海草层、热带海洋草地
		珊瑚礁	基质由珊瑚聚集生长而成的浅海区域
		岩石海岸	底部基质 75%以上是岩石和砾石，包括岩石性沿海岛屿、海岩峭壁
		沙石海滩	为砂质或为沙石组成的，植被盖度<30%的疏松海滩
		淤泥质海滩	由淤泥质组成的植被盖度<30%的泥滩或沙质海滩
		潮间盐水沼泽	潮间地带形成的植被盖度≥30%的潮间沼泽，包括盐碱沼泽、盐水草地和海滩盐沼、高位盐水沼泽
		红树林	由红树植物为主组成的潮间沼泽
		河口水域	从近口段的潮区界(潮差为零)至口外海滨段的淡水舌锋缘之间的永久性水域
		三角洲、沙洲、沙岛	河口系统四周冲积的泥/沙滩，沙洲、沙岛(包括水下部分)植被盖度<30%
		海岸性咸水潟湖	地处海滨区域，有一个或多个狭窄水道与海相通的湖泊，也称为潟湖，包括海岸性微咸水、咸水或盐水湖
		海岸性淡水潟湖	起源于潟湖，但已经与海隔离后演化而成的淡水湖泊
	河流湿地	永久性河流	常年有河水径流的河流，仅包括河床部分
		季节性或间歇性河流	一年中只有季节性(雨季)或间歇性有水径流的河流
		洪泛湿地	在丰水季节由洪水泛滥的河滩、河谷、季节性泛滥的草地以及保持了常年或季节性被水浸润内陆三角的统称
		喀斯特溶洞湿地	喀斯特地貌下形成的溶洞集水区域或地下河或溪
	湖泊湿地	永久性淡水湖	面积大于 $8hm^2$，由淡水组成的具有常年积水的湖泊
		永久性咸水湖	由微咸水或咸水组成的具有常年积水的湖泊
		永久性内陆盐湖	由含盐量很高的卤水(矿化度>50g/L)组成的永久性湖泊
		季节性淡水湖	由淡水组成的季节性或间歇性湖泊
		季节性咸水湖	由微咸水、咸水或盐水组成的季节性或间歇性湖泊
	沼泽湿地	苔藓沼泽	发育在有机土壤、具有泥炭层和以苔藓植物为优势群落的沼泽
		草本沼泽	以水生植物和沼生、草本植物组成优势群落的淡水沼泽，包括无泥炭草本沼泽和泥炭草本沼泽
		灌丛沼泽	以灌丛植物为优势群落的淡水沼泽，包括无泥炭灌丛沼泽和泥炭灌丛沼泽

（续）

1级	2级	3级	划分技术标准
自然湿地	沼泽湿地	森林沼泽	以乔木森林植物为优势群落的淡水沼泽，包括无泥炭森林沼泽和泥炭森林沼泽
		内陆盐沼	受盐水影响，生长盐生植被的沼泽
		季节性咸水沼泽	受微咸水或咸水影响，只在部分季节维持浸湿或潮湿状况的沼泽
		沼泽化草甸	为典型草甸向沼泽植被的过渡类型，是在地势低洼、排水不畅、土壤过分潮湿、通透性不良等环境条件下发育起来的，包括分布在平原地区的沼泽化草甸以及高山和高原地区具有高寒性质的沼泽化草甸
		地热湿地	以地热泉水补给为主的沼泽
		淡水泉、绿洲湿地	以由露头地下泉水补给为主的沼泽
人工湿地	水库	—	以蓄水、发电为主要目的建造的面积大于 $8hm^2$ 的人工湿地
	运河、输水河	—	为输水或水运建造的人工河流湿地
	淡水养殖场	—	以淡水养殖为主要目的修建的人工湿地
	海水养殖场	—	以海水养殖为主要目的而修建的人工湿地
	农用池塘	—	为农业灌溉、农村生活为主要目的修建的蓄水池塘
	灌溉用沟、渠	—	以灌溉为主要目的修建的沟、渠
	稻田、冬水田	—	可种植水稻、冬季蓄水或浸湿状农田
	季节性洪泛农业用地	—	在丰水季节依靠洪泛保持浸湿状态并进行耕作的农地、集中管理或放牧的湿草地或牧场
	盐田	—	为获取盐业资源而修建的晒盐场所或盐池
	采矿挖掘区和塌陷积水区	—	开采矿产资源形成的矿坑、挖掘场所蓄水或塌陷积水形成的湿地，包括砂、砖坑、土坑及采矿地
	废水处理场所	—	为处理污水而建立的污水处理场所，包括污水处理厂和以净化水功能为主的湿地
	城市人工景观水面和娱乐水面	—	在城镇、公园，因环境美化、居民休闲和娱乐而建造的各类人工湖、池、河等人工湿地

程，由于水体系统水位、系统自身以及流域的营养状况、植物地理条件、系统的面积和形状、系统底部和四周的地形等条件的变化，不断地淤积使水体系统淹水深度变浅，并伴随水生植物发育而形成的湿地；另一种途径为沼泽化过程，陆地系统由于河流泛滥、排水不良，以及地下水水位接近地表或涌水等作用而形成湿地。平坦的盆地或河谷，如果下层由不透水的黏土沉积物构成，而且周期性或长期被流动缓慢或静止水过饱和容易产生沼泽化

过程。

湿地一般发育在陆地系统(如森林、草地)和水体系统(如湖泊、海洋)的交界处，如滨海湿地、湖滩湿地、河滩湿地、河口湿地等，但又与陆地系统、水体系统有着本质差异。湿地也可以孤立地发育在水分饱和的地方(如某些内陆沼泽等)，这里的水体系统为地下含水层。湿地具有的特殊性质——积水或淹水土壤、厌氧条件和适应水生和湿生环境的动植物，既不同于陆地系统也不同于水体系统，是湿地的本质特征。表层长期或季节性积水、土壤水分饱和或过饱和、适应水生或湿生环境的生物存在，是湿地生态系统的基本特征。

(1)多水的环境

湿地在空间分布上处于水体系统和陆地系统之间的过渡地带，对水文状况非常敏感，水文决定着湿地的生物特征和非生物特征。绝大多数湿地的水流和水位是动态变化的，降水、地形和与湿地相连的湖泊、河流影响湿地的水文状况(淹水频率、淹水持续时间、淹水周期等)。一般将湿地水位随时间变化的模式称为湿地水文周期。湿地水文周期是湿地的生态特征之一。滨海湿地的水位具有日变化特征，几乎所有湿地都具有季节变化特征，一些湿地水位变化还有年际变化特征。

尽管湿地与陆地系统、水体系统在结构和功能上具有某些相似性，但湿地与陆地系统和水体系统存在显著的差异(表1-3)。

表1-3　湿地系统与陆地系统、水体系统基本特征的对比

基本特征	陆地系统	湿地系统	水体系统
水文状况	由干到湿	季节或永久淹水	永久淹水
生物地球化学作用	源	源、汇或转换器	汇
生产力	由低到中	一般较高	一般较低

(2)特殊的基质

湿地的基质主要为淹水形成的土壤和成土物质，一般包括有机土壤、矿质土壤和未经过成土过程的沉积物。一般湿地有机残体积累大于分解，形成有机物质积累，在一些湿地中会形成泥炭。持续淹水的湿地具有相对稳定的厌氧环境；季节性淹水的湿地氧化过程与还原过程交替变化。湿地的氧化还原条件对湿地生物地球化学循环有重要意义。淹水使细粒矿物质和有机物质沉积在湿地中，增加了湿地的营养。水文条件对湿地土壤的物理、化学特征影响很大，如营养物质的有效性、基质下层的缺氧程度、土壤盐度、沉积物的性质和pH值等。

(3)丰富的生物多样性

湿地植物、湿地动物一般具有适应从淹水到干旱的环境变化的特性。湿地类型的多样性和湿地分布区域景观复杂性为生物创造了多样的生境。湿地一般发育在陆地系统和水体系统的交界处，一方面湿地具有深水系统的某些性质，如藻类、底栖无脊椎动物、浮游生物、厌氧基质和水的运动；另一方面，湿地也具有维管束植物，其结构与陆地系统植物类似，常导致湿地中高度的生物多样性。由于湿地具有的巨大食物链及其所支撑的丰富的生物多样性，为众多的野生动植物提供了独特的生境，具有丰富的遗传物质。湿地拥有丰富的野生动植物资源，是众多野生动植物，特别是珍稀水禽的繁殖和越冬地。因此，湿地也被称为“生物超市”。

(4)特殊的物质循环规律

从养分循环的角度来看，湿地与陆地系统的主要区别是，前者有更多的养分存储在有机沉积物中，并随着泥炭沉积或有机物输出等形式形成自身特殊的循环规律。湿地与水体系统一样，一般情况下养分长期存储在沉积物和泥炭中。但是，湿地与以浮游生物为主的深水系统相比存储的养分更多。所以，在湖泊和海岸的自养区，水体系统的养分循环比多数湿地自养区的养分循环快。湿地与湖泊或海岸水域之间的另一个明显的区别是，多数的湿地植物从沉积物中获取营养，而浮游植物依赖于溶解于水中的养分。湿地植物通常被形容为湿地的“养分泵”，植物可把养分从厌氧性的沉积物中带到地表系统；湖泊和河口的浮游植物则可看作另一种类型的“养分泵”，它们从有氧区域带走养分，死亡后将养分存储在厌氧性的沉积物中。

湿地独特多样的水文条件对其生物化学过程存在显著影响。水文条件不仅导致湿地物理、化学结构的变化，还可导致湿地内物质的空间运动。这些过程通过与相邻生态系统水—沉积物的交换和利用植物摄入，还可导致有机物质输出。这些过程也会影响湿地的生产力。湿地有机物质分解缓慢，从而形成有机物质堆积，在有的湿地中会形成泥炭。水分输入是湿地的主要营养来源途径，水分流出也会造成湿地生物和非生物物质的流失。一些湿地能够以比陆地系统高的速率向外持续输出有机碳。

从较大尺度来看，陆地系统在物质输移过程中，主要发挥物质“源”的功能，在外营力的作用下，向湿地系统和深水水体系统输送物质。深水水体系统一般发挥物质“汇”的功能，是陆源物质的接收器。湿地既具有物质“源”的功能，也具有物质“汇”的功能。如果某种物质或某种物质的某一特定形式对湿地的输入大于输出，则湿地就被看作“汇”；如果某一湿地向下游或相邻的生态系统输出更多的物质，则该湿地就被看作“源”。

(5)动态变化的湿地特征

湿地在形成、发育和生态功能方面是以水为主导因素的生态系统。湿地的多项重要特征是动态变化的。湿地的动态特征之一是湿地面积的变化和结构、功能的改变。

湿地特征变化的原因很复杂，既有自然原因，也有人类活动干扰的原因。一方面，湿地处于水体系统和陆地系统的交界处，水体系统和陆地系统的变化都会使湿地发生变化；湿地的淹水时间、淹水频率受地貌、气候等多种自然因素影响，使湿地经常处于变化之中；另一方面，人类活动加剧了湿地特征的变化过程，人类活动无论在影响方式上、还是在影响程度上，都发挥着越来越重要的作用。虽然许多破坏湿地的人类活动是小尺度、局部地区的，但此类活动的累积却有可能造成大范围的(整个流域或大陆)、长期的影响。

1.2 湿地生态监测概况

1.2.1 湿地生态监测的概念

湿地生态监测是采用科学的、可比的方法，在一定时间或空间上，对反映特定类型湿地生态系统结构与功能的特征要素与功能要素进行野外定位观察与测度，是定量获取湿地生态系统状况及其变化信息的过程。

监测是一种系统性的数据收集工作，可为表征问题的变化提供信息，可为目标临界值或操作标准的制定提供信息。因此，从小尺度上看，湿地生态监测可以为判定湿地的发展和变化是否能够达到预期目标提供数据。长期系统性的湿地生态监测指标可以直接或间接地反映湿地及其周边相关生态系统的健康状况、湿地的发育或演替趋势以及湿地资源利用的阈值等。而从大尺度上看，规范化的湿地生态监测数据可以用来比较分析国家、区域乃至洲际之间不同湿地类型、不同区域湿地生态质量的状况及其变化。因此，规范化的湿地生态监测可以为湿地科学研究提供基础数据，同时也是国家和地方各级政府及相关管理部门对湿地生态系统实施科学管理的必要保证。

湿地生态监测是获取湿地生态系统以及环境信息的重要手段，其监测结果是对生态系统的变化做出科学预测和制定合理保护措施的重要依据。要了解一个区域的湿地环境现状并对此做出评价，要掌握湿地系统的结构、功能与发育演化的过程及规律，并对其作出预测，必须依靠对湿地生态系统各项指标的监测。要了解湿地的开发利用状况、受威胁状况以及管理状况，进而采取相应的措施保护湿地，制定科学的湿地管理政策，也必须依靠湿地生态系统结构与功能状况长期、系统的数据。

1.2.2 湿地生态监测的目的

湿地生态监测的目的是揭示湿地生态系统的形成和演化规律，构建湿地生态系统模型，评价湿地生态系统的健康状况，阐明湿地退化的原因，探索湿地保护的途径。它是进行湿地科学研究的基础性工作，是制定湿地保护政策和实施湿地恢复工程的依据。

(1)掌握湿地生态过程及其变化趋势

从科学研究的角度考虑，湿地生态过程是由湿地物理、化学、生物过程构成的，这3个过程又是由多种不同的因素组成。通过对湿地进行生态监测，可以获得湿地发展不同时期各种因素的第一手翔实资料。科学地对这些监测资料进行分析，进而建立湿地生态过程及其变化趋势的专家模型。

(2)保护湿地生物多样性，维持生态系统的稳定

湿地是陆地和水体的过渡地带，不仅兼具陆生系统和水生系统的动植物类型，而且因其独特的生境吸引了许多珍稀水禽在此栖息繁殖，由此构成了多种多样的湿地生态系统生物种群。湿地生态系统的生物多样性既能反映湿地生态系统的健康状况，也是维持生态系统稳定平衡的必要条件。一个健康的湿地生态系统在总体上处于一种动态平衡状态，生物

群落及其生境在一定程度上相互作用以保持其平衡和稳定。当湿地生态系统的平衡被打破时，生物群落及生境必然出现了一定程度的变化，湿地的某些功能可能会减弱甚至丧失，生态脆弱性加剧，物种多样性下降，生产力降低，抗干扰能力也可能会减弱，从而导致湿地生态系统的退化。监测湿地动物的种类、数量及其迁徙状况，以及湿地植被的分布面积、种类、数量及其优势种的变化来判定湿地生态系统的稳定程度，可为提出和制定保护生物的生存环境及其物种多样性提供数据支持。

(3)服务湿地管理和湿地合理开发利用

湿地生态监测是湿地保护和湿地合理利用的基础和基本信息来源。通过对湿地进行生态监测，可以掌握湿地生态系统的动态变化规律，预测其变化趋势及原因，有针对性地提出湿地管理和合理利用的对策与建议，为湿地管理部门提供决策依据，还可为湿地开发利用的环境评估提供支持。

(4)促进人与自然资源的协调发展

通过对湿地进行生态监测，可以及时掌握人类活动对湿地生态系统的影响。湿地是人类的重要活动场所，是世界上最易受威胁的生态系统之一，其威胁主要来自人类活动。人类对湿地的盲目开垦和改造不仅造成湿地面积的减小，而且加剧了湿地污染和湿地功能的退化。对湿地进行生态监测，有助于及时准确地了解人类活动对湿地生态系统的影响，为人类合理利用及保护湿地提供科学依据，实现人类社会与生态环境的和谐发展。

1.2.3 湿地生态监测的意义

湿地是人类最重要的环境资本之一，也是自然界具有丰富生物多样性和较高生产力的生态系统，具有巨大的经济、社会和环境价值。湿地为人类生活和社会生产提供极为丰富的自然资源，还发挥巨大的环境调节功能，各类湿地在调节气候、涵养水源、均化洪水、促淤造陆、降解污染物、保护生物多样性和为人类提供生产、生活资源方面发挥了重要作用。

湿地水文、土壤、大气成分和小气候相互作用构成了湿地生态的特有环境，而构成这一环境任一因素的改变，都会导致湿地生态系统的变化。当受到自然或人为活动干扰时，湿地生态系统的稳定性将受到一定程度破坏，进而影响生物群落结构。由于人们认识水平的局限和对经济效益的单纯追求，长期以来在围垦、基建占用、环境污染、过度捕猎、泥沙淤积、不合理水利工程建设等诸多因素的共同作用下，湿地资源遭受了严重的破坏，使湿地正以极快的速度退化和消失，给经济和社会带来极大的危害，严重影响湿地的可持续发展。湿地生态系统的破坏在许多情况下往往不可逆转，即使经过治理使其恢复也要经过相当长的时间，需要付出巨大代价。为了遏制湿地生态环境的恶化趋势，必须尽早尽快行动，保护有限的湿地资源，使湿地资源实现永续利用。因此，在开展湿地资源调查的基础上，建立完善的湿地生态监测体系，全面掌握湿地的动态变化情况，为湿地管理、科学研究和合理利用提供及时准确的参考资料，对于保护湿地、维持湿地生态功能、实现湿地经济的可持续发展具有重大意义。

1.2.4　湿地生态监测的发展历史

1.2.4.1　国外湿地生态监测

(1)湿地生态监测的初期阶段

湿地生态监测始于对湿地的利用。早在 16 世纪，人们开始使用泥炭作为燃料，开始对湿地进行野外调查。俄罗斯是世界上湿地面积最大的国家，在该国所有的自然地带中都有湿地发育，尤其森林地带内沼泽分布广泛。对沼泽的研究起步较早，1873—1898 年便对俄国所处欧洲西部地区的沼泽研究进行了专业考察；1910 年，在爱沙尼亚的托马建立了世界上第一个沼泽试验站；1912 年，在白俄罗斯的明斯克附近也建立了沼泽试验站，用以对该区的沼泽进行监测；1921 年，苏联成立了第一个沼泽泥炭科学试验研究所，开展了大量的野外考察和监测工作；1946 年，俄罗斯水文研究所建立了第一批沼泽水文科学研究所，在爱沙尼亚恩德拉沼泽和阿瓦斯特沼泽进行半定位的野外监测，同时利用航测法对湿地的面积变化进行监测。20 世纪 20 年代，芬兰对森林沼泽进行了排水实验研究，这一时期的野外监测是零星的、非系统的，监测内容主要限于对湿地类型、分布及数量的调查。

(2)湿地生态监测的发展阶段

20 世纪 50 年代，随着对湿地功能和价值认识的加深，以及全球性湿地退化的出现，各国政府、学者对湿地保护愈加重视，围绕湿地退化、湿地的保护与合理利用而开展的湿地生态系统的野外监测也得到了较大的发展。1972 年，斯德哥尔摩联合国人类环境会议明确提出“监测”(monitoring)一词后，苏联、美国、加拿大、澳大利亚等国家在湿地生态监测的理论研究和野外实际监测工作都取得了较大的进展。一些国家和国际组织建立资源与环境监测网络及其数据信息管理系统，例如，1957 年，国际科学联盟理事会(ICSU)建立了世纪数据中心(WDC)；1972 年，联合国环境规划署(UNEP)建立了全球环境监测系统(GEMS)，1985 年，建立了全球资源信息数据库(GRID)，此后又建立了国际环境信息系统(IEIS)等大型生态信息系统。20 世纪 80 年代以后，随着全球生态问题的日益严重，国际上相继成立了一系列以解决人类所面临的资源、环境和生态方面问题为主要目的的国家、区域及全球性的长期生态研究网络(表 1-4)。

① 北美湿地生态监测：20 世纪 80 年代，美国建立的长期生态学研究网络(LTER)，是世界上第一个以生态学长期现象为主要对象的研究网络。该网络建设计划是由美国国家科学基金委员会(NSF)提出，并于 1980 年正式开始建设。经过 20 多年的建设与发展，已形成拥有 24 个站点，能够代表森林、湿地、草原、荒漠、冻原、农田、湖泊、海岸等重要生态系统类型的长期生态学研究网络。其中和湿地相关的台站包括：北极冻原站(ARC)、锡达河自然历史区站(CDR)、北温带湖泊站(NTL)、弗吉尼亚海岸保护区站(VCR)、佛罗里达海岸湿地站(FCE)等。美国除建立国家级长期定位监测台站之外，还通过科学研究项目设立了一些中期湿地野外监测站，如美国环境保护署(EPA)、美国工程兵团(U. S. Army Corps of Engineers)等分别在北美五大湖区及俄亥俄州北部湿地建立实验站，开展了相关的湿地监测工作。

加拿大湿地面积较大、类型多样，一些野外监测站也开展了湿地监测。例如，Peace-

表 1-4 全球主要长期生态学研究网络

序号	野外监测网络名称	所属国家
1	中国生态系统研究网络(The Chinese Ecosystem Research Network)	中国
2	中国台湾生态系统研究网络(The Taiwan Ecological Research Network)	中国
3	韩国长期生态研究所(Korea Long Term Ecological Research)	韩国
4	美国长期生态研究网络(The Long Term Ecological Research Network)	美国
5	加拿大生态监测与评价网络(The Ecological Monitoring and Assessment Network)	加拿大
6	墨西哥长期生态研究所(Mexico Long Term Ecological Research)	墨西哥
7	巴西长期生态学研究计划(The Brazilian Long Term Ecological Research Program)	巴西
8	哥斯达黎加长期生态研究所(Costa Rica Long Term Ecological Research)	哥斯达黎加
9	英国环境变化研究网络(The Environment Change Network)	英国
10	捷克共和国长期生态研究网络(Czech Republic Long Term Ecological Research Network)	捷克
11	匈牙利长期生态研究所(Hungary Long Term Ecological Research)	匈牙利
12	波兰长期生态研究所(Poland Long Term Ecological Research)	波兰
13	委内瑞拉长期生态研究网络(Venezuela Long Term Ecological Research Network)	委内瑞拉

Athabasca Delta 湿地（隶属伍德布法罗国家公园）、Dewey Soper 迁徙鸟类监测站(隶属加拿大野生动植物服务中心、环境保护部门)、Minesing 沼泽(隶属 NVCA 和安大略湖自然资源部)等。由加拿大鸟类研究组织，加拿大环境、美国五大湖保护基金和美国环境保护署协作，对五大湖区湿地进行长期监测，监测项目包括湿地鸟类和两栖动物的数量、种类及栖息地等。

② 欧洲湿地生态监测：欧洲湿地的数量在持续减少，面积也在不断缩小。据估计，20 世纪末欧洲湿地的面积仅为 20 世纪初的 1/3。由于湿地资源的迅速减少，急切需要开展具体的湿地保护行动。1991 年，在意大利的 Grado 召开的地中海湿地及鸟类管理大会发起了地中海湿地保护行动。该行动的首要工作是开展地中海湿地资源调查和监测，通过了解湿地生态变化及其原因，提出湿地资源监测的方法和步骤。该工作认为，在湿地资源监测中最关键的是监测指标和方法的选择，应根据监测目的进行指标和技术方法的选择。应用“3S”(RS、GPS、GIS)技术进行湿地资源调查和监测工作，可为湿地生物多样性保护和合理利用提供更多决策依据和技术支持。

英国环境变化研究网络(ECN)是 1992 年建立的一个由多机构、多学科组成的，在国家水平上从事资料收集与管理的项目，目的在于整合时间、空间、试验与模拟的资料，以便分析和确定环境的变化状况。该项目通过与英国其他监测计划结合，可以用于确定与人类活动有关的环境变化，并对人类活动可能对环境产生的影响进行预警。ECN 包括 47 个陆地试验站和淡水试验站，试验站遍布英格兰、苏格兰、威尔士和北爱尔兰，范围从高地到低地，从沼泽到草地，还包括大小湖泊和河流。其中和湿地有关的试验站有 Moor House-Upper Teesdale 试验站(隶属自然环境研究会和英国自然委员会)、Windermere 站(隶属自然环境研究会和淡水生态研究站)、Lough Neagh 试验站(隶属北爱尔兰农业部)等。

1993 年 ECN 开始正式的监测，淡水站点监测开始于 1994 年。

③ 大洋洲湿地生态监测：澳大利亚湿地监测工作开始于 20 世纪 60 年代，通过在河流河口湿地建立监测站，开展对水质以及植物的监测。20 世纪末，澳大利亚结合湿地普查、湿地研究计划建立了一些湿地监测台站，主要用于对滨海湿地、河口湿地的水质、湿地物种、沉积物以及人类活动进行监测。新西兰在 1998 年开始了第一阶段的湿地监测工程，建立新西兰湿地监测指标体系以及用于监测湿地变化的方法和手段。本阶段湿地监测的对象主要是海岸湿地和沼泽湿地，同时也对河流湿地生态系统进行了监测。第二阶段以第一阶段为基础，开展了 3 个方面的研究和建设工作：确立科学的湿地监测指标，编制湿地监测手册；确立适合新西兰具体国情、符合湿地环境条件和发展趋势的监测指标；建成湿地监测示范区用以湿地研究。2000 年，在 15 个湿地开展了以上工作，监测站点的选择主要考虑湿地的代表性、现存的信息、监测的意义、干扰程度以及土地利用的压力等。

④ 亚洲湿地生态监测：亚洲湿地生态监测起步较晚，始于 20 世纪末期。1999 年，湿地国际发起了亚洲湿地普查项目(AWI)。在日本、印度、泰国、马来西亚等亚洲国家开展湿地普查、监测。AWI 提供了湿地普查、监测的标准方法，监测内容包括：湿地气候、生物、水文、土壤以及湿地的变化和社会经济情况。日本湿地生态监测主要是针对湿地的生态功能进行监测，湿地监测内容包括：初级生产力、有机物分解、生物多样性维持、堆积功能、脱氮功能、野生生物栖息地(鸟类)。印度在 20 世纪末也对全国的湿地生态系统进行了监测。印度政府建立了 30 个固定的湿地监测站，对印度东海岸潟湖的环境变化进行长期监测，监测的内容主要包括：水的理化性质、沉积物、浮游植物等。

虽然发展中国家实施湿地野外监测较晚，但许多国家(如喀麦隆、哥斯达黎加、肯尼亚、尼日利亚等)的野外监测成果却填补了世界上湿地区域研究上的一些空白。

1.2.4.2　我国湿地生态监测

我国是世界湿地大国，湿地面积居世界第四、亚洲之首，并且湿地类型十分丰富。随着我国经济的快速发展和人口的持续增长，人类活动对湿地资源的影响将更加明显。受限于人们的认识水平和对经济效益的追求，长期以来，在围垦、基建占用、环境污染、过度捕猎、泥沙淤积、不合理水利工程建设等诸多因素的共同作用下，我国湿地资源遭受了严重的破坏，使我国湿地以极快的速度在萎缩和消失。

我国的湿地生态监测起步较晚。自 1949 年中国科学院建院以来，陆续在全国各重要生态区建立了 100 多个生态系统定位研究站，监测和研究不同类型生态系统和一些特殊自然现象。自 20 世纪 80 年代以来，中国科学院从已有的定位研究站中选出一些条件好的农田、森林、草地、湿地和水体生态系统定位研究站，组建了中国生态系统研究网络(CERN)。目前，CERN 共建有 42 个生态系统定位研究站，其中包括 1 个沼泽生态站，3 个湖泊生态站，3 个海湾生态站(表 1-5)。CERN 的长期目标是通过以地面网络式监测和实验为主，结合遥感、地理信息系统和数学模型等现代观测和分析手段，实现对我国各主要生态系统类型和环境状况的长期、全面监测和研究。监测对象包括：大气、生物、土壤、水，以及它们相互之间的界面等要素。目前，CERN 已经通过野外科学观测和试验数据的不断积累，形成了野外观测—数据分析—数据服务一体化的科学数据共享体系。

表 1-5　中国生态系统研究网络生态站分布

类型	站　名	所在省市(县)	建站时间
农业生态系统研究站	海伦农业生态实验站	黑龙江省海伦市	1978 年
	沈阳生态实验站	辽宁省沈阳市	1987 年
	禹城农业综合试验站	山东省禹城市	1979 年
	封丘农业生态实验站	河南省封丘县	1983 年
	栾城农业生态系统试验站	河北省石家庄市	1981 年
	常熟农业生态试验站	江苏省常熟市	1987 年
	桃源农业生态试验站	湖南省桃源县	1979 年
	鹰潭红壤生态试验站	江西省鹰潭市	1985 年
	盐亭紫色土农业生态试验站	四川省盐亭县	1980 年
	安塞水土保持综合试验站	陕西省延安市	1973 年
	长武黄土高原农业生态试验站	陕西省长武县	1984 年
	临泽内陆河流域综合研究站	甘肃省临泽县	1975 年
	拉萨高原生态试验站	西藏自治区拉萨市	1993 年
	阿克苏水平衡试验站	新疆维吾尔自治区阿克苏市	1982 年
森林生态系统研究站	长白山森林生态系统定位研究站	吉林省安图县	1979 年
	北京森林生态系统定位研究站	北京市门头沟区	1990 年
	会同森林生态系统定位研究站	湖南省会同县	1960 年
	鼎湖山森林生态系统定位研究站	广东省肇庆市	1978 年
	鹤山丘陵综合开放试验站	广东省鹤山市	1984 年
	茂县山地生态系统定位研究站	四川省茂县	1986 年
	贡嘎山高山生态系统观测试验站	四川省泸定县	1987 年
	哀牢山亚热带森林生态系统研究站	云南省景东彝族自治县	1981 年
	西双版纳热带雨林生态系统定位研究站	云南省勐腊县	1959 年
	神农架生物多样性定位研究站	湖北省兴山县	1994 年
	千烟洲红壤丘陵综合开发试验站	江西省泰和县	1983 年
草原生态系统研究站	内蒙古草原生态系统定位研究站	内蒙古自治区锡林郭勒盟	1979 年
	海北高寒草甸生态系统研究站	青海省门源县	1976 年
沼泽生态系统研究站	三江平原沼泽湿地生态试验站	黑龙江省同江市	1986 年

（续）

类型	站　名	所在省市(县)	建站时间
荒漠生态系统研究站	奈曼沙漠化研究站	内蒙古自治区通辽市	1985 年
	沙坡头沙漠试验研究站	宁夏回族自治区中卫市	1955 年
	鄂尔多斯沙地草地生态定位研究站	内蒙古自治区鄂尔多斯市	1991 年
	阜康荒漠生态试验站	新疆维吾尔自治区阜康市	1987 年
	策勒沙漠研究站	新疆维吾尔自治区策勒县	1983 年
湖泊生态系统研究站	东湖湖泊生态系统试验站	湖北省武汉市	1980 年
	太湖湖泊生态系统试验站	江苏省无锡市	1986 年
	洞庭湖湿地生态系统观测研究站	湖南省岳阳市	2009 年
	鄱阳湖湖泊湿地观测研究站	江西省庐山市	2008 年
海湾生态系统研究站	胶州湾海洋生态系统定位研究站	山东省青岛市	1981 年
	大亚湾海洋生物综合试验站	广东省深圳市	1984 年
	三亚热带海洋生物实验站	海南省三亚市	1979 年
城市生态系统研究站	北京城市生态系统研究站	北京市海淀区	2001 年
喀斯特生态系统研究站	环江喀斯特生态系统观测研究站	广西壮族自治区环江毛南族县	1999 年

2009 年，国家林业局印发了《陆地生态系统定位研究网络中长期发展规划(2008—2020 年)》。该规划的设计原则为：首先，湿地生态站的布局覆盖沼泽湿地、湖泊湿地、河流湿地、滨海湿地和人工湿地 5 大湿地类型，选择森林沼泽、草本沼泽、永久性淡水湖、永久性咸水湖、永久性河流、河口水域、三角洲湿地、潮间淤泥海滩、潮间盐水沼泽、红树林沼泽、人工蓄水区等比较典型的湿地类型作为未来建站的区域；其次，综合考虑湿地生态站空间分布的地带性，包括纬度地带性、经度地带性以及我国自然区划，在主要的自然地理分区均应布设湿地生态站；第三，依据我国行政区划以及《中国湿地保护行动计划》，在国家重要湿地特别是国际重要湿地优先布设湿地生态站。该规划的设计布局内容包括：2008—2010 年，在尚未建立湿地生态站的国际重要湿地优先建站，建设数量达 12 个；2011—2015 年，在没有形成对照观测的国重要湿地内优先建站，湿地生态站建设数量达 30 个；2016—2020 年，继续加快完善湿地生态站的建设布局，补充新建 20 个湿地生态站，使湿地生态站网络最终达 50 个站点的建设规模(表 1-6)。

为满足我国湿地保护管理需要，更好地履行《湿地公约》，2003 年，我国完成了首次全国湿地资源调查，初步掌握了单块面积 $100hm^2$ 以上湿地的基本情况。2009—2013 年，我国又完成了第二次全国湿地资源调查，掌握了调查范围内符合公约标准各类湿地的面积、分布和保护状况，建立了包括遥感影像在内的基础数据库；掌握了国际重要湿地、国家重要湿地、自然保护区、湿地公园和其他重要湿地的生态特征、野生动植物保护与利用、湿地周边社会经济状况等信息；掌握了十年来(2003—2013 年) $100hm^2$ 以上湿地面积、保护状况和受威胁状况的动态变化情况；建立了稳定的湿地资源调查专业队伍；形成了完善的湿地资源调查监测系列技术规范。

表 1-6 湿地生态站规划布局一览表(50 个站)

湿地类型		拟建站湿地	湿地类型		拟建站湿地
沼泽湿地	森林沼泽	黑龙江大兴安岭湿地	湖泊湿地	永久性淡水湖	贵州草海湿地
	草本沼泽	黑龙江三江平原湿地			新疆博斯腾湖湿地
		黑龙江扎龙湿地			云南滇池湿地
		黑龙江七星河湿地			云南丽江拉什海湿地
		吉林莫莫格湿地			广东海丰公平大湖湿地
		吉林查干湖湿地		永久性咸水湖	青海青海湖湿地
		吉林龙湾湿地	河流湿地	永久性河流	黄河中游湿地
		内蒙古科尔沁湿地			宁夏黄河湿地
		北京湖泊湿地			甘肃黑河湿地
		湖北神农架湿地	滨海湿地	河口水域、三角洲湿地	辽宁大连渤海辽东湾湿地
		四川若尔盖高寒湿地			辽宁盘锦双台河口湿地
		青海三江源湿地			山东黄河三角洲湿地
		西藏拉鲁湿地			上海崇明东滩湿地
		甘肃敦煌西湖湿地			上海长江口湿地
湖泊湿地	永久性淡水湖	黑龙江兴凯湖湿地		潮间淤泥海滩、潮间盐水沼泽	浙江杭州湾湿地
		内蒙古达赉湖湿地			天津滨海湿地
		内蒙古乌梁素海湿地			江苏盐城湿地
		河北白洋淀湿地		红树林湿地	福建泉州湾红树林湿地
		河北衡水湖湿地			福建漳江口红树林湿地
		江西鄱阳湖湿地			广东湛江红树林湿地
		安徽太平湖湿地			广西山口红树林湿地
		湖南洞庭湖湿地			广西北仑河口红树林湿地
		湖北洪湖湿地			海南东寨港红树林湿地
		江苏太湖湿地	人工湿地	蓄水区	三峡库区湿地
		陕西红碱淖湿地		农耕文化湿地	浙江杭州西溪湿地

目前，国家林业和草原局(原国家林业局)已将全国湿地资源监测工作列入优先行动计划。2002 年 9 月，国家林业局湿地资源监测中心编制了《中国国际重要湿地监测技术规程》(试行本)，主要目的是为协调、规范我国国际重要湿地监测工作的范围、内容和方法，保证我国国际重要湿地监测工作及其成果汇总顺利完成。按照《湿地公约》的要求，2002—2005 年统一开展我国国际重要湿地的监测活动，先后在黑龙江扎龙国家级自然保护区、黑龙江三江国家级自然保护区、海南东寨港等国际重要湿地开展了监测试点工作，2006 年开始对我国所有国际重要湿地全面开展监测活动。

1.2.5 湿地生态监测的发展趋势

1.2.5.1 建立完善的湿地监测网络

湿地类型多样、结构复杂、功能众多，不但包括湖泊湿地、河流湿地、沼泽湿地、海岸湿地等自然湿地，还包括水库、稻田等人工湿地。湿地分布广泛，不但在寒带、温带、热带地区的低洼漫滩、沟渠、阶地等广为分布，在高原、高山的相对低洼处也分布广泛。因此，湿地的生态监测也应根据湿地的类型、分布及重要程度有目的、多层次地进行，从而形成从重点湿地到一般湿地，从内陆湿地到滨海湿地，从淡水湿地到咸水湿地的监测网络。

1.2.5.2 建立科学实用的湿地监测指标体系

湿地监测的要素众多，包括空气、水、土壤、植物、动物等；监测的项目多，化学、生物、物理等指标达近百种；监测过程复杂，包括样品采集、保存处理和分析测试等环节；监测涉及化学、物理、气象、水文、生物、遥感等多个学科。面对如此庞大复杂的监测内容，要保证监测结果的科学可靠是十分困难的，因此，必须建立和完善湿地监测指标体系，促进湿地监测的科学化。由于受到湿地监测运行成本的限制，过多的监测指标会影响湿地监测的长期性，监测站往往由于无法运转而终止。这就要求在遵循科学性原则的基础上，选取尽可能少的指标来反映湿地生态系统的整体特征，尽量减少在反映湿地生态系统特征与功能上作用相近的指标，以增强湿地监测指标体系的实用性。

1.2.5.3 创建切实可行的湿地监测方法

(1)提高监测的自动化水平

湿地野外监测最初采用定点定时的人工采样方法，随着科学技术的发展和对数据精度、时效要求的提高，这种监测方法已经不能满足要求。目前，自动化连续监测技术已经逐渐应用于湿地气象监测、水环境监测和面积监测等方面。

湿地自动化监测具有数据准确度高、灵敏性强和分辨率高等特点，但自动化监测仪器一般存在结构复杂、价格昂贵、工作条件要求较高、携带困难、维护工作烦琐等不利因素。因此，应针对湿地的特点，开发操作简便、测定快速、价格低廉、便于携带、能满足一定灵敏度和准确度的简易监测方法和仪器，使湿地自动化监测工作得以广泛开展。

(2)加强卫星遥感的应用

卫星遥感监测的基本原理是利用卫星接收地面反射光谱，并将它以数据信息的形式发回地面，数据信息经计算机处理后以图像的形式显示，或者直接对数据信息进行分析，得到地表状况的信息(如植被类型、生物量、土壤类型等)。

随着新型传感器的研制开发水平的提高，以及资源环境遥感对高精度遥感数据要求的增加，高空间和高光谱分辨率将是卫星遥感发展趋势。雷达遥感技术将会得到更广泛的应用。干涉雷达技术、被动微波合成孔径成像以及三维成像技术，植被穿透性宽波段雷达在经过一系列实验、研究和发展之后将会成为重要的遥感技术，成为实现全天候对地监测的主要技术手段，从而大大提高湿地资源环境动态监测的能力。热红外遥感技术也将在湿地监测中得到广泛应用，开发和完善陆地表面温度和发射率分离技术，定量估算和监测陆地表面的能量交换和平衡过程，从而在全球变化的研究中发挥更大的作用。

以遥感技术为主进行湿地生态监测，同时进行大量实地调查，将宏观监测与定点网络监测有机结合，使两种方法相辅相成，对湿地生态环境进行全面准确的监测。

(3) 完善"3S"一体化信息技术系统

加强以遥感(RS)、地理信息系统(GIS)和全球定位系统(GPS)为主体的空间信息集成技术系统(或称为"3S"一体化信息技术系统)，健全其在湿地监测方面的理论、方法、技术框架，形成具有多维信息获取与实时处理特点的综合技术体系，在湿地调查和定点监测的基础上，确定和完善全国湿地监测技术体系，逐步建立湿地监测分类专家系统，包括数据库、动态模型的建立，以及基于 GIS 和多媒体技术的现代化湿地信息管理系统。

(4) 建立湿地监测数据信息库

湿地类型多种多样，监测指标众多、数据量大，这就要求湿地监测数据要具有"五性"，即代表性、准确性、完整性、可比性和精密性。在监测技术上要具有"五化"，即湿地监测网络化、监测技术规范化、质量保证系统化、监测方法标准化、数据处理计算机化。计算机和"3S"技术为湿地生态监测信息管理动态化、宏观化提供了新的技术手段，为建立湿地监测信息库，融汇监测数据、实验室分析数据、统计数据、文字数据、地图数据、图像数据等提供了良好的技术支撑。

1.2.6 湿地生态监测指标体系

1.2.6.1 湿地生态监测内容

一般而言，湿地生态监测内容广泛，涉及环境因素、生物要素、湿地开发利用和受威胁情况、湿地管理变化情况、湿地周边社会经济发展情况及不同湿地类型特有的专项指标。

湿地环境因素是反映湿地目前状况的潜在表现，是决定湿地发展的最重要因素。湿地生物要素可从根本上反映湿地现状和发展趋势，是湿地自然因素的外在表现，也是湿地生态系统的"指示剂"，能够完全地、比较直观地反映湿地生态系统的状况，并预示其发展趋势。湿地受威胁情况和湿地保护与利用情况是湿地生态系统受到的正负两方面的干扰。现阶段人为干扰是湿地发展的决定因素。湿地退化的根本原因是严重的人为干扰，人为干扰程度决定了湿地现状。

从根本上说，湿地生态监测是对湿地生态系统结构和功能的监测。湿地变化过程和趋势是通过结构和功能参数随时间的变化来显现的，而结构和功能的表征需要通过一系列的数据及其相关关系来体现。这些参数主要包括：动植物的个体和群落特征、地形特征、土壤特征、水文特征、水化学特征、微气象特征和人类活动表征指数等。

1.2.6.2 湿地生态监测指标和方法

监测指标是表述湿地生态系统特征的可以度量的变量。在常规监测过程中，可以利用的指标是相当多的，但不同指标之间的监测效率差别很大，因此，监测指标的选择极为关键。常规监测指标通常能够对湿地生态退化提供早期预警，因为这些指标同湿地的生态变化是紧密相连的，如湿地面积的丧失、水质变化、物种减少、有害物质的污染等。

湿地监测还需要能够建立起一个在特定时间内湿地生态参数自然变化的阈值范围。当这些生态参数超出正常范围时，表明湿地的生态特征发生了变化。因此，除生态监测外，为保持湿地处于良好的保护状态，需要确定湿地的生态特征参数阈值范围。

(1)湿地景观及面积监测

一般，我国湿地类型监测根据《湿地分类》(GB 24708—2009)标准进行分类。其中，国际重要湿地类型监测根据《湿地公约》的湿地分类标准进行。湿地面积监测在充分考虑湿地近期变化的基础上，应采用“3S”技术，利用近期的卫星影像资料量获得。无论采用卫星影像还是地形图，比例尺不应小于1∶50000。湿地类型及面积监测指标及方法见表1-7。

表1-7 湿地类型及面积监测指标及方法

监测项目	监测指标	监测方法
湿地面积	面积变化	遥感解译
湿地景观变化	景观类型面积变化	遥感解译
	景观结构变化	野外调查和遥感解译
	景观破碎化程度	遥感解译

(2)湿地气象和大气环境常规监测指标及方法

大气环境监测是对气象要素、小气候以及大气化学成分进行监测。气象观测场是获取地面气象资料的主要场所，地点应设在能较好反映湿地较大范围内气象要素特点的地方，避免受局部地形的影响。湿地气象监测指标包括：气温、地温、空气湿度、蒸发量、降水量等；湿地大气化学成分监测指标主要包括：大气干、湿沉降量和温室气体(CO_2、CH_4和NO_2)含量。湿地气象和大气环境常规监测指标及方法见表1-8。

表1-8 湿地气象和大气环境常规监测指标及方法

监测项目	监测指标	监测方法
气压	气压	动槽式或定槽式水银压力表
大气温度指标	气温	干湿球温度表或气温计
	最高气温	最高气温表
	最低气温	最低气温表
降水量	降水量	雨量器、翻斗式遥测雨量计或虹吸式雨量计
相对湿度	相对湿度	干湿球温度表或湿度计

（续）

监测项目	监测指标	监测方法
蒸发量	蒸发量	蒸发器
地温	地面温度	地面温度表
	地面最高温度	地面最高温度表
	地面最低温度	地面最低温度表
	土壤温度	曲管地温表或直管地温表
土壤冻结深度	土壤冻结深度	冻土器
风速	风向	风向风速计
	风速	风向风速计
日照	日照时数	暗筒式日照计或聚焦式日照计
辐射	总辐射	总辐射表
	净辐射量	净辐射表
	散射辐射	散射辐射表
	反射辐射	反射辐射表
小气候指标	气温	干湿球温度表或电测温度表
	最高气温	最高气温表
	最低气温	最低气温表
	相对湿度	通风干湿表或湿度测定仪
	风向	风标式风向风速表或轻便风向风速表
	风速	风速表
	降水量	雨量器、翻斗式遥测雨量计或虹吸式雨量计
	地面温度	地面温度表
	土壤温度	曲管地温表或直管地温表
	总辐射	总辐射表
	净辐射量	净辐射表
	反射辐射	总辐射表
大气环境化学指标	CO_2	气相色谱和非色散红外法
	CH_4	现场采样和室内气相色谱仪分析的方法
	NO_2	盐酸萘乙二胺比色法、化学发光法以及气相色谱法
	大气干降尘	称重法测定降尘量
	大气湿沉降	湿沉降量测定和大气湿沉降组分测定

(3)水环境

湿地水环境监测包括水文要素监测、水质监测和沉积物监测。水是湿地的命脉，水文条件是界定湿地的重要特征。因此，湿地水文要素监测是湿地监测的重点，监测指标包括：水位、地表水深(湖泊、河流、沼泽)、流速、水量、水温等；水质监测按照国家标准《地表水环境质量标准》(GB 3838—2002)执行；沉积物监测指标包括：总氮、总磷和重金属含量等。湿地水环境的监测指标及方法见表1-9。

表1-9 湿地水环境监测指标及方法

监测项目	监测指标	监测方法和技术
湿地水文要素	水位	自记水位计和水尺
	水深	测深杆、测深锤
	流速	流速仪
	流量	三角形量水堰测流法
	水温	水温计
湿地水	pH值	玻璃电极法
	透明度	塞氏盘法
	溶解氧	碘量法或电化学探头法
	叶绿素a	单色分光光度法
	五日生化需氧量	稀释与接种法
	化学需氧量	重铬酸钾法
	高锰酸盐指数	碱性高锰酸钾氧化法
	氨氮	纳氏试剂比色法、水杨酸分光光度法
	总氮	紫外分光光度法
	总磷	钼酸铵分光光度计法
	总硬度	EDTA滴定法
	挥发酚	蒸馏后4-氨基安替比林分光光度法
	砷	二乙基二硫化氨基甲酸银分光光度法、冷原子荧光法
沉积物	总氮	凯氏法
	总磷	高氯酸—硫酸消化法
	铜、镍、铅、镉	氢氟酸—高氯酸消解—火焰原子吸收光谱法
	铬	硝酸—氢氟酸—硫酸消解—火焰原子吸收光谱法
	汞	硫酸—硝酸—高锰酸钾或五氧化二矾消解—冷原子吸收光谱法
	砷	硫酸—硝酸—高氯酸消解—二乙基二硫化氨基甲酸银分光光度法

地下水水质监测采用单指标评价法，按国家标准《地下水质量标准》(GB/T 14848—2017)确定的地下水水质的类别执行。

(4) 土壤

湿地土壤的监测指标包括湿地土壤物理指标和湿地土壤化学指标。湿地土壤物理指标包括：机械组成、土粒密度、容重、孔隙度、土壤含水量等；湿地土壤化学指标包括：pH 值、有机质、全氮、全磷、全钾以及土壤微量元素含量等。湿地土壤监测指标及方法见表 1-10。

表 1-10　湿地土壤监测指标及方法

监测项目	监测指标	监测方法
物理性质	土壤颗粒组成	吸管法和比重计法
	土粒密度	比重瓶法
	土壤容重	环刀法
	土壤孔隙度	吸力平板法
	土壤含水量	烘干法、中子法
化学性质	pH 值	电位法
	氧化还原电位	电位法
	土壤有机质	重铬酸钾氧化—外加热法或总有机碳分析仪
	总有机碳	总有机碳分析仪
	全氮	凯氏定氮仪或元素分析仪
	铵态氮	连续流动分析仪
	硝态氮	连续流动分析仪
	全磷	硫酸—高氯酸消煮法—钼锑抗比色法 或氢氟酸—高氯酸消煮—钼锑抗比色法
	全钾	氢氧化钠碱熔—光焰光度法或 氢氟酸—高氯酸消煮—光焰光度法
化学性质	硫化物	燃烧碘量法
	有效硫	磷酸盐—HOAc 浸提—硫酸钡比浊法
	全铁	氢氟酸—高氯酸—硝酸消煮—原子吸收光谱法 或氢氟酸—高氯酸—硝酸消煮—邻啡罗啉比色法
	全锰	氢氟酸—硝酸消煮—原子吸收光谱法 或氢氟酸—硝酸消煮—高碘酸钾比色法
	锌	氢氟酸—硫酸消煮—原子吸收光谱法 或氢氟酸—硫酸消煮—双硫腙比色法
	铜	DTPA 浸提—原子吸收光谱法或 DTPA 浸提—DDTC 比色法
	铅	氢氟酸—高氯酸—硝酸消煮—石墨炉—原子吸收光谱法
	镍	氢氟酸—高氯酸—硝酸消煮—原子吸收光谱法
	铬	氢氟酸—高氯酸—硝酸消煮—原子吸收光谱法
	汞	硫酸—五氧化二钒消煮—冷原子吸收法

(5) 生物

湿地生物监测对象包括：湿地植物、鸟类、两栖爬行类、鱼类、浮游动物和底栖动物。湿地植物监测指标包括：湿地植被的类型、面积与分布、盖度、多度、生物量，挺水植物、漂浮植物、沉水植物的种类与分布；指示种等。鸟类监测指标包括鸟类种数及水禽种群的数量。鱼类、两栖爬行类、浮游动物、底栖动物主要监测指标为物种种类和数量。对外来物种的监测采用直接调查法，监测外来物种的种类、数量、分布、危害。湿地生物监测指标和方法见表 1-11。

表 1-11　湿地生物监测指标及方法

监测项目		监测指标	监测方法和技术
植物	植被	植被类型、面积与分布	利用卫星影像、航空相片、地形图等资料，结合野外勘察
	群落特征	物种组成	样方法
		生活型	样方法
		多度	样方法
		密度	样方法
		盖度	样方法
		高度	样方法
		叶面积指数	叶面积仪法
	群落生物量	草本植物群落生物量	野外和室内进行地上地下监测
		灌木群落生物量	直接收获样方法
		森林群落生物量	平均标准木法
		大型水生植物现存量	框架采集法
		浮游植物生物量	叶绿素测定法或黑白瓶测氧法
动物		鸟类种类和种群数量	样线或样点统计法
		鱼类种类和数量	捕捞
		两栖爬行类种类和种群数量	样线统计法
		浮游动物种类和数量	显微镜计数、测量法
		底栖动物种类、数量和生物量	采泥器法
外来物种		种类、数量、分布、危害	直接调查法

(6) 湿地及周边社会经济情况

湿地及周边社会经济情况调查的内容包括：人口、经济、文化、社会的发展状况，以及人类活动、社会经济发展对湿地环境的影响等。湿地及周边社会经济情况调查指标及方法见表 1-12。

表 1-12　湿地及周边社会经济调查指标及方法

调查项目	调查指标		调查方法
人口	人口总数		人口普查数据
	人口密度		
	劳动力人数		
经济技术	工业产值		实际调查或从有关部门、地方统计年鉴获取
	农业产值	农作物产值	
		林业产值	
		牧业产值	
		副业产值	
		渔业产值	
	人均收入		
	产业结构		
	能源结构		
	水利设施		
	交通线路		
湿地资源利用与干扰	放牧	牲畜数量	从农业畜牧管理部门获取数据或直接调查
		牲畜分布	
		牲畜构成	
		放牧面积	
	狩猎	狩猎人数	从相关的管理部门获取数据或直接调查
		狩猎天数	
		猎物数量	
	水产捕捞	捕捞人数	从水产部门获取数据或直接调查
		捕捞天数	
		捕捞数量	
	水产养殖	网、箱数	
		养殖面积	
		养殖时间	
	农业用化肥施用量		从相关的管理部门获取数据或直接调查
	工农业耗水量		
	工业污染数量和分布		
	工业污染面积		
	湿地植物资源利用		通过调查，利用直接费用法计算
	泥炭开采		
	旅游	旅游人数	通过调查，利用权变估值法计算效益
		旅游时间	
		游客来源	
		活动范围	
	科研文化	科研经费、文化宣传、影视	通过调查，利用直接费用法计算

1.2.6.3 不同类型湿地监测指标

目前，湿地分类体系较多，还没有相对完善的分类体系。不同类型的湿地生态系统结构、生态过程不同，因而监测指标有所不同。过于复杂的分类体系，在选取适当的指标上有一定的难度，因此，在湿地分类基础上，为了能够使不同指标更好地适用于不同类型湿地，仅将湿地划分为内陆湿地和滨海湿地两种类型，内陆湿地划分为淡水湿地和咸水湿地，见表 1-13。

表 1-13 湿地分类要素监测指标

监测要素	监测指标	内陆湿地		滨海湿地
		淡水湿地	咸水湿地	
湿地类型及面积	地表水面积变化	√	√	√
	景观类型面积变化	√	√	√
	景观结构变化	√	√	√
	景观破碎化程度	√	√	√
大气	气压	√	√	√
	大气温度指标	√	√	√
	降水量	√	√	√
	相对湿度	√	√	√
	蒸发量	√	√	√
	地温	√	√	
	土壤冻结深度	√	√	
	风速	√	√	√
	日照时数	√	√	√
	辐射量	√	√	√
	大气环境化学指标*	√		
	小气候指标	√	√	√
	物候指标*	√	√	
生物	湿地植被	√	√	√
	植物群落特征	√	√	√
	植物群落生物量	√	√	√
	鸟类种类和数量	√	√	√
	爬行类、两栖类种类和数量	√	√	√
	鱼类种类和数量	√	√	√
	浮游动物	√	√	√
	底栖动物种类和数量			√
	外来物种	√		√

（续）

监测要素	监测指标	内陆湿地		滨海湿地
		淡水湿地	咸水湿地	
土壤	土壤颗粒组成	√	√	
	土粒密度	√	√	
	土壤容重	√	√	
	孔隙度	√	√	
	土壤含水量	√	√	
	pH 值	√	√	
	氧化还原电位	√	√	
	土壤有机质	√	√	
	总有机碳	√	√	
	全氮	√	√	
	铵态氮	√	√	
	硝态氮	√	√	
	全磷	√	√	
	全钾	√	√	
	硫化物	√	√	
	有效硫	√	√	
	全铁	√	√	
	全锰	√	√	
	锌*	√	√	
	铜*	√	√	
	铅*	√	√	
	镍*	√	√	
	铬*	√	√	
	汞*	√	√	
水环境	地表水水深*	√	√	
	地表水水位	√	√	
	流速	√		
	径流量	√		
	地下水位	√	√	
	水温	√	√	√
	透明度	√	√	
	pH 值	√	√	√
	电导率	√	√	
	溶解氧	√	√	√
	全氮	√	√	√
	铵态氮	√	√	√
	硝态氮	√	√	√
	全磷	√	√	√

（续）

监测要素	监测指标	内陆湿地		滨海湿地
		淡水湿地	咸水湿地	
水环境	磷酸盐	√	√	√
	硫化物			√
	总有机碳	√		
	化学需氧量	√	√	√
	五日生化需氧量	√		
	高锰酸盐指数	√	√	√
	铅*	√		√
	镉*			√
	铁*	√		
	锰*	√		
	铜*	√		
	砷*			√
	汞*	√		√
沉积物*	总氮	√	√	
	总磷	√	√	
	铜	√		√
	铅	√		√
	镉	√		√
	铬	√		√
	汞	√		√
	砷			√
	硫化物			√
社会经济	人口总数*	√	√	√
	人口密度*	√	√	√
	劳动力人数*	√	√	√
	工业产值*	√	√	√
	农业产值*	√	√	√
	人均收入*	√	√	√
	产业结构*	√	√	√
	能源结构*	√	√	√
	水利设施	√	√	√
	交通线路	√	√	√
	牲畜构成*	√	√	
	放牧面积	√	√	
	牲畜数量	√	√	
	牲畜分布	√	√	
	狩猎*	√	√	

（续）

监测要素	监测指标	内陆湿地		滨海湿地
		淡水湿地	咸水湿地	
社会经济	水产捕捞*	√	√	√
	水产养殖*	√	√	√
	工农业耗水量*	√	√	√
	工业污染面积*	√	√	√
	农业用化肥施用量	√	√	√
	工业污染数量和分布	√	√	√
	旅游*	√	√	√
	科研文化*	√	√	√

注：*表示自选监测项目；空白表示指标不适用于该湿地类型的监测。

1.2.7 湿地生态系统评价体系

湿地生态系统评价的基本流程是根据湿地的内部组织结构和外部服务特性，选取一定数量的评价指标，构建湿地生态系统评价模型，将获取的指标带入模型进行计算，根据模型计算的结果评价湿地生态系统的功能状况和健康状态，为湿地的保护、管理、开发和利用提供科学依据。

美国国家环境保护署(United States Environmental Protection Agency)组织实施的美国国家湿地状况评估包括湿地生态系统的状况、湿地生态系统服务功能及其价值3个方面。澳大利亚、英国等国家对湿地生态系统的评价也大都从功能和价值两个方面展开，对不同类型湿地评价的侧重点有所不同(Edward et al.，2009)。

2009年，国家林业局发布的《全国湿地资源调查技术规程(试行)》，将我国湿地划分为近海及海岸湿地、河流湿地、湖泊湿地、沼泽湿地和人工湿地五大类型，并针对所有的湿地类型制订了湿地生态系统健康、功能评价指标体系的各级指标及其计算方法，可用于评价以湿地所在的自然保护区或最小行政区域为单元的单块湿地的健康状况、功能强弱和经济价值，也可用于比较同类型湿地生态系统的健康、功能和价值。我国学者大多从湿地生态系统健康、湿地生态系统服务功能价值两个方面来评价湿地。综合国内外湿地研究现状，我国的湿地生态系统评价体系提出从健康、功能和价值3个方面对湿地生态系统进行评价。

1.2.7.1 湿地生态系统健康评价指标体系

(1)湿地生态系统健康的定义

湿地生态系统健康是生态系统健康的重要组成部分。生态系统健康思想最早来源于土地健康(吴良冰等，2009)。几个世纪以来，学者们不断发展生态系统健康的概念和内涵，最初主要从生态学的角度考虑生态系统健康，认为生态系统健康就是生态系统的组织未受到损害或功能未减弱，并具有一定的恢复能力；后来又考虑了人类健康因素，认为生态系统健康依赖于社会系统的判断，应考虑人类福利要求。

从生态系统健康的内涵出发，考虑湿地的自然属性，湿地生态系统的健康可定义为湿地生态系统内部组织结构完整，功能健全，对周围生态系统和人类健康不造成危害，且在长期或突发的自然或人为扰动下能保持弹性和稳定性。湿地生态系统健康应该包括以下特征：①能够维持生态系统内正常的物质循环和能量流动的正常；②湿地生态系统内部组成保持功能完整性；③生态系统过程对邻近生态系统和人类不产生损害；④能为自然和人类提供完整的生态服务。

(2) 湿地生态系统健康评价指标体系的构建依据

水、土壤和植被是湿地的 3 个最主要构成要素。湿地的水文特征是进出水流量、湿地地形地貌和地下水条件之间平衡的表征，是建立和维持湿地及其过程特有类型的最重要的决定因子；湿地土壤既是湿地化学转换发生的中介，也是大多植物可获得的化学物质最初的储存场所；湿地植被有助于减缓水流的速度，有助于沉淀杂质、排除毒物(崔保山等，2006)。因此，构建湿地生态系统健康指标体系时必须同时考虑湿地的水、土壤和植被要素特征。湿地生态系统健康评价还应考虑湿地生态系统景观格局变化、社会经济和人类福祉。

我国湿地生态系统健康评价大多选定概念模型作为指标选择的基础，以概念模型评价的几个方面作为所构建指标体系的一级指标。常用的概念模型包括压力—状态—响应(pressure-state-response，PSR)模型和活力—组织结构—恢复力(vigor-organization-resilience，VOR)模型。PSR 模型是联合国环境规划署(UNEP)和经济合作与发展组织(OECD)共同开发的一项反映可持续发展机理的概念框架(Friend，1979)。该模型坚持社会经济与环境有机统一，精确地反映了生态系统健康的自然、经济、社会因素间的关系，为生态系统健康指标构建提供了逻辑基础，因而被广泛承认和使用。VOR 模型是由 Costanza et al. (1992) 提出的。该模型从生态系统的活力、组织结构和恢复力 3 个属性来量化生态系统健康，将健康指数(health index，*HI*)定义为：

$$HI = V \cdot O \cdot R \tag{1-1}$$

式中：O——生态系统的组织结构，它结合了生态系统多样性和食物链；

V——生态系统活力，包括生态系统活性、生产力和代谢能力；

R——生态系统弹性，表明生态系统对扰动的恢复能力。

我国湿地生态系统健康评价指标体系采用新的分类体系。在充分理解 PSR 模型和 VOR 模型内涵的基础上，从湿地发生学的原理出发，以湿地水、土壤和植被三要素为主线，综合考虑景观格局变化及社会经济、人类活动的影响。指标选取以科学性、逻辑性、可操作性、可测量性和可报告性为主要原则，具体包括 10 条：①显示出自然和时间变化；②对状态变化高度响应；③可重复测量；④指标明确，避免模棱两可；⑤指标获取经济易行；⑥具有区域适应性；⑦与生物学相关；⑧采用简单常用的观察参数；⑨对生态系统无破坏性；⑩结果能汇总，便于非专业人士理解。

(3) 我国湿地生态系统健康评价指标体系的构成

我国学者在广泛调研国内外湿地状况评价研究的基础上，选取国内外学者关注度高的指标作为候选指标，综合考虑我国湖泊、沼泽和滨海湿地的特点，构建了我国湿地生态系统健康评价指标体系，包括水环境指标、土壤指标、生物指标、景观指标和社会指标，共 5 个一级指标，13 个二级指标，见表 1-14。

表 1-14　我国的湿地生态系统健康评价指标体系

一级指标	二级指标	指标意义及选项说明
水环境指标	地表水水质	地表水水质表征水环境质量，直接反映湿地的受污染状况，间接反映湿地的净化能力，可用以评价湿地生态系统内部组织的功能状况和系统活力
	水源保证率	水源保证率是湿地最重要的水文指标，表征湿地生态系统的水文状态，是维持湿地生态系统基本功能的保证。水源保证率是湿地换水周期、蓄水量和生态需水量的综合反映，可用以评价湿地生态系统内部组织的功能状况和系统活力
土壤指标	土壤重金属含量	湿地作为重金属污染物的汇集库，积累了大量重金属污染物。这些污染物不易被微生物分解，且在一定的物理、化学和生物作用下可释放到上层水体，使湿地成为严重的次生污染源。湿地周围土壤和底泥中重金属污染物的含量是评价湿地生态系统健康及其潜在生态危害风险的重要指标
	土壤 pH 值	土壤 pH 值是湿地土壤的重要化学性质，其变化能够直接影响土壤生态系统的物理、化学和生物过程，影响湿地土壤中有机质及全氮的空间分布，在一定程度上决定植被分布及生物量，反映湿地生态系统对动植物提供栖息地的适宜度
	土壤含水量	土壤含水量是土壤的重要物理性质，其变化能够直接影响土壤生态系统的物理、化学和生物过程，是土壤养分和重金属等污染物有效性和迁移性的重要限制性因素。此外，土壤含水量变化还是湿地退化与否的直接表现因子，可以作为湿地边界确定的参考指标
生物指标	生物多样性	生物多样性是指生命有机体及其赖以生存的生态综合体的多样化和变异性。湿地是自然界富有生物多样性和较高生产力的生态系统，是许多野生物种的重要繁殖地和觅食地，在保护生物多样性方面发挥重要作用。从物种多样性的角度评价湿地的生物多样性特征，能反映湿地实际、潜在支持和保护自然生态系统与生态过程的能力，能反映湿地支持人类活动和保护生命财产的能力，是湿地生态系统健康的重要特征
	生物入侵	生物入侵是全球变化的重要组成部分，可导致入侵地区生物多样性减少、生物均匀化和生态系统及其功能的退化，致使原有生物群落或生态系统优势种，以及整个生态系统的结构和功能发生改变，造成重大经济损失。湿地生态系统敏感而脆弱，极易被外来生物入侵。外来物种入侵度表征湿地生态系统受到外来物种干扰的程度，间接反映湿地生态系统组织和功能的状态
景观指标	野生动物栖息地指数	野生动物栖息地指数从植被覆盖度和景观破碎化两方面，综合表征湿地对野生动物提供栖息地的适宜度，反映湿地对野生动物的承载能力。破碎化对野生动物栖息地指数的影响因物种不同而异，直接影响景观中的生物多样性，是评价湿地生态系统健康现状的重要指标
	湿地面积变化率	湿地面积变化是湿地生态环境变化的直接结果，是湿地健康状况的直观表现。湿地面积变化率以现有湿地面积占前一年同时期湿地面积的百分比来表示，可以反映湿地的动态变化，对湿地资源的合理开发和保护具有重要的意义
景观指标	土地利用强度	区域土地利用及其结构变化不仅能够改变自然湿地景观组成，而且能够改变景观要素之间的生态过程，进而影响生态系统的景观格局和功能。土地利用强度采用影响湿地生态系统维持自然状态的土地利用方式所占面积与研究区土地总面积的百分比表示，用以表征人类活动和自然界的各种扰动变化对湿地生态系统的压力

（续）

一级指标	二级指标	指标意义及选项说明
社会指标	人口密度	人类活动对湿地生态系统结构和功能的稳定存在潜在威胁。人口密度可用以表征湿地系统所受的人口压力，间接反映人类活动强度，是湿地生态系统健康状况的胁迫指标
	物质生活指数	物质生活指数采用人均纯收入衡量物质生活水平，反映社会经济发展的程度，表征人类社会对湿地生态系统结构和功能的潜在压力
	湿地保护意识	湿地保护意识表征湿地相关知识在湿地周围地区民众中的普及程度，间接反映主管部门对湿地认知的宣传程度和湿地保护的重视程度，是湿地生态系统健康的响应指标，能够反映人类社会对维护和改善湿地生态系统状态的资金投入、科技水平及管理能力

1.2.7.2　湿地生态系统功能评价指标体系

（1）湿地生态系统功能的定义

湿地生态系统功能是湿地内部物理、化学和生物组分之间的一般或特征化相互作用的生态过程及其表现形式，可提供满足和维持人类生存和发展的条件和过程。湿地生态系统功能包括为人类和周围生态系统提供服务和提供支持两个方面。服务功能包括生产人类直接或间接使用的资源和产品，以及对周围生态环境直接或潜在的调节服务支持功能，包括湿地对生态系统动植物、微生物及人类活动提供的支持和保护。

（2）湿地生态系统功能评价指标体系构建依据

千年生态系统评估（Millennium Ecosystem Assessment，MA）是世界上第一个针对全球陆地和水生生态系统开展的多尺度、综合性评估项目，于 2001 年 6 月 5 日正式启动。MA 的宗旨是针对生态系统变化与人类福祉间的关系，通过整合现有的生态学和其他学科的数据、资料和知识，为决策者、学者和广大公众提供有关信息，改进生态系统管理水平，以保障社会经济的可持续发展。《生态系统与人类福祉：评估框架》是 MA 诸多报告中最早出版的一部。该报告的重要意义在于明确界定了千年生态系统评估的有关定义，提出了评估框架，为在评估工作中可能出现的各种疑难问题拟定解决途径，同时明确指出评估工作将会遇到的困难和挑战。

目前国际上在评价湿地生态系统功能时对湿地功能的分类主要有两种方法：①调节功能、载体功能、生产功能、信息功能；②供给功能、调节功能、文化功能、支持功能。两种分类方法虽然表达上有所区别，但所指的湿地生态系统功能内涵一致。MA 湿地生态系统功能评价指标体系采用第二种分类方法，引用了《生态系统与人类福祉：评估框架》报告对湿地功能的划分结果，将湿地供给功能、调节功能、文化功能及支持功能作为一级指标，以每类功能下面的各项子功能作为备选二级指标，通过广泛调研国内外湿地功能研究的文献，以科学性、逻辑性、可操作性、可测量性和可报告性为原则，选出学者们关注度最高的几项核心湿地生态系统功能指标作为二级评价指标。

（3）湿地生态系统功能评价指标体系的构成

综合国内湿地生态系统服务功能研究的 23 项案例，归纳其研究的湿地类型和评价的湿地生态系统功能，结果见表 1-15。

表 1-15　国内 23 项湿地生态系统功能评价案例中的功能分类

编号	湿地名称	湿地类型	供给	调节			文化		支持				
			物质生产	气候调节	调蓄洪水	净化水质	休闲与生态旅游	教育与科研	固定营养物质	降低土壤侵蚀	护岸防灾	成陆造地	保护生物多样性、提供生物栖息地
1	三汊河湿地	河流	√	√	√	√		√					√
2	香格里拉湿地	湖泊沼泽		√	√		√	√					√
3	鄱阳湖湿地	湖泊		√	√	√			√	√			√
4	长江口湿地	滨海	√	√	√	√	√	√				√	√
5	洞庭湖湿地	湖泊	√	√	√	√	√	√					√
6	洪泽湖湿地	湖泊	√	√	√		√			√			
7	南湖湿地公园	湖泊	√	√		√	√	√					√
8	白洋淀湿地	湖泊	√	√	√	√	√	√					√
9	乌梁素海湿地	湖泊	√	√	√	√	√	√					√
10	洪湖湿地	湖泊		√	√	√							√
11	江苏互花米草海滩	浅海滩涂	√	√		√			√		√	√	√
12	盘锦地区湿地	沼泽滩涂	√	√	√	√	√	√					√
13	鸭绿江口湿地	沼泽	√	√	√	√	√	√		√			√
14	三垟湿地	河流		√		√							
15	崇明东滩	浅海滩涂	√	√		√							√
16	上虞市滩涂	浅海滩涂	√		√	√	√						√
17	拉鲁湿地	湖泊	√	√	√	√	√	√					√
18	米埔湿地	沼泽	√	√		√	√	√					√
19	向海湿地	浅海滩涂	√	√	√	√	√		√				√
20	大兴安岭湿地	河流湖泊沼泽	√	√	√	√	√		√	√			√
21	湛江红树林湿地	浅海滩涂	√	√		√	√	√		√	√		√
22	扎龙湿地	湖泊沼泽	√	√	√	√	√	√		√			√
23	漳江口红树林湿地	浅海滩涂	√	√	√	√	√	√			√		√
评级次数			20	23	18	21	19	15	4	6	3	2	22
评价次数百分比(%)			83	96	75	88	79	63	17	25	13	8	92

注：大气调节、大气组分调节、气候调节都归为气候调节一类；空白表示指标不适用于该湿地类型的监测。

由表1-15可以看出，目前我国学者对湿地生态系统功能的认识已经比较统一，共同关注度较高的湿地生态系统功能包括：物质生产、气候调节、调蓄洪水、净化水质、休闲与生态旅游、教育与科研，以及保护生物多样性，侧重湿地生态系统服务功能。可以认为，这些功能是湿地生态系统的核心功能。

从供给、调节、文化、支持这四大类功能中选出表1-14中的核心功能作为二级指标，构建湿地生态系统功能评价指标体系，共4个一级指标，7个二级指标，见表1-16。

表1-16　湿地生态系统功能评价指标体系

一级指标	二级指标	指标说明及意义
供给功能	物质生产	湿地生态系统向外界提供大量的产品，包括植物、动物和微生物来源的大量食物，如水产品、禽畜产品、谷物，以及湿地生态系统提供的各种原料，如淡水、薪柴等。物质生产功能可用以评价湿地生态系统向外界供给原料和产品的能力
调节功能	气候调节	在局地尺度上，湿地生态系统土地覆被变化可以对气温和降水产生影响。在全球尺度上，通过吸收和排放温室气体，湿地生态系统对气候具有重要作用。气候调节功能主要用于评价湿地生态系统调节局地气候的能力
	水资源调节	由于湿地植物吸收渗透降水，因而湿地具有巨大的渗透能力和蓄水能力，在蓄洪抗旱、调节径流、补充地下水等方面有很重要的作用。水资源调节功能是评价湿地水文功能最重要的指标之一
	净化水质	湿地对氮、磷等营养元素，以及重金属元素的吸收转化和滞留有较高效率，能有效降低其在水体中的浓度；湿地通过减缓水流促进颗粒物沉降，从而使其上附着的有毒物质从水体中去除。净化水质功能是评价湿地生态系统对调节水环境状态的重要指标
文化功能	休闲与生态旅游	人们在空闲时间对去处的选择，在一定程度上通常是根据特定区域的自然景观或者人文景观的特征做出的，消遣与生态旅游指标在一定程度上反映了湿地文化功能的强弱
	教育与科研	湿地是人类教育普及科学知识和宣传自然保护的重要场所，湿地丰富的自然资源为教育和科学研究提供了对象、材料和试验基地，因此教育与科研指标是湿地重要的文化功能指标
支持功能	保护生物多样性	湿地独特的自然环境，为各类生物的生存、繁衍提供了栖息地，在保护生物多样性方面发挥了重要作用。生物多样性指数用以反映湿地对野生动植物等的支持功能

1.2.7.3　湿地生态系统价值评价指标体系

(1)湿地生态系统价值的定义

湿地因其能够为人类和自然界提供产品和服务，从而产生一定的经济价值。湿地生态系统的组成要素通过各种生物、物理和化学过程等产生湿地的各种产品和服务，湿地的属性、用途和功能的经济价值最终以当地市场价值形式表现出来。

湿地的“价值”是经济学术语，是人类对湿地所有服务支付意愿的货币表达。湿地生态系统价值评价是基于湿地生态系统提供的服务，运用科学方法，将抽象的服务转化为人们能感知的货币，直观地反映湿地各项服务所创造价值的评判过程。简单地说，湿地生态系统价值评价是指通过选择合适的方法对湿地生态系统服务进行货币化表达，从而评估湿地生态系统对人类福祉的总贡献。

(2)湿地生态系统价值评价指标体系构建依据

目前，评价湿地生态系统价值主要有两种分类方法：方法一，社会价值、经济价值、生态价值；方法二，直接使用价值、间接使用价值、选择价值、存在价值。本指标体系与MA保持一致，引用第二种分类方法。直接使用价值和间接使用价值属于使用价值，是指人类为了满足消费或生产目的而使用的生态系统服务价值，包括有形的生态系统服务与无形的生态系统服务，这些服务在当前可以被直接或间接地使用，或者是在未来可以提供潜在的使用价值。选择价值和存在价值属于非使用价值，有时也称被动使用价值。

①直接使用价值：有些生态系统服务是为了满足消耗性目的而直接使用的，如食物、薪柴、木材、药品等。对生态系统服务的非消耗性使用包括欣赏消遣和文化愉悦，如观赏野生动植物、水上运动，以及不需要收获产品的精神和社会效用。

②间接使用价值：某些生态系统服务被是用作生产人们使用的最终产品与服务的中间投入，如食物生产过程中所需要的水分、土壤养分，以及授粉与生物控制服务等。此外，一些生态系统服务对人们享受其他的最终消费性愉悦产品具有间接的促进作用，如净化水质、同化废弃物，以及通过供给清新空气和洁净水而降低健康风险等其他调节服务。

③选择价值：对于许多生态系统服务来讲，尽管目前可能还没有从它们当中获得任何效用，但是在为个人或他人，以及后代(遗产价值)保存未来使用这些服务的选择机会方面，它们仍然具有价值。准选择价值是一种与选择价值相关的价值，表示在揭示某些生态系统服务所具有的潜在价值之前，由于未采取不可逆转的决策所得到的价值。

④存在价值：是指人们在知道某种资源的存在后(即使永远不会使用那种资源)，对其存在而确定的价值。这种价值最难估算，同时也最具争议。

该湿地生态系统价值评价指标体系引用MA《生态系统与人类福祉：评估框架》报告中的分类体系，将湿地直接使用价值、间接使用价值、选择价值和存在价值作为一级指标，以每类价值下面的各项子指标作为备选二级指标，以科学性、逻辑性、可操作性、可测量性和可报告性为原则，选出学者们关注度较高的核心指标作为二级评价指标。

(3)湿地生态系统价值评价指标体系构成

目前，国内学者主要针对湿地生态系统提供的服务价值进行评价。综合考虑我国湖泊、沼泽和滨海湿地的主要生态系统服务项目，构建湿地生态系统价值评价指标体系，主要包括直接使用价值、间接使用价值、选择价值、存在价值4个一级指标，8个二级指标，见表1-17。

表1-17 湿地生态系统价值评价指标体系

一级指标	二级指标	指标意义及选取说明
直接使用价值	湿地产品	湿地植物、动物和微生物的大量食物及从生态系统获得的各种原料，如淡水、鱼类、野生动物、水果、谷物、木材、薪柴、泥炭、饲草和聚合物的经济价值
	休闲娱乐	湿地独特的自然景观为人类提供旅游和休闲活动所创造的经济价值
	环境教育	湿地独特的水陆交互作用地形，以及丰富的自然资源具有较高的科研文化价值。该指标表征湿地在为人类提供教育和科研对象及场所时所产生的经济价值

（续）

一级指标	二级指标	指标意义及选取说明
间接使用价值	调节大气	湿地是地球表层系统中的重要碳汇，通过吸收 CO_2 和释放 O_2 来调节大气组分和温室气体调节大气含量，对减缓全球气候变暖有重要作用。用湿地吸收 CO_2 和释放所产生的价值表征湿地调节大气的价值
	调蓄洪水	由于湿地植物吸收渗透降水，而致使降水进入江河的时间滞后，入河水量减少，从而减少了洪水径流。调蓄洪水的价值是指湿地生态系统减少防洪的支出所产生的经济价值
	净化去污	湿地对氮、磷等营养元素，以及重金属元素的吸收、转化和滞留，使得工业处理污染物的投入减少而产生的经济价值
选择价值	生物多样性	生物多样性是指生命有机体及其赖以生存的生态综合体的多样化和变异性，它是地球上最重要的生命特征。湿地是地球上生物多样性最丰富的区域之一，生物多样性价值表征湿地生态系统中所有生命体的价值
存在价值	生存栖息地	湿地独特的自然环境为各类生物的生存、繁衍提供了丰富的食物资源，以及多样化的优良栖息与繁殖条件，生存栖息地指标表征湿地为动植物提供栖息地时产生的生态效益所具有的价值

1.2.7.4　湿地生态系统评价各阶段存在的问题

湿地生态系统评价的各阶段都存在一些问题，总结如下：

（1）湿地生态系统评价指标体系构建阶段

由于进行湿地生态系统评价的目的不同，评价指标的选取原则也不同，尺度、区域、湿地类型的不同都会影响关键指标的选取。不同学者针对特定研究区构建的指标体系往往缺乏普适性，可参考性差。此外，选取指标所依据的概念模型并非针对湿地生态系统而构建，所以很难选出全面、科学性强且符合湿地生态系统特点的指标体系。

（2）湿地生态系统评价标准划分阶段

评价标准的划分需结合湿地生态系统健康的内涵进行。对湿地生态系统进行评价的前提是承认生态系统存在健康标准，关键问题是湿地生态系统处于什么状态是健康的，至今尚无统一标准。这使得湿地健康等级划分主观性比较强，同时部分指标对湿地生态系统健康的影响还缺少比较合理的测度方法，赋分主要是基于主观判定，未进行充分的科学论证，所以难以客观反映和准确评价湿地的健康状况。

（3）湿地生态系统评价阶段

确立评价指标之后就可以对湿地生态系统进行健康评价，但由于评价方法的不确定性，对于同一个湿地生态系统，采用不同方法得到的评价结果差异明显。对所选方法的合理性、可操作性、适用范围、结果精度等问题还缺乏研究，如何选择合理的湿地生态系统健康评价方法面临非常大的挑战。此外，评价指标内容范围广，涉及水文、土壤、植被、社会经济等各方面，数据类型包括统计数据、野外采样数据等，遥感等空间信息技术的应用程度不够，大尺度的湿地生态系统评价仍是难题。

参考文献

边博，程小娟，2006. 城市河流生态系统健康及其评价[J]. 环境评价(213)：66-69.
陈贵龙，2006. 扎龙湿地功能评价及生态需水量研究[D]. 大连：大连理工大学.
陈鹏，2006. 厦门湿地生态系统服务功能价值评估[J]. 湿地科学，4(2)：101-107.
陈宜瑜，吕宪国，2003. 湿地功能与湿地科学的研究方向[J]. 湿地科学，1(1)：101-107.
崔保山，杨志峰，2006. 湿地学[M]. 北京：北京师范大学出版社.
崔丽娟，宋玉祥，1997. 湿地社会经济评价指标体系研究[J]. 地理科学，17(增刊)：446-450.
崔丽娟，2004. 鄱阳湖湿地生态系统服务功能价值评估研究[J]. 生态学杂志，23(4)：47-51.
邓培雁，陈桂珠，2003. 湿地价值及其有关问题探讨[J]. 湿地科学，1(2)：136-140.
傅娇艳，丁振华，2007. 湿地生态系统服务、功能和价值评价研究进展[J]. 应用生态学报，18(3)：681-686.
鞠美庭，王艳霞，孟庆伟，等，2009. 湿地生态系统的保护与评估[M]. 北京：化学工业出版社.
吕宪国，2005. 湿地生态系统观测方法[M]. 北京：中国环境科学出版社.
马广仁，2016. 中国国际重要湿地生态系统评价[M]. 北京：科学出版社.
武海涛，吕宪国，2005. 中国湿地评价研究进展与展望[J]. 世界林业研究(4)：49-53.
孙妍，2009. 基于 RS 和 GIS 的若尔盖高原湿地景观格局分析[D]. 长春：东北师范大学.
邬建国，2000. 景观生态学——概念与理论[J]. 生态学杂志(1)：42-52.
吴良冰，张华，孙毅，等，2009. 湿地生态系统健康评价研究进展[J]. 中国农村水利水电(10)：22-28.
肖风劲，欧阳华，2002. 生态系统健康及其评价指标和方法[J]. 自然资源学报(2)：203-209.
殷书柏，吕宪国，2006. 湿地边界确定研究进展[J]. 地理科学进展(4)：41-48.
张永民，2007. 生态系统与人类福祉：评估框架[M]. 北京：中国环境科学出版社.
Assessment M E, 2005. Ecosystems and human well-being: Wetlands and water[M]. Washington: World Resources Institute.
Barbieri M, Battistel M, Garone A, 2013. The geochemical evolution and management of a coastal wetland system: A case study of the palo laziale protected area[J]. Journal of Geochemical Explorationd(126-127): 67-77.
Clemens R S, Herrod A, Weston M A, 2014. Lines in the mud; revisiting the boundaries of important shorebird areas[J]. Journal for Nature Conservation, 22(1): 59-67.
Costanza R, Norton B G, Haskell B D, 1992. Ecosystem health: New goals for environmental management[J]. Ecological Engineering, 2(4): 378-379.
Edward M, Tom B, 2009. The wetlands handbook[M]. Oxford: Blackwell Publishing Ltd.
Erwin K L, 2009. Wetlands and global climate change: The role of wetland restoration in a changing world[J]. Wetlands Ecology and Management, 17(1): 71-84.
Gu J, Luo M, Zhang X, et al., 2018. Losses of salt marsh in China: Trends, threats and management[J]. Estuarine, Coastal and Shelf Science(214): 98-109.
Imfeld G, Braeckevelt M, Kuschk P, et al., 2009. Monitoring and assessing processes of organic chemicals removal in constructed wetlands[J]. Chemosphere, 74(3): 349-362.
Janse J H, van Dam A A, Hes E M A, et al., 2019. Towards a global model for wetlands ecosystem services[J]. Current Opinion in Environmental Sustainability(36): 11-19.
Jørgensen S E, 2000. Appllication of exergy and specific exergy as ecological indicators of coastal areas[J]. Aquatic Ecosystem Health & Management(3): 419-430.

Goodwin E J, 2017. Convention on Wetlands of International Importance, especially as Waterfowl Habitat 1971 (Ramsar)[J]. Open Journal of Ecology, 8(3): 101-108.

Lim H S, Lu X X, 2016. Sustainable urban stormwater management in the tropics: an evaluation of singapore's abc waters program[J]. Journal of Hydrology(538): 842-862.

Pander J, Geist J, 2013. Ecological indicators for stream restoration success[J]. Ecological Indicators(30): 106-118.

Schaeffer D J, Herricks E E, 1988. Ecosystem health: Ⅰ. Measuring ecosystem health[J]. Environmental Management, 12(4): 445-455.

Schmitt M, Bahn M, Wohlfahrt G, et al., 2010. Land use affects the net ecosystem CO_2 exchange and its components in mountain grasslands[J]. Biogeosciences, 7(8): 2297-2309.

Shifflett S, Schubauer-Berigan J, Herbert E, 2019. Assessing the risk of utilizing tidal coastal wetlands for wastewater management[J]. Journal of Environmental Management(236): 269-279.

Taddeo S, Dronova I, 2018. Indicators of vegetation development in restored wetlands[J]. Ecological Indicators, 94(4): 454-467.

Virgil I, Felicia G, Erika K, 2009. Assessing the effect of disturbances on ectomycorrhiza diversity[J]. International Journal of Environmental Research and Public Health, 6(2): 414-432.

第2章 湿地大气环境监测

湿地生态系统大气环境监测是对气象要素、小气候以及大气环境化学成分等进行科学规范的观测，强调观测数据的可靠性、可比性和数据格式的统一性，对所有观测工作及观测结果的规范和量化管理，为提高湿地科学研究水平，促进我国自然资源的可持续利用，以及为国家关于资源、环境方面的重大决策提供科学数据。根据《湿地生态监测指标体系》，湿地生态系统大气环境监测指标由气象监测指标、小气候监测指标和大气化学监测指标，以及土壤—大气界面 CO_2、CH_4 和 NO_2 交换通量监测指标四部分构成。监测任务主要包括常规气象要素监测、小气候监测和大气化学成分监测，以及土壤—大气界面 CO_2、CH_4 和 NO_2 交换通量监测。

2.1 湿地气象观测场布置

2.1.1 观测场条件要求

气象观测场地的选取应尽可能反映本站点较大范围气象要素特点，避免局部地形和周围环境的影响。四周空旷平坦，保证气流畅通，且观测场应位于该地区主风向的上风方向。观测场的大小为25m×25m，如条件受限，也可设为16m(东西向)×20m(南北向)。观测场地选取后应测定观测场的经纬度(精确至分)和海拔(精确至0.1m)，其地理位置信息应刻于观测场内的固定标志上。观测场四周一般设置约1.2m高的稀疏围栏，围栏所用材料不宜反光太强。生态系统观测场内地表保持与周围自然环境基本相一致。为保持观测场地的自然状态，场内宜铺设0.3~0.5m宽的木栈道，人员只准在木栈道上行走。有积雪时，应保护场地积雪的自然状态。根据场内仪器布设位置和线缆铺设需要，在木栈道上埋设电缆管，用以铺设仪器设备线缆和电源电缆。电缆管应做到防水、防鼠，并便于维护。观测场的防雷措施必须符合气象行业规定的防雷技术标准要求。观测仪器设备要定期维护和检修，保证在规定的检定周期内仪器保持规定的准确度要求。

2.1.2 观测场内仪器设施布置

观测场内仪器设施的布置要注意互不影响，便于观测操作。具体要求如下：①由南到北仪器安置高度应从低到高，南端地温，北端风向、风速，东西排列成行；②各仪器设施东西排列成行，南北布设成列，间距不小于4m，南北间距不小于3m，仪器距观测场边缘护栏不小于3m；③观测场围栏的门一般开在北侧，仪器设备紧靠东西向小路南侧安设，观测员应从北面接近观测仪器；④观测场内仪器的布置要注意互不影响，便于操作。

2.2 湿地常规气象要素监测

2.2.1 湿地常规气象要素监测概述

连续、准确、完整的气象、辐射和土壤环境变化的监测数据，是生态学研究的基础。自动气象站可为生态科学、环境学、全球变化以及相关研究提供高精度、高观测频率、连续及长期的各种监测数据。自动气象站是一种能自动观测和存储气象观测数据的设备，根据《湿地生态监测指标体系》统一要求，湿地生态系统常规气象要素监测采用自动气象站对气象、辐射和土壤要素进行长期、连续监测。

2.2.2 自动气象站的原理和组成

自动气象站的工作原理是：所有的气象、辐射和土壤环境要素值都可以通过传感器的感应元件输出的电信号来转换。由于各种观测要素变化能够引起的传感器电信号的变化量，自动气象站采集这些信息并通过计算处理软件将电信号转化为实际需要的观测要素值。自动气象站是由硬件和系统软件组成的自动观测系统。硬件系统包括传感器、采集器、通信接口、系统电源、计算机等，处理软件有采集软件和数据处理业务软件。

2.2.3 自动气象站的功能

自动气象站可自动采集气压、温度、湿度、风向、风速、降水量、日照、辐射、地温等气象要素；可按观测要求，编发定时观测报表；可按照气象专业计算公式自动计算海平面气压；可按照湿度参量的计算公式计算水汽压、大气相对湿度、露点温度以及所需的各种统计量；可按用户要求形成观测数据文件；可以利用笔记本电脑，通过通信端口下载数据，也可以利用台式计算机通过接口连线在远端控制进行实时采集，还可以通过网络实现自动气象站的远程监控。

2.2.4 数据采集器

数据采集器是自动气象站的核心，其主要功能是数据采集、处理、存储及传输。数据采集器采样速率及算法符合专业要求，其独立电源能保证采集器至少7d正常工作，数据存储器至少能存储3d的每分钟气压、气温、相对湿度、风向、风速、降水量、各辐射观测值和表2-1所列各项目的每小时正点观测数据，能在计算机中形成规定的数据文件。

表 2-1 自动气象站观测数据项目

2min 平均风向	最小相对湿度出现时间	总辐射最大辐照度
2min 平均风速	水汽压	紫外辐射曝辐量
10min 平均风向	本站气压	紫外辐射最大辐照度
10min 最大风速时风向	最高本站气压	光合有效辐射光量子数
10min 最大风速	最高本站气压出现时间	光合有效辐射光通量密度
最大风速出现时间	最低本站气压	净全辐射曝辐量
1h 风向	最低本站气压出现时间	净全辐射最大辐照度
1h 风速	计算海平面气压	净全辐射最大辐照度出现时间
极大风速	地面温度	直接辐射曝辐量
极大风速时风向	5cm 地温	直接辐射最大辐照度
极大风速出现时间	10cm 地温	直接辐射最大辐照度出现时间
降水量	15cm 地温	反射辐射曝辐量
气温	20cm 地温	反射辐射最大辐照度
最高气温	40cm 地温	反射辐射最大辐照度出现时间
最高气温出现时间	60cm 地温	微量降水次数
最低气温	100cm 地温	微量降水开始时间
最低气温出现时间	土壤热通量	微量降水结束时间
相对湿度	日照时数	
最小相对湿度	总辐射曝辐量	

2.2.5 自动气象站数据采样和算法

2.2.5.1 自动气象站数据采样

自动气象站的数据采样规范如下：

(1) 气压

每 10s 采测一个气压值，去除最大值和最小值后取平均值，作为每分钟的气压值存储。正点时采测 00min 的气压值作为正点数据存储，同时获取前 1h 内的最高和最低气压值和出现时间进行存储。每日 20：00 从每小时的最高和最低气压值及出现时间中挑选出一天内的最高和最低气压极值和出现时间存储。数据记录保留 1 位小数。自动气象站利用下式计算海平面气压：

$$t_m = \frac{t + t_{12}}{2} + \frac{h}{400} \tag{2-1}$$

$$m = \frac{h}{18410\left(1 + \frac{t_m}{273}\right)} \tag{2-2}$$

$$P_0 = P \cdot 10^m \tag{2-3}$$

式中：t_m——气柱平均温度，℃；

t——正点观测的气温，℃；

t_{12}——正点前 12 h 的气温，℃；

h——气压传感器海拔高度，m；

P_0——海平面气压，hPa；

P——本站气压，hPa。

(2) 温度和湿度

每 10s 采测一个温度和湿度值，去除一个最大值和一个最小值后取平均值，作为每分钟的温度和湿度值存储。正点时采测 00min 的温度和湿度值作为正点数据存储，同时获取前 1h 内的最高和最低温度值、最小相对湿度值及出现时间进行存储。每日 20：00 从每小时的最高和最低气温、最小相对湿度值及出现时间中挑选出 1 天内的最高和最低气温和最小相对湿度极值及出现时间进行存储。温度保留 1 位小数，相对湿度取整数值。

(3) 风向和风速

每秒采测 1 次风向和风速数据，取 3s 平均风向和风速值；以 3s 为步长，用滑动平均方法计算出 2min 平均风速和风向值；然后以 1min 为步长用滑动平均方法计算出 10min 平均风速和风向值。正点时存储 00min 的 2min 平均风向和风速瞬时值和 10min 平均风向和风速值及 10min 最大风速和对应风向及出现时间作为正点值存储，同时从前 1h 内每 3s 平均风速中挑取 1h 内的极大风速和出现时间；从每分钟的 10min 平均风速值中挑取 1h 内的最大风速和对应风向及出现时间。每日 20：00 从每小时的最大风速和极大风速中挑取每日的最大风速和极大风速及对应的风向及出现时间。风向记录整数度数值，风速值保留 1 位小数。

(4) 液态降水

计算每分钟的降水量，正点时计算、存储前 1h 的降水量。每日 20：00 计算存储每日降水量数据。降水量值保留 1 位小数。荒漠生态站，干旱地区安装感雨器，记录微降水次数和起止时间。

(5) 日照

以太阳直接辐射 120W/m^2 为阈值，每分钟记录存储有无日照信息，正点小时(地方平均太阳时)计算小时日照分钟数存储，若无日照记为 0。地方平均太阳时，日照时数以分钟数为单位取整数计算，日统计计算以“××小时××分钟”的统计计算结果记录。

(6) 地温

每 10s 采测 1 次地面和地下各层温度值，每层各去除 1 个最大值和 1 个最小值后取平均值，作为每分钟的地面和每层地温值存储，正点时存储 00min 的数值作为正点小时存储，并获取每小时地面温度的最高、最低温度值和对应的出现时间。每日 20：00 挑取每日的地面温度最高、最低温度值和出现时间。记录数据，数值保留 1 位小数。

(7) 土壤热通量

土壤热通量采用自校准传感器，每 12h 自动校准传感器一次，计算得出测量参数用于热通量测量。采样频率和存储要求同辐射要素。

(8)辐射

总辐射、反射辐射、净辐射、紫外辐射和光合有效辐射每10s采测1次，去除1个最大值和1个最小值后取平均值。存储，正点小时(地方平均太阳时)00min采集存储各辐射量辐照度，同时计算、存储各辐射量曝辐量(累计值)，挑选小时每分钟最大值及出现时间进行存储。每日24：00(地方平均太阳时)计算当日各辐射要素最大辐照度和出现时间并存储，累加计算各辐射要素日总量。辐照度(W/m^2)数值取整数，曝辐量、日总量数值(MJ/m^2)保留3位小数。光通量密度PFD[$\mu mol/(m^2 \cdot s)$]，数值取整数，小时累计光通量密度(mol/m^2)，保留3位小数。

2.2.5.2 自动气象站数据算法

(1)平均值

气温、湿度、气压、地温、辐射、土壤热通量均为1min内有效采样的算术平均值。风速以1s为步长，求3s的滑动平均值；以3s为步长，求1min和2min滑动平均风速；以1min为步长，求10min滑动平均风速。风向、风速采用滑动平均方法，计算公式为：

$$\overline{Y}_n = K(y_n - \overline{Y}_{n-1}) + \overline{Y}_{n-1} \tag{2-4}$$

$$K = 3t/T \tag{2-5}$$

式中：t——采样间隔，s；

T——平均区间，s。

$\overline{Y}_n$——n个样本值的平均值；

y_n——第n个样本值；

$\overline{Y}_{n-1}$——n-1个样本值的平均值。

风向过零处理采用以下算法：

$$E = y_n - \overline{Y}_{n-1} \tag{2-6}$$

若E>180°则从E中减去360°；若E< -180°，则在E上加360°，再用此E值重新计算y_n。若新计算的$\overline{Y}_n$>360°，则减去360°；若新计算的$\overline{Y}_n$<0°，则加上360°。

(2)极值选取

最大风速从10min平均风速值中选取，其他要素的极值均从瞬时值中选取。

(3)其他数据算法

降水量、日照时数、蒸发量、辐射、土壤热通量均计算累计值。

2.2.6 自动气象站的避雷措施

观测场应按照国家有关气象建设规范，安装避雷系统，技术条件符合《气象台(站)防雷技术规范》(QX 4—2015)。自动气象站、风向(风速)传感器应在避雷系统的有效保护范围内。自动气象站风杆自带避雷针要确保可靠接地，其接地电阻小于5Ω。整个自动气象站设备的机壳应连接到接地装置上。室内部分的接地线可连接在市电的地线上，也可接到专门为自动气象站设备做的接地装置上，接地电阻应小于5Ω；连接传感器电缆线的转接盒要有接地装置，接地电阻应小于 5Ω；设备接地端与避雷接地网连在一起时，要通过地线等电位连接器连接。

2.2.7　自动气象站的日常工作

为保证自动气象站设备处于正常连续的运行状态，可在正点小时前 10min 通过查看数据采集器的显示屏或计算机显示的实时观测数据来判断系统运行是否正常。每天在日出后和日落前应巡视观测场和值班室内的自动气象站设备。巡视的主要内容包括：查看各传感器是否正常，雨量传感器的漏斗有无堵塞，地温传感器的埋置是否正确，风向、风速传感器是否转动灵活，辐射表是否清洁等。定期下载自动气象站的数据。

2.2.8　自动气象站的维护

自动气象站维护的主要内容包括：定期检查维护各要素传感器，每月检查各电缆是否有破损，各接线处是否有松动现象；每月检查供电设施，保证供电安全；清洁机箱内部时要先关闭系统，关闭外接电源，维护工作完成后重新启动系统，以保证系统及工作人员安全；每年春季对防雷设施进行全面检查，对接地电阻进行复测；定期检查、维护的情况应记入值班日志中，对自动气象站数据有影响的还要记入备注栏。

2.3　湿地小气候监测

2.3.1　湿地小气候监测概述

在湿地生态系统进行小气候观测，以获得所监测区域湿地小气候特征及研究其变化，是湿地科学研究的重要部分。通常情况下，小气候是指在特定的自然景观和大气候背景下产生的局部气候。按照气候研究的空间尺度来划分，小气候所涉及的水平范围和垂直范围都不大，其水平尺度约为 10～10000m，垂直尺度为 0.1～100m。与区域长期气候不同，小气候具有自身固有的特点。小气候观测的主要观测要素为辐射通量、热通量、水汽通量等特征量，小气候要素具有强烈的日变化和脉动性质，其垂直梯度一般大于水平尺度，而且垂直梯度具有明显的日变化特征。因而小气候观测与气象要素的长期定位观测有很大的差异，具体表现在以下方面：

①观测目的不同：气象要素的长期定位观测是为了获取代表较大范围、较长时期的背景资料，从中提取气候变化和环境变迁信息；小气候的观测是为了获取尺度较小、与生物过程联系更为紧密的环境信息，因而既是气象和气候学问题，又是生态学问题。

②观测方法不同：小气候观测的目的决定了在观测方法上有其特殊性，它常常需要进行不同地表类型的对比观测，而且强调梯度观测，研究不同生态类型或生态过程与大气的相互作用。

③观测项目不同：小气候的观测项目更为广泛，除了一般气象要素的观测项目外，还常常进行生态因子的同步观测，如植物的光合作用、CO_2 体积分数等。

④观测时段不同：气象要素观测要求对区域代候特征进行长期不间断的观测；小气候

则强调与下垫面密切关联的局地气候差异。小气候的观测各站自行根据指标要求制订观测计划，一般在作物生长季进行阶段性观测。

2.3.2 湿地小气候观测场地设置

湿地生态系统小气候的梯度观测是为了获取气象要素的垂直变化，从而得到湿地与大气之间的水热交换特征。小气候观测场地应该能够代表独立小气候，其设置应满足以下几点要求：

①湿地生态系统小气候观测场应设在主要环境条件(气候、土壤、地形、地质、生物、水分)和湿地类型具有代表性的地段，下垫面能够反映生态系统的特征和季节变化的特点。

②观测样地的形状应为正方形或长方形，地势应较平缓。一般情况下，小气候观测应该在综合观测场或附近地区进行，以便与生态、水分和土壤观测资料有效衔接。

③湿地小气候辐射观测在植被冠层上方1.5m处，温湿度和风速观测在植被自然高度的2/3处作为活动层的关键部位，定为梯度观测的基准，依次向上为0.5m、1m、2m、4m处；土壤温度观测以地面为基准，向下依次为5cm、10cm、15cm、20cm、40cm、60cm、100cm。

④观测期内不再调整传感器高度。

2.3.3 湿地小气候观测场建设

湿地小气候观测场一般设立在综合实验场或综合实验场附近，以便与生态、水分和土壤观测有效衔接。湿地小气候观测塔的建立原则包括：塔高10m，风速和温湿传感器支架可调节高度；为了避免塔身和支架对传感器观测结果产生影响，安装传感器的横杆伸出长度应在1.5m以上；安装传感器的各层横杆要有调节高度的功能，以便随着作物的生长调节传感器高度，从而保持风速、温度和湿度传感器相对下垫面的高度；观测塔及其横杆的颜色应涂为银白色或浅灰色，以免因吸收太阳辐射而升温，影响辐射观测；观测塔的设计要方便工作人员安装检修仪器；注意保护小气候观测杆周围下垫面作物的状态。

湿地小气候观测仪器的架设和安装要求包括：应尽量确保仪器不相互影响，特别要注意观测塔对辐射表的影响。一般来说，辐射横杆应该向南方伸出；北回归线以南的站点，在夏至的时段可以调整辐射观测杆的伸展方向，以避开塔身的影响，辐射观测也可与风杆分开单独安置。土壤温度、地表温度和土壤热通量传感器应安装在尽可能远离观测杆的南侧。采集系统仪器箱可安装在塔身上；一般不设置用于放置小气候数据采集系统的仪器室，若设置仪器室则要以不妨碍观测为原则。风速、温度、湿度梯度观测的各层传感器高度应该以传感器探头的高度为准。安装小气候传感器时，应轻拿轻放。风速传感器安装要保证对地平的垂直度，辐射表要调整水平，雨量传感器应安装于冠层之上。

2.3.4 小气候观测时制

小气候的特征与下垫面性质直接相关，而影响小气候变化的最敏感的因子是辐射。为了掌握小气候的日变化特征，观测时间的安排应按地方平太阳时(简称地方平时)进行。北京标准时是以东经120°的地方平时作为我国的标准时间。北京标准时比世界时早8h，但与北京标准时相差14.6min。

由于小气候观测是采用地方平时作为计时标准，所以在选定测点后，应当根据测点所在地区的经度，求出地方平时与北京标准时的差数，然后将自动观测系统的时间调整为当地的地方平时。根据北京标准时推算地方平时要注意测点所在经度是大于还是小于东经120°，凡位于东经 120°以西的测点，其地方平时比北京标准时晚，凡位于东经 120°以东的测点，其地方平时比北京标准时早。为了便于将北京标准时与测点所在地区的地方平时进行互换，按下式计算：

$$t_m = t_B - (120 - \lambda) \cdot 4 \tag{2-7}$$

式中：t_m ——测点所采用的地方平时，h；

t_B ——北京标准时间，h；

λ——测点所在地区的经度。

2.3.5　小气候观测操作

(1)梯度观测传感器的误差

在进行小气候梯度观测中，观测结果的绝对精度固然非常重要，但传感器之间的相对系统误差却更为重要。如果不同高度传感器之间的相对系统误差过大，就无法正确获得气象要素的垂直分布特征。

以温度梯度的观测为例，假设 0.5m 高度处空气温度的真实值为 21.7℃，1m 高度处空气温度的真实值为 22.6℃，此时该层温度梯度的真实值为 1.8℃/m。但是，利用温度传感器 A(0.5m 高度处，绝对误差为±0.5℃)和 B(1m 高度处，绝对误差为±0.5℃)进行测量时，可能会得到 2℃/m 的温度梯度。从中可以看出，尽管两个传感器的绝对误差都不超过±0.5℃，但它们相对系统误差却达到±1℃，导致观测结果的不可信。小气候温度测量误差要求±0.1℃。

(2)梯度观测传感器的平行检验

为了克服相对系统误差导致的错误观测结果，在每次观测之前应该进行平行检验观测，将温、湿、风速传感器架设在相同的高度上进行同步观测，并对观测期间的所有观测结果进行平均，通过比较选择观测结果最为接近的传感器进行梯度观测，并选择其中一个作为基准，进行归一化处理。在进行检验过程中，应注意以下问题：

①架设传感器的“Π”形横杆必须足够长，以保证传感器之间没有相互影响；风传感器相间距离 0.5m，温、湿度传感器相间距离 0.3m。

②架设传感器的横杆应与主风向垂直。

③进行行检验的观测场下垫面状况应尽能保证水平均一。

④平行检验时间应至少持续一个日变化周期。

⑤如果小气候观测持续较长时间，应该在观测结束前再次进行平行检验。

⑥梯度平行检验结果应该与其他观测记录一起归档。

⑦小气候观测结束一个周期后，风速、风向、温度、湿度、地表温度传感器和辐射表要取下收好；土壤温度传感器和热通量传感器可以不动，把接头部分保护好，下次观测时直接连接使用。

2.3.6 小气候观测的辅助记录

(1)小气候观测场信息

小气候观测场信息主要包括以下内容：

①基本信息：包括观测点的地理位置(经纬度)、海拔、附近的建筑与试验实施及其方位(特别注明新增加的建筑和设施)、测点与最近气象站的距离及方位。

②土壤信息：土壤性质和结构是影响地表与大气水热交换的主要因素之一，应说明观测点主要土壤类型。

③植被信息：观测点植物所处发育期、植物平均高度及密度、观测杆周围是否有践踏或破坏痕迹等。如果观测点附近有其他类型的植被，应该记录其面积、类型、高度、郁闭度及其与观测点的相对位置；如果是防护林，应注明其结构、高度、宽度、组成成分、透风程度，以及它们与观测点的相对位置。

(2)仪器安装信息

梯度观测是小气候观测的重要内容。选择合适的安装高度是保证小气候观测数据有效性的关键所在。在观测档案中，应该详细记录各传感器的安装位置，特别是高度(或深度)，还应该记录各传感器的型号、校验日期及校验结果等。在正式观测前对仪器进行的平行检验结果，也应该附在观测档案里。

(3)天气现象

小气候特征受到背景天气过程的影响和制约，详细地记录天气变化和环境信息，是合理理解小气候观测结果的基础。大尺度的天气过程对小气候特征的影响可以延续较长一段时间，在进行小气候观测前，应当在观测档案中记录观测前一周的基本天气特征。如果有降水事件发生，应该注明降水时间、降水量以及观测开始时刻地表的湿润程度。在小气候观测过程中，应该详细记录每一个观测时刻的各种天气现象，包括云量、太阳视面是否有云遮蔽、大气现象、地面状况等。其中，大气现象是指雨、雪、冰雹、雾、大风、扬沙、炊烟等；地面状况是指干、湿、积水、积雪等。通过这些记录，可以了解观测期间的大气和地面的物理性质及其变化。

2.4 湿地大气环境化学成分监测

2.4.1 湿地大气环境化学成分监测概述

湿地生态系统大气环境化学成分监测的主要内容包括：大气干湿沉降和温室气体(CO_2、CH_4和N_2O)。

大气干沉降是指在重力作用下从空气中自然降落于地面的颗粒物，其直径多在10μm以上，一般以单位时间(月)单位面积(m^2)沉降颗粒物的质量来表示，通常称为大气降尘。大气湿沉降则是指以任何湿形式离开大气而到达地表的物质，例如，降雨、降雪、冰雹及其他形式的降水都是湿沉降，通常称为大气降水。大气干湿沉降不仅取决于沉降颗粒物粒径和密度，也受地形、风速、降水(包括雨、雪、雾)等因素的影响。

大气干沉降组分包括非水溶性物质、水溶性物质、苯溶性物质、灰分、可燃性物质、固体污染物等含量的测定。其中水溶性物质含量的测定受到人们较高的重视，特别是 SO_4^{2-}、NO_3^- 和 NH_4^+ 含量的测定对研究大气中硫氧化物和氮氧化物的化学转化过程、硫酸盐和硝酸盐的形成，以及大气污染状况监测等都非常重要。大气湿沉降中除了测定 pH 值和电导率外，还需测定的其他化学组分包括：F^-、Cl^-、SO_4^{2-}、NO_3^-、K^+、Na^+、Ca^{2+}、Mg^{2+}、NH_4^+。

温室气体与气候变化以及由此导致的生态环境演变是科学研究的重要课题。CO_2、CH_4 和 N_2O 是大气中主要的 3 种温室气体。分析温室气体的仪器设备和技术手段有多种，气相色谱法是通用方法之一。气相色谱法具有灵敏度高、选择性好、分析速度快的优点。

2.4.2　干沉降

2.4.2.1　干沉降总量测定

(1)测定原理

大气干沉降量的标准测定方法是称量法，其原理是：大气颗粒物在重力作用下自然降落在盛有水的集尘缸内，从集尘缸内转移至蒸发皿后，经蒸发、干燥、称重，根据蒸发皿加样前后的质量差及集尘缸口的面积，计算出大气干沉降量，用单位时间(月)单位面积(m^2)所沉降的颗粒物质量(t)表示。

(2)所需仪器

集尘缸(通用型集尘缸，内径 150mm，高 300mm 的圆筒形带盖的玻璃缸、搪瓷缸或聚乙烯塑料缸)、玻璃蒸发皿或瓷坩埚(容量 150~300mL)、烧杯(500mL 或 1000mL)、分析天平(感量 0.1mg)、电热板。

(3)样品采集

采样点选择：采样点必须布置在周围没有任何污染源的空旷场所，附近没有高大建筑物。

集尘缸放置：集尘缸放置高度应距地面 5~15m，如果放置到屋顶平台上，相对高度应为 1~1.5m，目的是防止扬尘污染。放置集尘缸的支架应牢固稳定，以防止被风吹倒或摇动。为了防止不属于降尘范围的异物(如鸟粪、羽毛、树叶、昆虫等)落入集尘器内，可根据采样地点的环境情况，决定集尘器是否以圆形尼龙网罩盖上缸口(网罩孔径为 10mm×10mm)。

采样前准备：采样装置的收集系统所用的所有器具第一次使用前，用 1∶1 盐酸或 1∶1 硝酸浸泡 24h，然后用自来水冲洗干净，最后用去离子水冲洗集尘缸 3~6 次，实验室内自然风干后盖上集尘缸盖备用。以后，每次采集样品前用自来水冲洗 3 次，再用去离子水冲洗 3 次，自然风干后盖上集尘缸盖即可再次使用。使用前为每个集尘缸编号。

采样过程：向集尘缸内加入适量(100~300mL)20%乙醇溶液(溶液加入量视集尘缸的表面和当地的蒸发速度而定)，将准备好的集尘缸罩上塑料袋，带至采样点，将集尘缸放置在采样点的固定架上，取下塑料袋，然后打开集尘缸盖开始收集样品。当降雨开始时关闭集尘缸，至降雨结束后再打开集尘缸继续采样。采样期间应经常查看缸内存水情况，若蒸发量太大，可在采样观测期间添加乙醇溶液，以保证整个观测期内缸底始终处于湿润状态。

采样时间与频率：通常干沉降采样时间为30d±2d，按月定期换取集尘缸一次。更换集尘缸时，先将集尘缸盖盖好，再取下尽快送回实验室进行分析。运输过程中注意防止污损。记录集尘缸编号，以及集尘缸溶液加入量、放缸地点、时间(年、月、日、时)，取缸时应核对地点、缸号，并记录取缸时间(月、日、时)。采样频率为每月一次。

(4)样品处理

从采样点将集尘缸带回实验室，用干净镊子将落在集尘缸内的树叶、鸟粪等异物取出，并用去离子水冲洗，然后弃去。如果发现有异种污染物(如石块等)进入时，样品不可进行分析。

(5)总量测定

预先取蒸发皿或瓷坩埚用去离子水洗净、编号，置于电热干燥箱内在105℃±5℃条件下烘干3h，取出放入玻璃干燥器内，冷却50min，在分析天平上称量，在同样温度下继续烘干50min，冷却5min，再称量，直至质量恒定(两次称量之差小于0.4mg)。用淀帚将附着在集尘缸壁上的降尘小心刷下，并用去离子水冲洗集尘缸表面以及淀帚，然后将集尘缸中的颗粒物溶液分次移入500mL或1000mL烧杯中，用淀帚擦下缸底黏着物质，并用少量水冲洗集尘缸壁至无尘为止。将烧杯放在电热板上加热，使杯中溶液慢慢蒸发浓缩至几十毫升。将浓缩后的杯中溶液和颗粒物分次移入已恒重的蒸发皿或瓷坩埚中，在电热板上慢慢蒸干，放入干燥箱中在105℃±5℃条件烘干，按前一步蒸发皿称量步骤称量至恒重(两次称量之差小于0.4mg)。收集恒重后样品放入聚乙烯塑料瓶中保存，并编号记录。

干沉降总量计算：

$$M=(M_1-M_2)\cdot K/S \tag{2-8}$$

式中：M——降尘量，t/(m^2·30d)；

M_1——降尘量加蒸发皿(或瓷坩埚)在105℃烘干后恒重的质量，g；

M_2——盛装降尘的蒸发皿(或瓷坩埚)在105℃烘干后恒重的质量，g；

K——30d与每月实际采样天数(精确至0.1 d)的比例系数；

S——集尘缸口面积，m^2。

注意事项：

①干沉降量常选用集尘缸进行测量。如果集尘缸的几何尺寸不完全相同，那么不同地方测定的沉降量会有较大的差异。因此，沉降量只是大气污染的参考性指标，并非污染物的准确测定指标。

②乙醇溶液的加入不仅可以保持缸底湿润，使采样在湿式条件下进行，避免沉降物被风吹走，还可防止集尘缸内藻类生长，抑制微生物生长，在冬季还可作为防冻剂。

③淀帚的制作是在玻璃棒的一端套上一小段乳胶管，然后用螺旋夹夹紧，放在105℃±5℃的干燥箱中，烘3h后使乳胶管与玻璃棒黏合在一起，剪掉未黏合的部分即成。淀帚主要用来扫除尘粒。

④同一个样品使用的烧杯、蒸发皿编号必须一致，并与其相对应的集尘缸编号一起填入记录表中。

⑤蒸发皿烘干时应分散放置，不可重叠。

2.4.2.2　干沉降成分测定

大气干沉降的化学组成较为复杂，此处只关注 pH 值、氟化物（F^-）、氯化物（Cl^-）、亚硝酸盐（NO_2^-）、硝酸盐（NO_3^-）、硫酸盐（SO_4^{2-}），以及钾盐（K^+）、钠盐（Na^+）和铵盐（NH_4^+）的测定。

（1）样品准备

干沉降样品的采集和处理与干沉降总量测定相同。样品经处理后，用淀帚将附着在集尘缸壁上的降尘小心刷下，并用去离子水冲洗集尘缸表面及淀帚，然后将集尘缸中的颗粒物溶液分次移入 500mL 或 1000mL 烧杯中，用淀帚擦下缸底黏着的物质，并用少量水冲洗集尘缸壁至无尘为止，充分搅拌、混匀颗粒物溶液后，在烧杯内用去离子水将淀帚冲洗干净。若烧杯内溶液体积不足 300mL，用去离子水将溶液体积补足 300mL；若烧杯内溶液体积超过 300mL，在电热板上小心加热蒸发至 300mL。最后盖上表面皿，静置 24h，使可溶性物质溶解、不溶性物质沉淀后，将烧杯中溶液抽吸过滤，收集滤液留待组分分析。

（2）pH 值测定

pH 值定义为水中氢离子浓度的负对数。可用电极法或精密石蕊试纸测定样品的氢离子浓度，推荐使用电极法测定。

电极法测定原理：以饱和甘汞电极作为参比电极，以玻璃电极为指示电极，组成电池。在 25℃，溶液中每变化一个 pH 值单位，电位差变化 59.1mV。将电位表刻度置换为 pH 刻度，便可直接读出溶液的 pH 值。

测试方法：根据仪器说明书要求，启动仪器，预热 20min 以上。用两种或三种标准缓冲溶液对仪器进行定位和校正。校正后，用去离子水冲洗电极 2~3 次，用滤纸把水吸干。吸取 10mL 滤液，将电极插入水样品中，利用磁力搅拌器搅动水样至少 1min 后，按下计数开关，重复 2~3 次，直接读取稳定后的 pH 值读数并记录。

注意事项：pH 值与温度有关，应在测量前测试溶液的温度，然后把温度补偿旋钮调至相应位置或通过查温度校正表进行校正；电极应定期进行检验，更换新电极时应认真挑选，使之与仪器能够较好匹配；样品若敞开旋转，空气中的微生物、CO_2 等实验室的酸碱性气体对 pH 值的测定有影响，应尽快测定。

（3）F^-、Cl^-、NO_2^-、NO_3^-、SO_4^{2-}、K^+、Na^+、NH_4^+ 测定

干沉降中氟化物、氯化物、亚硝酸盐、硝酸盐、硫酸盐，以及钾盐、钠盐、钙盐、镁盐和铵盐的测定方法很多，本书推荐并介绍离子色谱法。

离子色谱法测定原理：离子色谱法是利用离子交换原理和液相色谱技术测定溶液中阴离子和阳离子的一种分析方法。待测样品在游洗液的带动下进入分离柱，不同离子被分离柱分开，由电导检测器检测色谱峰。根据混合标准溶液中各阴离子的出峰时间及峰高可定性和定量分析样品中的 F^-、Cl^-、NO_2^-、NO_3^- 和 SO_4^{2-}，根据混合标准溶液中各阳离子的出峰时间及峰高可定性和定量分析样品的 K^+、Na^+、NH_4^+、Ca^{2+}、Mg^{2+} 和 Ca^{2+}。本方法的适

宜检测浓度范围和最低检出浓度依仪器的不同有所差异，一般离子色谱均能满足测定需求。

离子色谱组成：离子色谱仪的主要组成包括：活塞泵、保护柱、分离柱、抑制器和电导检测器，此外，还包括进样装置、恒流输液泵等。每种类型的离子色谱都有不同的分离柱、保护柱和抑制器。

试剂与色谱条件：离子色谱的阴阳离子的标准贮备液、淋洗液、再生液配制参看各类型仪器的操作手册。系列标准溶液配制参看各仪器说明。不同型号仪器的操作条件(如淋洗液、再生液流速、进样量、灵敏度等)根据仪器要求自行选定。

定性、定量分析：利用混合阴阳离子标准溶液经离子色谱仪测出的各种离子的出峰时间，对样品进行定性分析。利用配制的系列标准溶液，以峰面积对浓度绘制标准曲线。根据样品峰面积，从标准曲线上查出相应样品的体积浓度。

样品分析：启动离子色谱，根据离子色谱的型号和性能，调节仪器至最佳测试条件，稳定至少 30min 以后，用 1mL 注射器从低浓度到高浓度吸取系列混合阴阳离子标准溶液依次注入离子色谱中(实际进样量一般为 0.1mL)，分析不同浓度标准溶液出峰时间和峰面积，得到峰面积的平均值。每个浓度重复 3 次测定。然后再吸取待测样品上清液 1mL，经 0.45μm 的有机微膜滤孔过滤后注入离子色谱分析样品中的可溶性组分。以混合标准溶液中各个离子不同浓度值为横坐标，平均峰面积为纵坐标，绘制每种离子的标准曲线，获得回归曲线，利用样品峰面积平均值，计算出样品中各离子浓度值。

注意事项：所有样品分析均需经 0.45μm 的有机微膜滤孔过滤；离子色谱分析时，会有一个水负峰出现，若需消除水负峰，则需在样品中加入一定量的淋洗液；若分析样品浓度过高，超过标准溶液配备浓度，需先用淋洗液将样品稀释再进行测量；进样过程不能有气泡，否则可能因为进样量不准影响定量分析；为防止细菌滋生，长期不使用的离子色谱分离柱应密封保存。

2.4.3 湿沉降

2.4.3.1 采集装置

湿沉降采集装置目前有两类：一类是简易的降水收集桶；另一类是自动降水采样装置。简易的降水收集桶是一个带盖的聚乙烯或聚丙烯塑料桶(切勿用玻璃仪器盛装)，桶容量以能贮存当地正常情况下一次降水的最大降水量为宜。降水之前人为开盖，收集一次降水全过程的水样，降水终止时及时取回。虽然这种收集方法降水收集率低，而且降水容易污染，但非常简单易行。有条件的地方也可采用自动降水采样装置。自动降水采样装置同简易装置构造基本相同，只是多一个湿度感应器。降水时，在水滴作用下使感应头连接从而自动打开盖进行观测；降水停止后，水滴蒸发，感应器断开，从而自动关闭桶盖，结束观测。

对降雨和降雪的采集通常使用不同的容器。雨水采用上口内径约 20cm、高约 20cm 的聚乙烯塑料小桶或自动采样器装置采集，如果使用接雨漏斗采集，接雨漏斗的上口内径不应小于 30cm。雪水采用上口内径 40cm 以上的聚乙烯塑料容器采集。

2.4.3.2 样品采集及保存

(1)收集器的放置

收集器放置高度应距地面5~15m，相对高度1.2~1.5m，目的是防止扬尘污染，放置收集器的支架应牢固稳定，以防止被风吹倒或摇动。同一地点的降水收集桶和集尘缸应尽量保持在同一高度。

(2)采样准备

收集器所用的所有器具第一次使用前，用1∶1盐酸或1∶1硝酸浸泡24h，然后再用自来水冲洗干净，最后用去离子水冲洗3~6次，实验室内自然风干后盖上盖子备用。以后，每次采集样品前用自来水冲洗3次，再用去离子水冲洗3次，自然风干后即可再次使用。使用前为每个收集桶编号。

(3)样品采集

每次降雨(降雪)开始，立即用已编号的备用采样器放置在预定的采样点支架上。打开盖子开始采样(自动采样器自动开盖采样)，雨(雪)停后及时取回收集器，将收集桶带回实验室，用干净镊子将落在降尘缸内的树叶、花絮等异物取出，然后尽快测定电导率和pH值，最后用过滤后的样品测定阴离子和阳离子。样品运输途中，应尽量避免振动，防止污染。

每次降水应收集全过程水样，一天若有几次降水过程，则需收集几次的降水样品。若降水量较大或连续几天降水，则需要及时更换收集桶保证样品的收集。

(4)样品保存

存放湿沉降水样的容器一般为白色聚乙烯塑料瓶，不能用带颜色的塑料瓶。因为玻璃瓶含有较多的钾、钠、钙、镁等杂质，在样品存放过程中容易污染样品。湿沉降样品可直接移入聚乙烯塑料瓶密封后于冰箱中保存；若湿沉降为雪或雹，应在实验室内令其自然融化再转入聚乙烯塑料瓶。

(5)采集记录

记录收集桶编号、采样地点、日期、降水开始和结束时间。

(6)采集频率

用于湿沉降化学组分分析的样品每月采集一次。

2.4.3.3 湿沉降组分测定

湿沉降组分测定包括湿沉降样品的电导率、pH值、F^-、Cl^-、NO_2^-、NO_3^-、SO_4^{2-}、K^+、Na^+、NH_4^+湿沉降样品取回后应尽快测定电导率和pH。样品中的F^-、Cl^-、SO_4^{2-}、K^+、Na^+在冰箱中可至少稳定保存一个月，而NO_2^-、NO_3^-、NH_4^+则较不稳定，应尽快测定。

(1)电导率测定

测定原理：降水样品的电阻随溶解离子数量的增加而减小。电阻减小，其倒数电导则增加。距离1cm，截面积$1cm^2$的电极间所测得的电阻称为电阻率；距离1cm，截面积为$1cm^2$的电极间所测得的电导称为电导率，用K表示。电导率的国际单位是S/m，也可用

mS/m 或 μS/cm 表示。电导率常用电极法测定。测量电导率的电极是由两块平行的铂片组成。

测定方法：将恒温水浴恒温到 25℃、电导率已知的标准氯化钾溶液[c(KCl)= 0.01000 mol/L] 30mL 倒入干净的烧杯中，插入电极，测量电阻 R(KCl)值。取湿沉降样品冲洗烧杯和电极后，将 30mL 湿沉降样品倒入烧杯中，插入电极，测量样品温度 T 和电阻值 R。利用电导率计算公式和温度校正公式求出样品的电导率。计算公式为：

$$K=C/R=K(\mathrm{KCl})\cdot R(\mathrm{KCl})/R \tag{2-9}$$

式中：K(KCl)——标准氯化钾溶液电导率，对于给定电极，K(KCl)是已知的；

R(KCl)——标准氯化钾溶液电阻；

R——湿沉降样品电阻。

如果测定温度不是 25℃，则必须进行温度校正。温度校正的经验计算公式为：

$$K_s=K/[1+\alpha\cdot(T-25)] \tag{2-10}$$

式中：K_s——温度为 25℃时的电导率；

K——温度为 T 时的电导率；

α——各种离子电导率的平均温度系数，一般取 0.022；

T——测定时溶液的温度,℃。

(2)pH 值测定

取一定量的湿沉降样品，pH 值测定方法同干沉降。

(3)F^-、Cl^-、NO_2^-、NO_3^-、SO_4^{2-}、K^+、Na^+、NH_4^+ 测定

取一定的湿沉降样品，测定方法同干沉降组分分析。

注意事项：同时测定电导率和 pH 值时，由于 pH 值测定过程中饱和氯化钾溶液扩散到样品中会影响降水样品的电导率，因此，必须先测定电导率再测定 pH 值。

2.4.4 CO_2 浓度测定

CO_2 是大气中重要的温室气体。目前，清洁大气中 CO_2 的体积分数为 360×10^{-6} ~ 370×10^{-6}，质量分数为 707~726 mg/m³。

CO_2 的分析采用气相色谱法氢焰离子检测器(FID)检测。其原理是：固定体积的空气样品通过色谱柱时，气体中的 CO_2 与气体中其他成分有效分离，分离后的 CO_2 在高温下与 H_2 经镍触媒催化转化为 CH_4，CH_4 被氢焰电离产生的离子电流被 FID 检测器检测。

2.4.5 CH_4 浓度测定

CH_4 也是大气中重要的温室气体。目前，清洁大气中 CH_4 的体积分数约为 1.7×10^{-6} ~ 1.8×10^{-6}，质量分数为 1.21~1.28mg/m³。

CH_4 的分析采用气相色谱法氢焰离子检测器(FID)检测。其原理是：固定体积的空气样品通过色谱柱时，气体中的 CH_4 与其他成分有效分离，分离后的 CH_4 被氢焰电离产生的离子电流被 FID 检测器检测。

2.4.6 N_2O 浓度测定

N_2O 也是大气中重要的温室气体。目前，清洁大气中 N_2O 的体积分数约为 314×10^{-9}，质量分数为 617μg/m^3。

N_2O 的分析采用气相色谱法电子捕获检测器(ECD)检测。其原理是：固定体积的空气样品通过色谱柱时，气体中的 N_2O 与气体中其他成分有效分离，分离后的 N_2O 通过 ECD 进行检测。

2.5 湿地土壤—大气界面 CO_2、CH_4 和 N_2O 交换通量监测

采用同化箱法测定土壤—大气界面 CO_2、CH_4 和 N_2O 交换通量是目前在湿地生态系统研究中被普遍采用的方法。同化箱测定法是采用不同类型的同化箱罩住植被地面或土壤表面，通过测定箱内的 CO_2 和 CH_4 等气体浓度变化来计算植被—大气或土壤—大气间的气体交换通量。其中静态气室—碱吸收法虽然已被普遍采用，但其最大的缺陷是不仅不能在短时间内进行连续测定，而且测定结果与红外气体交换法的测定结果存在一定差异。静态箱—气相色谱法是目前国际国内广泛使用的比较经济可靠的测定方法，其不足之处在于它的使用会明显改变被测地表的物理状态，在采样时会因箱室的挤压和抽气时的负压引起测定偏差。动态(静态)气室—红外分析仪法被认为是目前最理想的一种方法，利用同化箱内下垫面处理的不同，可以获得不同含义的气体交换量。这种方法是土壤—大气界面 CO_2、CH_4 和 N_2O 交换通量直接测定的一种。其优点之一是设备成本低，便于进行不同生态系统类型和不同生态系统管理方式间碳通量的比较；另一优点是可以用气体采样法进行室内的多种气体的精细分析，因此能够同时测定 CH_4 等痕量气体的通量。本节对于土壤—大气界面 CO_2、CH_4 和 N_2O 交换通量监测原理和方法的介绍主要参考于贵瑞等(2017)。

2.5.1 土壤 CO_2、CH_4 和 N_2O 产生与消耗过程及耦合关系

(1)土壤 CO_2、CH_4 和 N_2O 产生与消耗过程

土壤释放 CO_2 的过程也称为土壤呼吸，严格意义上讲，该过程是指未扰动土壤产生 CO_2 的所有代谢作用，包括三个生物学过程(土壤微生物呼吸、根系呼吸和土壤动物呼吸)和一个非生物学过程(含碳矿物质的化学氧化作用)。土壤呼吸可分为自养型呼吸和异养型呼吸，自养型呼吸消耗的底物直接来源于植物光合作用产物向地下分配的部分，而异养型呼吸则利用土壤中的有机或无机碳。土壤微生物活动是土壤呼吸作用的主要来源，土壤有机质含量、pH 值、温度、水分，以及有效养分含量都能影响土壤呼吸作用强度(骆亦其等，2007；程淑兰等，2012)。

土壤 CH_4 主要由甲烷产生菌在厌氧条件下通过甲烷化过程产生。植物的光合产物通过凋落物的形式进入土壤，植物残体碎屑在微生物作用下水解成氨基酸、多糖和长链脂肪酸，进一步发酵成分子量更小的醇、脂和有机盐类，最后甲烷产生菌将醋酸盐和甲酸盐还原成 CH_4。在好氧条件下，甲烷氧化菌利用土壤中的氧气将甲烷氧化成 CO_2，硫酸盐还原

细菌在厌氧条件下也会将长链脂肪酸等含碳基质氧化成 CO_2，同时 SO_4^{2-} 被还原成 H_2S。土壤 CH_4 吸收是土壤中 CH_4 产生与消耗过程的综合反映，受底物有效性、温度、水分、土壤 pH 值、养分及植被类型等环境因子的联合控制。

土壤 N_2O 主要来源于土壤微生物的硝化和反硝化过程。首先，有机氮在微生物作用下矿化为 NH_4^+，NH_3 在氨单加氧酶(AMO)催化作用下生成羟氨(NH_2OH)，而羟氨在羟胺氧化还原酶(HAO)作用下生成 NO_2^- 过程中会产生中间产物 N_2O。其次，土壤 NO_3^-—N 在硝酸盐还原酶(NAR)作用下生成 NO_2^-，后者在亚硝酸还原酶(NIR)作用下生成 NO，接着 NO 在一氧化氮还原酶(NOR)作用下生成 N_2O^-，在土壤含水量高的条件下，N_2O 会在氧化亚氮还原酶(NOS)作用下生成最终产物 N_2 返回大气中。此外，硝化细菌也可进行反硝化过程产生 N_2O，每个氮素转化过程涉及的功能基因转化酶与反硝化过程相同(方华军等，2015)。

(2)土壤 CO_2、CH_4 和 N_2O 通量之间的耦合作用

土壤 CO_2、CH_4 和 N_2O 的产生与消耗过程之间存在复杂的交互作用，并受外界环境因子的影响。三者之间的耦合作用以土壤微生物功能群为媒介，通过一系列的氧化还原反应完成电子传递、能量流动和物质转化，在不同外界驱动力下表现出形式各异的耦合关系，通常有协同关系、消长关系和随机关系。

通过对全球土壤 CO_2、CH_4 和 N_2O 通量数据的整合分析发现，土壤 CO_2 和 N_2O 通量之间呈现正的协同关系，而 CO_2 与 CH_4 的关系没有一致的研究结论。

土壤 CH_4 和 N_2O 通量存在显著的消长关系，其潜在机理为：①土壤 CH_4 和 N_2O 产生的主要控制因子均为水分，土壤通气性控制两种气体在土壤剖面扩散，氧化还原反应控制土壤 CH_4 的产生与氧化，以及土壤硝化和反硝化作用。②从微生物生理和生态学角度来看，土壤 N_2O 是在氨氧化菌、硝化细菌和反硝化细菌作用下产生的，CH_4 吸收是在甲烷氧化菌驱动下完成的生物化学过程；由于 CH_4 和 NH_3 相对分子质量相近，因而土壤甲烷氧化菌和氨氧化菌均能同时氧化 CH_4 和 NH_3，竞争利用相同的底物如 O_2、CH_4 和 NH_3。③甲烷氧化菌和氨氧化菌都具有非常复杂的胞质内膜，在氧化 CH_4 和 NH_3 的过程中会竞争利用功能相似的单氧酶，尤其是甲烷单氧酶(MMO)(方华军等，2014)。

2.5.2 土壤—大气界面 CO_2、CH_4 和 N_2O 交换通量监测方法进展

土壤 CO_2、CH_4 和 N_2O 通量传统研究都是基于静态箱—气相色谱法，依赖野外土壤 CO_2、CH_4 和 N_2O 气袋或气瓶采样和室内气相色谱分析技术，通常包括样品收集和样品分析两个步骤，而这两个步骤都非常耗时费力，很难获取长期连续的数据资源，很难使数据在揭示生态系统变化规律时具有较强的代表性。传统的静态箱—气相色谱法不能进行长时间的连续测定，过长的监测时间也会导致静态箱中温室气体浓度过度累积，从而可能导致温室气体通量被严重低估，同时也无法充分考虑箱内 CO_2、CH_4 和 N_2O 扩散梯度对土壤 CO_2、CH_4 和 N_2O 通量的影响。更重要的是，不能完全满足土壤 CO_2、CH_4 和 N_2O 通量的长期和连续观测的客观需要，阻碍了对陆地生态系统全球变化响应与适应等方面的科学研究工作。

土壤CO_2、CH_4和N_2O气体排放的监测系统，根据监测要素组成主要可以分为单要素监测系统和多要素监测系统。1994年，土壤呼吸仪LI-6400-09(光合仪的配件)问世，其优点是成本低，携带方便；缺点是单一CO_2测量，气室无自动开闭、无压力平衡，无有效的气体混合。2004年，便携式土壤呼吸仪LI-8100问世，其优点是气室自动开闭，压力平衡与气体混合技术；缺点是单一CO_2测量，无长期监测和多点监测能力。2005年，多点土壤呼吸长期测定系统LI-8150问世，其优点为气室自动开闭，压力平衡与气体多点混合、能够长期监测；缺点是单一CO_2测量，无高风速下压力补偿，无自动标定系统。2011年，激光CO_2和CH_4分析仪、激光N_2O分析仪问世，其优点为精度高，缺点是无商品化监测系统。2013年，激光CO_2、CH_4和N_2O同步协同监测系统分析仪问世，N_2O精度尚不足。未来土壤CO_2、CH_4和N_2O同步协同监测系统应该具有以下特点：CO_2、CH_4与N_2O协同监测，气室自动开闭，具有压力平衡和气体混合装置，能够自动标定和多点、长期监测。

到目前为止，国内外还没有商业化的全自动多通道土壤CO_2、CH_4和N_2O通量协同监测装置。客观需要开展陆地生态系统与全球变化研究领域所亟须的土壤CO_2、CH_4和N_2O通量协同监测装置的研制工作。研制全自动多通道土壤CO_2、CH_4和N_2O通量协同监测装置，从而实现数据自动观测和采集，可减轻野外工作强度、增加时空代表范围、提高数据质量。同步观测技术也使得碳氮耦合的研究成为可能，从而引导土壤温室气体通量的研究向更加深入的方向发展。

2.5.3 土壤—大气界面CO_2、CH_4和N_2O交换通量箱式监测法

2.5.3.1 静态箱—气相色谱法原理与方法

(1)测定原理

色谱法是由俄国植物学家Tsweett创立的一种有效的分离技术。其工作原理是利用样品中各组分在气相和固定相间的分配系数不同，当汽化后的样品被载气带入色谱柱中运行时，组分就在其中的两相间进行反复多次分配，由于固定相对各组分的吸附能力不同，各组分在色谱柱中的运行速度就不同，经过一定的柱长后，便彼此分离，按顺序离开色谱柱进入检测器，产生的离子流信号经放大在记录器上描绘出各组分的色谱峰。

气相色谱仪一般由以下5部分组成：①气源系统：包括载气、气体净化、气体流速控制和测量，其他气体(如氢气、空气)；②进样系统：包括进样器、汽化室(将液体样品瞬间汽化为蒸气)；③分离系统：包括色谱柱和柱箱；④检测系统：包括检测器及控温装置；⑤记录系统：记录仪或数据处理装置。

(2)野外采样与测定

①观测对象的选择：总体原则是需要充分考虑不同尺度上空间的代表性。

在国家尺度上，需要充分考虑排放源和关键驱动因素。排放源主要包括人为源和自然源类型；关键驱动因素主要考虑气候要素，按气候梯度选择典型气候区。在区域和流域尺度上，排放源应该具有区域典型性，应该涵盖所代表区域的主要类型，区域典型的生态系统通常取决于当地的水热条件。对于区域内的每个典型类型，选择代表性管理方式，干预

强度，用于特征调查或干预效应的定量评估。

在生态系统和样地尺度上，对特定类型、管理方式、干预水平的通量观测也要有代表性。观测点重复数和位置取决于空间异质性，异质性小(相对于箱底面积)的样地需≥4 个重复，而异质性大的样地需≥6 个重复。根据面积权重选择不同异质单元的重复数和采样位置，重复数和采样位置随异质单元的变化而变动。为了防止和减少观测操作扰动对观测对象代表性的影响，应该避免踩踏、搅动、损伤观测对象。

②静态采样箱构造与野外布设：静态箱的形状和体积等参数直接影响土壤碳氮气体通量的测定。静态箱通常由顶箱、中段箱和底座组成，对于不同生态系统而言，箱体尺度和形状会有所不同。静态箱材质可为不锈钢、有机玻璃或其他材料，箱底面积≥0.2 m^2，箱高要体于植被冠层顶或地面 15cm。另外，静态箱还需加入一个气压平衡管，其长度和直径取决于当地风速和采样箱气室容积，具体计算公式如下：

$$D = (2.84u + 2.17) - (2.37u + 1.37)\exp[-(0.0035u + 0.054)V] \tag{2-11}$$

$$L = (4.73u + 3.62) - (3.95u + 2.28)\exp[-(-0.0011u^2 + 0.009u + 0.049)V] \tag{2-12}$$

式中：u—风速；

V——气室容积。

在布设采样箱，底座入土深度为湿地水面下 20cm，入土需开孔。同时，应采取措施减小观测操作扰动观测对象而影响测定结果代表性的措施。

③人工静态箱法气体采样分析：为了保证观测结果对不同时间尺度实际排放的代表性，静态箱法的观测频率和气体采样时间有一定的要求。相同处理的年度重复观测原则上要≥3 年，长期连续观测要持续约 10 年或更长，短期年度重复观测一般要持续≥3 年及以上，观测结果方可粗略地反映气候年际变化引起的差异。观测频率一般要求每周 1~2 次，特殊事件(如降水、施肥)需增加观测次数，每 1~2d 观测 1 次。凡有可能引起土壤水分、氧气含量、有效氮素养分含量等发生较大幅度改变的激发事件发生，都需要加密观测，加密观测期间，注意观察通量是否恢复到激发事件发生之前的水平。观测时间以当地时间上午 08：00~10：00 为宜，每次通量观测的持续时间取决于通量检测限，两者呈反比关系。对于中、高通量而言，观测时间约为 30min；对于低通量而言，观测时间为 60~80min。一次通量观测的浓度检测次数应该≥5，因为灵敏度和数据有效率与浓度检测次数呈正比。

气体样品采集量和分析时间因采样工具不同而异。聚氯乙烯注射器存储样品 60mL，采样后≤12h 分析完毕，最长不得超过 24h(现场分析)；10mL 真空瓶储存样品 20~40mL，可 1 个月左右分析完毕；500mL 气袋储存样品 200mL(通常不建议使用气袋)，样品可在 1 周内分析完毕。

④气体通量计算方法：土壤—大气界面 CO_2、CH_4 和 N_2O 气体通量的一般计算公式如下。

$$F = k \cdot V / A \cdot M / V_0 \cdot T_0 / T \cdot P / P_0 \cdot r_c \tag{2-13}$$

式中：F——排放通量，μgC/(m^2·h)或 μgN/(m^2·h)；

k——换算系数；

V——气室容积；

A——箱底面积；

M——目标气体摩尔质量；

V_0——标准状况的目的气体摩尔体积；

T_0——标准状况的绝对气温；

P_0——标准状况的气压；

T——箱内气温和气压；

P——箱内气压；

r_c——罩箱期间的平均或初始时刻浓度变化速率。

小时通量计算方法规范采用线性、非线性算法相结合，使观测结果对罩箱前排放状况的描述具有代表性。

日、季、年排放量是基于小时通量上推进行估计。首先要对无效观测舍弃数据进行插补，确保估算不同处理排放量的数据分布相同。通常用正负检测限区间内的随机数插补，或用就近有效观测数据的平均值插补。观测日的排放量用 1 次小时通量的观测值直接推断来估计，非观测时段通量值用就近后两次的观测通量平均值直接插补，或用经验公式插补。季、年排放量采用逐日累加的方法来估计，公式如下：

$$E = k\sum_{i=2}^{n+1}\left[X_{i-1} + (t_i - t_{i-1} - 1)\cdot\frac{X_{i-1} + X_i}{2}\right]\Bigg|_{X_{n+1}=0} \qquad (2\text{-}14)$$

式中：E——日通量或年通量，gC/(m^2·d)或 kgC/(hm^2·a)；

k——单位换算系数；

n——每日的有效小时通量观测次数或每季/每年拥有有效日通量观测值的天数；

X_i——第 i 次观测的小时通量值或第 i 天源于观测值的日通量值，gC/(m^2·h)或 gC/(m^2·d)；

t_i——X_i 的时间或日期。

⑤辅助指标观测：辅助指标可增强通量数据的可解释性，提升通量观测数据在模型研究中的价值。用相应学科的标准方法，观测如下辅助指标。

观测地点地理位置：地点名称、经纬度、海拔。

各土壤发生层的基本性质：土层厚度、容重、总孔隙度、pH 值(水)、总氮、土壤有机碳含量、饱和导水率(一次性观测)，以及砾石、砂粒、粉粒、黏粒含量(包括国际制和美国/FAO 制)。

气象条件：小时/日降水量、小时平均气温、日最高气温、日最低气温、日平均气温、5cm/10cm 土壤温度和土壤含水量、10cm 土壤氧化还原电位、10cm 土壤氧气含量、20cm 土壤温度和土壤含水量、地表水深、小时平均光合有效辐射和总辐射、日平均气压、小时平均风速、小时平均风向。

土壤碳氮含量动态：0~10cm 土壤的铵态氮、硝态氮、有机质含量、微生物碳氮含量、土壤或水或沉积物中的气体含量。前 3 项必测，有条件的站点应尽量每月测定后两项 1~2 次。

生物指标：地上部分生物量及其碳氮含量动态，籽粒(或收获果实)、秸秆(或植物废弃物)的产量及其碳氮含量。动态测一个生长季。

管理指标：对碳、氮和水的管理，包括向观测对象输入的不同类型碳氮量、灌水量和大气沉降氮量等。

2.5.3.2 静(动)态箱—红外仪连续测定原理与方法

静(动)态箱—红外仪方法采用不同类型的箱体将土壤、植被或植被的一部分密封，通过测定单位时间箱体内气体浓度的变化来计算研究对象的气体交换量。箱式系统成本低廉、构建简单、技术难度不大、便于操作实施。开路箱式系统由于与外界一直进行气体交换，会保持恒定的供气速率，一般被认为是动态箱式系统。红外气体分析仪(infra-red gas analyzer，IRGA)是20世纪50年代发展起来的气体浓度测定技术，该仪器对气体的测定灵敏度高，可精确至0.1μmol/mL左右，且IRGA反应速度快，可快速测定气体浓度的瞬间变化。利用该技术构建的红外气体分析仪法被认为是目前较理想的测定气体浓度的方法(袁凤辉等，2009)。

箱式气体交换观测系统一般由四部分组成：气体交换箱、气体分析仪、空气管道系统和数据采集器。如果气体交换箱内外环境条件差异较大，则还需配置空气调节系统以调控箱内环境条件。气体交换箱可使测定对象独立于外界环境，以方便对其进行气体交换的测定；气体分析仪用于测定气体交换箱内气体浓度；空气管道系统用于连接气体分析仪和气体交换箱，由进气管、出气管、气泵和流量计等组成；数据采集器用于对气体浓度、气体交换速率、环境因子和气泵流量等数据的记录、存储。根据气体交换箱内与外界有无气体流通，箱式系统分为闭路、半闭路和开路箱式系统。

闭路箱式气体交换测定系统中，气体浓度在一定时段内被连续测定，并随着测定对象气体交换的进程而变化。气体交换速率的计算公式如下：

$$F=\rho\cdot\frac{\Delta G}{\Delta t}\cdot\frac{V_{gas}}{A}\qquad \rho=\frac{P}{R\cdot T_{chamber}}\qquad V_{gas}=V_{chamber}-V \tag{2-15}$$

式中：F——单位时间单位面积的气体交换速率，μmol/(m^2·s^2)；

ρ——箱内温度下的空气密度，mol/m^3；

$\Delta G/\Delta t$——观测时间(Δt，s)内箱内某气体浓度[ΔG，μmol/(m^3·s)]的变化速率，μmol/(m^3·s)；

V_{gas}——气体有效交换体积，m^3；

A——测定对象的气体交换表面积，m^2；

P——箱内大气压，kPa；

R——理想气体常数，其值为8.314×10^{-3}kPa·m^3/(mol·K)；

$T_{chamber}$——箱内气体温度，K；

$V_{chamber}$——气体交换箱的体积，m^3；

V——测定对象在气体交换箱中所占体积，m^3，如果测定对象所占体积远小于气体交换箱体积，则V可忽略。

半闭路箱式气体交换测定系统能使气体交换箱内保持稳定的气体浓度，可对土壤温室气体的交换进行观测。该系统配置了空气调节系统，通过气体分析仪和环境因子探头测定的温度等各指标值对系统进行控制，阻止箱内CO_2浓度的持续升高，最终使气体交换箱内外的自然环境接近，并近似达到稳定。半闭路箱式气体交换系统对箱体密闭性的要求很严格，漏气会对气体交换通量的测定精度产生很大影响。CO_2 交换速率计算公式如下：

$$F=\rho\cdot\frac{V_{control}\cdot(C_{control}-C_{chamber})}{\Delta t\cdot A} \tag{2-16}$$

式中：$V_{control}$——时间 Δt 内空气调节系统处理 CO_2 的体积，m^3；

$C_{control}$——空气调节系统供给 CO_2 的气体浓度，$\mu molCO_2/mol$；

$C_{chamber}$——进入空气调节系统前气体交换箱内 CO_2 的气体浓度，$\mu molCO_2/mol$；

Δt——观测时间；

A——测定对象的气体交换表面积，m^2。

开路箱式气体交换测定系统是通过测定气体交换箱气体的进出浓度差来计算气体交换速率的。在该系统中，有一个恒定流速的气流经过气体交换箱，需对进出气体交换箱的气体浓度进行测定。由于该系统是利用空气流持续经过气体交换箱进行运转，因此在测定过程中，气体交换箱内会保持轻微加压状态，这种正压力会导致箱内气体外漏，但是如果进出气体交换箱的气流量被准确测定，则轻微漏气对于气体交换速率的观测影响很小。CO_2 交换速率的计算公式如下：

$$F_{CO_2}=\rho\cdot\frac{U_{inlet}\cdot C_{inlet}-U_{outlet}\cdot C_{outlet}}{A} \tag{2-17}$$

式中：U_{inlet} 和 U_{outlet}——进气口和出气口的气流速率，m/s；

C_{inlet} 和 C_{outlet}——进气口和出气口的 CO_2 摩尔浓度，$\mu molCO_2/mol$。

参考文献

程淑兰，方华军，于贵瑞，等，2012. 森林土壤甲烷吸收的主控因子及其对增氮的响应研究进展[J]. 生态学报，32(15)：4914-4923.

方华军，程淑兰，于贵瑞，等，2014. 大气氮沉降对森林土壤甲烷吸收和氧化亚氮排放的影响及其微生物学机制[J]. 生态学报，34(17)：4799-4806.

方华军，程淑兰，于贵瑞，等，2015. 森林土壤氧化亚氮排放对大气氮沉降增加的响应研究进展[J]. 土壤学报(2)：16-25.

国家气象局气候监测应用管理司，1992. 气象仪器和观测方法指南[M]. 北京：气象出版社.

骆亦其，周旭辉，2007. 土壤呼吸与环境[M]. 北京：高等教育出版社.

王庚辰，2000. 气象和大气环境要素观测与分析[M]. 北京：中国标准出版社.

徐祥德，张人禾，2008. 中国气候观测系统[M]. 北京：气象出版社.

于贵瑞，孙晓敏，2017. 陆地生态系统通量观测的原理与方法 [M]. 2 版. 北京：高等教育出版社.

国家环境保护总局科技标准司，2000. 中国环境保护标准汇编 [S]. 北京：中国标准出版社.

中国气象局，2003. 地面气象观测规范[M]. 北京：气象出版社.

中国气象局监测网络司，2003. 全球大气监测观测指南[M]. 北京：气象出版社.

第3章 湿地水环境监测

湿地水环境监测是对湿地生态系统进行健康评价的基础性监测。湿地水环境监测包括湿地水文要素监测、湿地水质监测和湿地沉积物监测。

3.1 湿地水文要素监测

湿地水文要素监测是指对湿地的水位、流量、水质、水温、泥沙、冰情、水下地形、地下水资源，以及降水量、蒸发量、墒情、风暴潮等实施监测，并进行分析和计算的活动。湿地水文要素监测可以通过在湿地区域设立水文监测站，收集湿地水文监测资料。通过对湿地水文要素进行监测，一方面可以实时掌握湿地水文情况；另一方面，可以基于已有水文监测结果，对湿地水文要素未来发展进行预测，制定应急管理政策，以应对湿地水文变化突发事件。湿地水文要素监测常用的设施包括：水文站房、水文缆道、测船、测船码头、监测场地、监测井、监测标志、专用道路、仪器设备、水文通信设施及附属设施等。另外，对湿地水文要素进行监测，需在一定区域构成的立体空间中进行，以确保水文要素信息监测的准确性。

湿地作为陆地生态系统与水生生态系统的过渡区域，湿地水文要素具有特有的空间和时间格局。对湿地水文要素进行监测，不仅要考虑监测地点的选取，还要考虑监测时间的选定，在进行水文要素监测之前应对湿地及该区域进行长时间全范围的调查，根据不同区域、时间选取不同的监测指标和方法。

监测一般选在枯水期、丰水期和平水期 3 个时期进行，对于国际重要湿地等可适当增大监测频率或采用实时监测。

3.1.1 湿地水文要素监测场地设置

根据《污水监测技术规范》(HJ 91.1—2019)，并结合湿地水流特点，湿地水文监测场地设置可以分为两种类型：河流湿地型和湖泊、沼泽湿地型。

3.1.1.1 河流湿地监测场地

河流湿地通过设置采样断面进行监测，其设置原则如下：

①根据湿地水体功能区设置控制监测断面，同一水体功能区至少设置1个监测断面。

②断面位置应避开死水区、回水区和排污口，尽量选择河段顺直、河床稳定、水流平稳、水面宽阔、无急流、无浅滩、地质条件好的河段。

③水文断面尽量与水质监测断面一致，以便利用其水质参数实现水质监测与水量监测的结合。

④监测断面的布设应考虑监测工作的实际状况和需要，并结合当地经济条件。

⑤跨区域河流湿地在出境前设置断面。

3.1.1.2 湖泊、沼泽湿地监测场地

湖泊、沼泽湿地通常只设监测垂线，特殊情况下也可设置监测断面。布设监测垂线时，应考虑汇入的河流数量、沿岸污染源分布、污染物扩散与自净规律、生态环境特点，以及水体的径流量、季节变化和动态变化等，然后按照以下原则确定监测垂线(或断面)的位置：

①在河流汇入湖泊、沼泽的汇合处设置监测垂线或断面。

②在湖泊、沼泽湿地的不同水域，如城市和工厂的排污口、饮用水源、风景游览区、深水区、浅水区、湖心区、岸边区等，按水体类别设置监测垂线。

③湖泊、沼泽湿地若无明显功能区别，可用网格法均匀设置监测垂线。

④受污染物影响较大的湖泊、沼泽，应在污染物主要输送路线上设置控制断面。

3.1.2 湿地水文要素监测指标

参考《重要湿地监测指标体系》(GB/T 27648—2011)、《全国湿地资源调查与监测技术规程(试行)》(林湿发〔2008〕265号)，并结合云南省林业厅2014年发布的《湿地生态监测》(DB 53/T 653.1~5—2014)，选取如下湿地水文要素监测指标。

流出状况：永久性、季节性、间敏性、偶尔或没有流出。

积水状况：永久性积水、季节性积水、间歇性积水和季节性水涝。

水源补给状况：地表径流补给、大气降水补给、地下水补给、人工补给和综合补给。

水深：最大水深和平均水深，m。

水位：年丰水位、年平水位和年枯水位，m。

蓄水量：适用于湖泊湿地监测，$\times10^4$ m^3。

积水深度：适用于沼泽湿地监测，m。

积水时间：适用于沼泽湿地监测，d。

积水面积：最大积水面积和最小积水面积，适用于沼泽湿地，hm^2。

丰水面积和枯水面积：适用于河流湿地监测，hm^2。

流速：适用于河流湿地监测，m/s。

流量：最大流量和最小流量，用于河流湿地监测，m^3/s。

3.1.3 湿地水文要素监测方法

根据以上选取的指标，选用相应方法对选取的指标进行测定，见表3-1。

表 3-1 湿地水文要素监测方法

监测指标	监测方法	监测指标	监测方法
流出状况	现场调查或者有关部门收集资料	积水时间	现场调查
积水状况	现场调查或者有关部门收集资料	积水面积	现场调查或遥感
水位	自记水位计或标尺	丰水面积和枯水面积	现场调查或遥感
水深	测深仪测量	流速	流速仪
蓄水量	资料收集或等高线容积法	流量	流速×断面面积
积水深度	测深仪测量	水源补给情况	现场调查或者有关部门收集资料

3.2 湿地水质监测

湿地的水质受湿地生态系统的物理、化学和生物过程的影响，因此，在设置采样点、采样时间及选择监测指标时，要结合湿地的水文过程和特点，考虑对目标湿地水质监测的基本需求及针对性需求。

3.2.1 湿地水质监测样点设置

湿地水质监测样点布设参考《污水监测技术规范》(HJ 91.1—2019)，并结合湿地特征进行设置。

3.2.1.1 基础资料收集

在制订湿地监测方案之前，应尽可能完备地收集监测水体及所在区域的有关资料，主要有以下几个方面：

①水体的水文、气候、地质和地貌资料。如水位、水量、流速的变化；降水量、蒸发量及历史上的水情；河流的宽度、深度、河床结构及地质状况；湖泊沉积物的特性、间温层分布、等深线等。

②水体沿岸城市分布、工业布局、污染源及其排污情况、城市给排水情况等。

③水体沿岸的资源现状、水资源的用途、饮用水源分布、重点水源保护区、水体流域土地功能及近期使用计划等。

3.2.1.2 监测断面和采样点设置原则

监测断面和采样点的设置应在收集有关资料、理论计算的基础上，根据监测目的、监测项目及人力物力等因素来确定。其设置原则如下：

①在对调查研究结果和有关资料进行综合分析的基础上，根据水体尺度范围，考虑代表性、可控性及经济性等因素，确定断面类型和采样点数量，并不断优化。

②对流域或水系的监测要设置背景断面、控制断面和入海口(入湖口)断面；对行政区域的监测可设置背景断面(对水系源头)或入境断面(对过境河流)或对照断面、控制断面和入海河口断面或出境断面，如果河段有足够长度(至少 10km)，在各控制断面下游还应设置消减断面。

③有大量废(污)水排入江河的主要居民区、工业区的上游和下游、支流与干流汇合处、入海河流河口及受潮汐影响的河段、河流的国境线出入口、湖泊(水库)出入口，应设置监测断面。

④饮用水源地、主要风景游览区、自然保护区、与水质有关的地方病发病区、严重水土流失区及地球化学异常区的水域或河段，应设置监测断面。

⑤监测断面的位置要避开死水区、回水区和排污口，应尽量选择水流平稳、水面宽阔、无浅滩的顺直河段。

⑥监测断面应尽可能与水文测量断面一致，要求有明显岸边标志。

⑦尽量覆盖监测区域，切实反映水文和水质特征。

3.2.1.3　河流湿地监测断面的设置

河流湿地监测断面一般分为 4 种类型，即背景断面、对照断面、控制断面和消减断面。

①背景断面：是指为评价某一完整水系的污染程度，在未受人类活动影响的情况下，能够提供水环境背景值的断面。原则上，背景断面应设在水系源头处或未受污染的上游河段。

②对照断面：是为了了解流入监测河段前的水体水质状况而设置。这种断面应设置在河流进入城市或工业区以前的地方，避开各种废水、污水流入或回流处。一个河段一般只设一个对照断面，有主要支流时可酌情增加。

③控制断面：为评价、监测河段两岸污染源对水体水质影响而设置。控制断面的数量应根据城市的工业布局和排污口分布情况而定。断面的位置与废水排放口的距离应根据主要污染物的迁移、转化规律，以及河水流量和河道水力学特征确定，一般设在排污口下游 500~1000m 处。对特殊要求的地区，如水产资源区、风景游览区、自然保护区、与水源有关的地方病发病区、严重水土流失区及地球化学异常区等的河段上也应设置控制断面。

④削减断面：是指河流受纳废水和污水后，稀释扩散和自净作用使污染物浓度显著下降，其左、中、右三点浓度差异较小的断面，通常设在城市或工业区最后一个排污口下游 1500m 以外的河段，水量小的小河流应视具体情况而定。河流监测断面布设如图 3-1 所示。

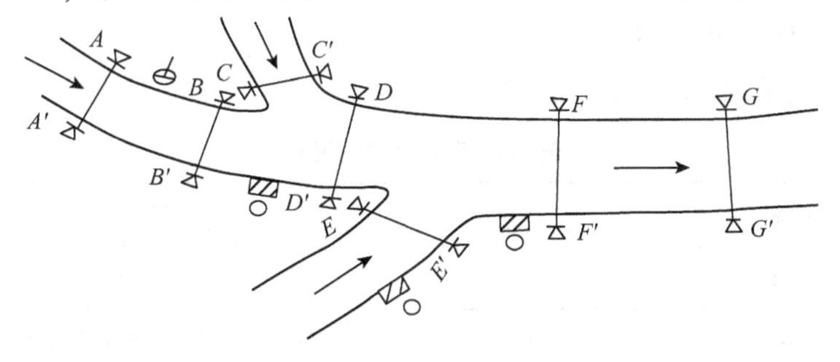

→水流方向；⏀自来水厂取水点；○污染源；▨排污口；$A-A'$对照断面；

$B-B'$、$C-C'$、$D-D'$、$E-E'$、$F-F'$控制断面；$G-G'$消减断面。

图 3-1　河流监测断面布设示意

（奚旦立，2004）

3.2.1.4 湖泊、沼泽湿地监测断面的设置

对不同类型的湖泊、沼泽湿地应区别对待。为此，首先判断湖泊、沼泽湿地是单一水体还是复杂水体；考虑汇入湖泊、沼泽湿地的河流数量，水体的径流量、季节变化及动态变化，沿岸污染源分布及污染物扩散与自净规律，生态环境特点等。然后按照以下设置原则确定监测断面的位置(图 3-2)：①在进出湖泊、沼泽湿地的河流汇合处分别设置监测断面。②以各功能区(如城市和工厂的排污口、饮用水源、风景游览区、排灌站等)为中心，在其辐射线上设置弧形监测断面；湖泊、水库通常只设监测垂线，如有特殊情况可参照河流的有关规定设置监测断面。③湖泊、沼泽湿地区的不同水域，如进水区、出水区、深水区、浅水区、湖心区、岸边区，按水体类别设置监测垂线；湖泊和沼泽中心、深(浅)水区、滞流区、不同鱼类的洄游产卵区、水生生物经济区等设置监测断面。④湖泊、沼泽湿地区若无明显功能区别，可以用网格法均匀设置监测垂线。

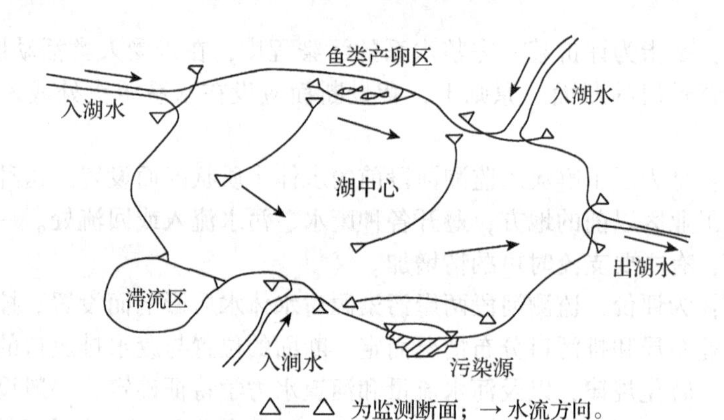

图 3-2 湖泊、沼泽湿地监测断面设置
(郭敏晓，2011)

3.2.1.5 监测点位的设置

(1)河流采样点的设置

河流采样点的设置见表 3-2、表 3-3。

表 3-2 采样垂线的设置

水面宽(m)	垂线数
≤50	1 条(中泓线)
50~100	2 条(近左、右岸有明显水流处)
>100	3 条(左、中、右)

注 ①垂线布设应避开污染带，要测污染带应该另加垂线；②确能证明该断面水质均匀时可仅设中泓垂线；③凡在该断面要计算污染物通量时，必须按本表设置采样点。

表3-3 采样垂线上的采样点数的设置

水深(m)	采样点数
≤5	上层1点
5~10	上、下层2点
>10	上、中、下3层3点

注：①上层：水面下0.5m处，水深不到1m时，在水深1/2处；②下层：河底以上0.5m处；③中层：1/2水深处；④封冻时在冰下0.5m处采样，水深不到0.5m处时，在水深1/2处采样；⑤凡在该断面要计算污染物通量时，必须按本表设置采样点。

(2)湖泊采样点设置

湖泊采样点设置见表3-4。

表3-4 湖(库)监测垂线采样点的设置

水深(m)	分层情况	采样点数
≤5	—	1点：水面下0.5m
5~10	不分层	2点：水面下0.5m，水底上0.5m
5~10	分层	3点：水面下0.5m，1/2斜温层，水底上0.5
>10	—	除水面下0.5m和水底上0.5m处外，于每一斜温层1/2处采样

注：①分层是指湖水温度分层状况；②水深不足1m时，在1/2水深处设置测点；③有充分数据证实垂线水质均匀时，可酌情减少测点。

3.2.2 湿地水质监测样品采集

湿地水质监测样品采集参考《水质 采样方案设计技术规定》(HJ 495—2009)、《水质采样技术指导》(HJ 494—2009)以及《水质采样 样品的保存和管理技术规定》(HJ 493—2009)。

3.2.2.1 采样前准备

采样前应制定采样计划，确定采样断面、垂线和采样点，采样时间和路线，人员分工，采样器材、样品的保存和交通工具等。常见的水样采样器结如图3-3所示。

(1)容器的选择

容器的选择应遵循以下原则：①最大限度地防止容器及瓶塞对样品的污染，使用一般的玻璃器皿储存水样时可溶出钠、钙、镁、硅、硼等元素，在测定这些项目时应避免使用玻璃容器，防止污染；一些有色瓶塞含有大量的重金属，在测定此类项目时应避免使用。②容器壁应易于清洗、处理，以减少如重金属或放射性核类的微量元素对容器的表面污染。③容器或容器塞的化学和生物性质应该是惰性的，以防止容器与样品组分发生反应，如测氟时，不能放在玻璃瓶中。④防止容器吸收或吸附待测组分，引起待测组分浓度的变化，如微量金属易于受这些因素的影响。⑤深色玻璃能降低光敏作用。

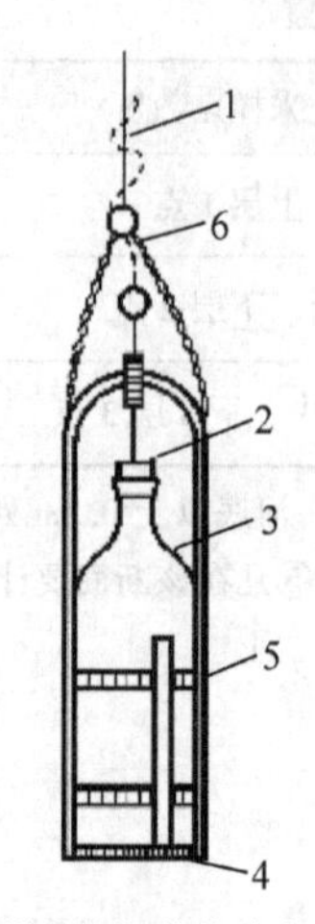

1. 绳子；2. 带有软绳的橡胶塞；3. 采样瓶；4. 铅锤；5. 铁框；6. 挂钩。

(a)简易采水器

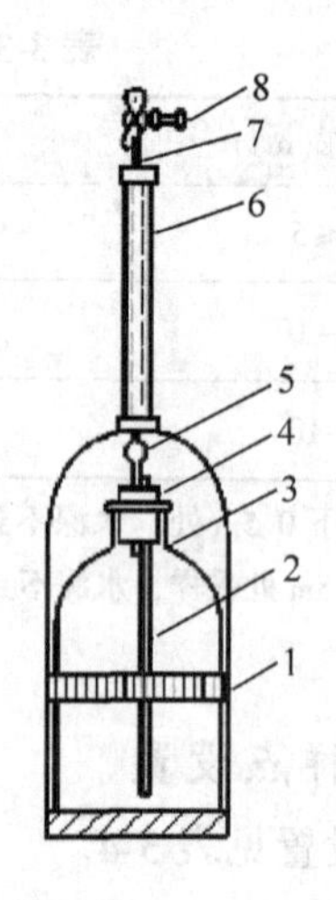

1. 铁框；2. 长玻璃管；3. 采样瓶；4. 橡胶塞；5. 短玻璃管；6. 铁管；7. 橡胶管；8. 夹子。

(b)急流采水器

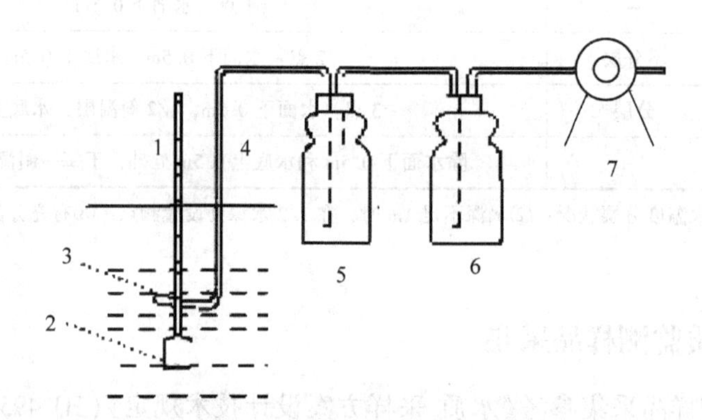

1. 细绳；2. 重锤；3. 采样头；4. 采样管；5. 采样瓶；6. 安全瓶；7. 泵。

(c)泵式采水器

图 3-3 常见的水样采样器(奚旦立，2004)

(2)容器的准备

所有的准备都应确保不发生正负干扰。尽可能使用专用容器，如不能使用专用容器，最好准备一套容器进行特定污染物的测定，以减少交叉污染。同时应注意防止以前采集高浓度分析物的容器因洗涤不彻底，污染随后采集的低浓度污染物的样品。对于新容器，一般应先用洗涤剂清洗，再用纯水彻底清洗。但是，用于清洁的清洁剂和溶剂可能引起干扰，例如，当分析富营养物质时，含磷酸盐的清洁剂的残渣污染。如果使用，应确保洗涤剂和溶剂的质量。如果测定硅、硼和表面活性剂，则不能使用洗涤剂。所用的洗涤剂类型和选用的容器材质要随待测组分来确定。测磷酸盐不能使用含磷洗涤剂；测硫酸盐或铬则不能用铬酸—硫酸洗液。测重金属的玻璃容器及聚乙烯容器通常用盐酸或硝酸(c=1mol/L)洗净并浸泡 1~2d 后用蒸馏水或去离子水冲洗。

注意事项：采样时不可搅动水底部的沉积物；采样时应保证采样点的位置准确。必要时使用 GPS 定位；认真填写采样记录表，字迹应端正清晰；保证采样按时、准确、安全；采样结束前，应核对采样方案、记录和水样，如有错误和遗漏，应立即补采或重新采样；如采样现场水体很不均匀，无法采到有代表性样品，则应详细记录不均匀的情况和实际采样情况，供使用数据者参考；测溶解氧、生化需氧量和有机污染物等项目时的水样，必须注满容器，不留空间，并用水封口；如果水样中含沉降性固体，如泥沙等，应分离除去。分离方法为：将所采水样摇匀后倒入筒型玻璃容器，静置 30min，将已不含沉降性固体但含有悬浮性固体的水样移入容器并加入保存剂。测定总悬浮物和油类的水样除外；测定 COD、高锰酸盐指数、叶绿素 a、总氮、总磷时的水样，静置 30min 后，用吸管一次或几次移取水样，吸管进水尖嘴应插至水样表层 50mm 以下位置，再加保存剂保存；测定油类、BOD_5、溶解氧、硫化物、余氯、粪大肠菌群、悬浮物、放射性等项目要单独采样。

3.2.2.2　采样时间及频率

饮用水源地、省(自治区、直辖市)交界断面中需要重点控制的监测断面每月至少采样 1 次。国控水系、河流、湖、库上的监测断面，逢单月采样 1 次，全年 6 次。水系的背景断面每年采样 1 次。国控监测断面(或垂线)每月采样 1 次，在每月 5～10 日内进行采样。遇有特殊自然情况，或发生污染事故时，要随时增加采样频次。对于国际重要湿地等可以适当加采样频率。

3.2.2.3　采样方法

(1)河流的采样

河流监测样品的采集方法参考《水质　采样技术指导》(HJ 494—2009)。对开阔河流进行采样时，应注意以下几项原则：①用水地点的采样；②污水流入河流后，应在充分混合的地点以及流入前的地点采样；③支流合流后，应在充分混合的地点及混合前的主流与支流地点的采样；④主流分流后地点采样；⑤根据其他需要设定的采样地点；⑥各采样点原则上应在河流横向及垂向的不同位置采集样品。

采样时间一般选择在采样前至少连续两天晴天，水质较稳定的时间(特殊需要除外)。采样时间是在考虑人类活动、工厂企业的工作时间及污染物到达时间的基础上确定的。另外，在潮汐区，应考虑潮汐情况，确定把水质最差的时刻包括在采样时间内。

(2)湖库和沼泽的采样

湖库和沼泽的采样，由于采样地点不同和温度的分层现象可引起水质很大的差异。在调查水质状况时，应考虑到成层期与循环期的水质明显不同。了解循环期水质，可采集表层水样，了解成层期水质，应按深度分层采样。在调查水域污染状况时，需进行综合分析判断，抓住基本点，以取得代表性水样。如废水流入前、流入后充分混合的地点、用水地点、流出地点等，有些可参照开阔河流的采样情况，但不能等同而论。在可以直接汲水的场合，可用适当的容器采样，如水桶。从桥上等地方采样时，可将系着绳子的聚乙烯桶或带有坠子的采样瓶投于水中汲水。要注意不能混入漂浮于水面上的物质。在采集一定深度的水时，可用直立式或有机玻璃采水器。这类装置在下沉的过程中，水就从采样器中流过。当到达预定深度时，容器能够闭合而汲取水样。在水流动缓慢的情况下，采用上述方法时，最好在采样器下系上适宜重量的坠子，当水深流急时要系上相应重的铅块，并配备绞车。

3.2.2.4 样品的保存

(1)常规保存

在大多数情况下，从采集样品到运输至实验室期间，在 1~5℃ 冷藏并暗处保存，-20℃的冷冻温度能延长贮存期。分析挥发性物质不适用冷冻程序。如果样品包含细胞，细菌或微藻类同样不适用冷冻。冷冻需要掌握冷冻和融化技术，以使样品在融化时能迅速地、均匀地恢复其原始状态，干冰快速冷冻方法效果甚佳。一般选用塑料容器，推荐聚氯乙烯或聚乙烯等塑料容器。

(2)添加保存剂保存

加入一些化学试剂作为保存剂可固定水样中的某些待测组分，保存剂可事先加入空瓶中，亦可在采样后立即加入水样中。所加入的保存剂不能干扰待测成分的测定，如有疑义应先做必要的试验。当加入保存剂的样品，经过稀释后，在分析计算结果时要充分考虑。但如果加入的保存剂体积很小，可以忽略其稀释影响。固体保存剂可会引起样品局部过热，应该避免使用。所加入的保存剂有可能改变水中组分的化学或物理性质。因此，选用保存剂时一定要考虑其对测定项目的影响。如待测项目是溶解态物质，酸化会引起胶体组分和固体的溶解，则必须在过滤后酸化保存。必须要做保存剂空白试验，特别对微量元素的检测。要充分考虑加入保存剂所引起待测元素数量的变化。例如，酸类会增加砷、铅、汞的含量。因此，样品中加入保存剂后，应保留空白试验对照。

①控制溶液 pH 值：测定金属离子的水样常用硝酸酸化 pH 值至 1.0~2.0，既可以防止重金属的水解沉淀，又可以防止金属在器壁表面上的吸附，同时在 pH 值为 1.0~2.0 的酸性介质中还能抑制生物的活动。用此法保存，大多数金属可稳定数周或数月。测定氰化物的水样需加氢氧化钠调节 pH 值至 12.0。测定 Cr^{6+} 的水样应加氢氧化钠调节 pH 值至 8.0，因在酸性介质中，Cr^{6+} 的氧化电位高，易被还原。保存总铬的水样，则应加硝酸或硫酸调 pH 值至 1.0~2.0。

②加入抑制剂：为了抑制生物作用，可在样品中加入抑制剂。如在测铵态氮、硝酸盐氮和 COD 的水样中，加氯化汞或加入三氯甲烷、甲苯作防护剂以抑制生物对亚硝酸盐、硝酸盐、铵盐的氧化还原作用。在测酚水样中用磷酸调节溶液的 pH 值，加入硫酸铜以控制苯酚分解菌的活动。

③加入氧化剂：水样中痕量汞易被还原，引起汞的挥发性损失，加入硝酸—重铬酸钾溶液可使汞维持在高氧化态，汞的稳定性大为改善。

④加入还原剂：测定硫化物的水样，加入抗坏血酸对保存有利。含余氯水样，能氧化氰离子，可使酚类、烃类、苯系物氯化生成相应的衍生物，为此在采样时加入适当的硫代硫酸钠予以还原，除去余氯干扰。样品保存剂如酸、碱或其他试剂在采样前应进行空白试验，其纯度和等级必须达到分析的要求。

(3)样品运输

水样运输前应将容器的外(内)盖盖紧。装箱时应用泡沫塑料等分隔，以防破损。同一采样点的样品应装在同一包装箱内，如需分装在两个或几个箱子中时，则需在每个箱内放入相同的现场采样记录表。运输前应检查现场记录上的所有水样是否全部装箱。要用醒目色彩在包装箱顶部和侧面标记“切勿倒置”。装有水样的容器必须加以妥善的保存和密封，并装在包装箱内固定，以防在运输途中破损。除了防震、避免日光照射和低温运输外，还要防止新的污染物进入容器和玷污瓶口使水样变质。

(4)样品标记

每个水样均需贴上标签，内容有采样点位编号、采样日期和时间、测定项目、保存方法，并写明用何种保存剂。

3.2.2.5 水样预处理

在进行水质监测前，应对水样进行预处理，以破坏有机物，得到适合于测定方法要求的成分、形态、浓度，并消除共存组分干扰。常见预处理有水样的消解、富集与分离。

(1)消解

当测定含有机物水样中的无机元素时，需进行消解处理。消解处理的目的是破坏有机物，溶解悬浮性固体，将各种价态的欲测元素氧化成单一高价态或转变成易于分离的无机化合物。消解后的水样应清澈、透明、无沉淀。消解水样的方法有湿式消解法和干式分解法。

(2)富集与分离

当水样中的欲测组分含量低于分析方法的检测限时，就必须进行富集或浓缩；当有共存干扰组分时，就必须采取分离或掩蔽措施。富集和分离往往是不可分割、同时进行的。常用的方法包括：过滤、挥发、蒸馏、溶剂萃取、离子交换、吸附、共沉淀、层析、低温浓缩等。

3.2.3 湿地水质监测指标及测定方法

根据《重要湿地监测指标体系》(GB/T 27648—2011)、《全国湿地资源调查与监测技术规程(试行)》，以及《地表水环境质量标准》(GB 3838—2002)，结合2014年云南省林业厅发布的《湿地生态监测》(DB 53/T 653.1~5—2014)，选取pH值、透明度、溶解氧(DO)、五日生化需氧量(BOD_5)、高锰酸盐指数、化学需氧量(COD)、铵态氮、总氮、总磷、叶绿素a、挥发酚等常规指标，部分湿地可以根据实际情况增加铜、汞、砷、铬、铅、镉、锌等对环境影响较大的金属类指标。

3.2.3.1 常规指标监测方法以及最新标准(表3-5)

表3-5 水质常规指标监测方法及标准

监测指标	监测方法	标准编号
水温	测温计测量	暂无
透明度	塞氏盘法	暂无

（续）

监测指标	监测方法	标准编号
溶解氧(DO)	碘量法	GB 7489—1987
	电化学探头法	HJ 506—2009
五日生化需氧量(BOD_5)	接种与稀释法	HJ 505—2009
高锰酸盐指数	酸性高锰酸钾氧化法	GB 11892—1989
化学需氧量(COD)	快速消解分光光度法	HJ/T 399—2007
	重铬酸钾法	GB 11914—1989
铵态氮	纳氏试剂分光光度法	HJ 535—2009
	水杨酸分光光度法	HJ 536—2009
	流动注射—水杨酸分光光度法	HJ 666—2013
	连续流动—水杨酸分光光度法	HJ 665—2013
	气相分子吸收光谱法	HJ/T 195—2005
总氮	流动注射—盐酸萘乙二胺分光光度法	HJ 668—2013
	连续流动—盐酸萘乙二胺分光光度法	HJ 667—2013
	碱性过硫酸钾消解紫外分光光度法	HJ 636—2012
	气相分子吸收光谱法	HJ/T 199—2005
总磷	连续流动—钼酸铵分光光度法	HJ 670—2013
	流动注射—钼酸铵分光光度法	HJ 671—2013
	钼酸铵分光光度法	GB 11893—1989
叶绿素 a	单色分光光度法	暂无
挥发酚	溴化容量法	HJ 502—2009
	流动注射法	HJ 503—2009

3.2.3.2 其他常用重金属指标监测方法(表 3-6)

表 3-6 其他常用重金属监测方法及标准

监测指标	监测方法	标准编号
铜	二乙基二硫代氨基甲酸钠分光光度法	HJ 485—2009
	2，9-二甲基-1，10-菲啰啉分光光度法	HJ 486—2009
	原子吸收分光光度法	GB 7475—1987
汞	冷原子吸收分光光度法	HJ 597—2011
	原子荧光法	HJ 694—2014

（续）

监测指标	监测方法	标准编号
砷	原子荧光法	HJ 694—2014
	二乙基二硫代氨基甲酸银分光光度法	GB 7485—1987
	硼氢化钾—硝酸银分光光度法	GB 11900—1989
铬	火焰原子吸收分光光度法	HJ 757—2015
镉	双硫腙分光光度法	GB 7471—1987
	原子吸收分光光度法	GB 7475—1987
铅	原子吸收分光光度法	GB 7475—1987
	双硫腙分光光度法	GB 7470—1987
锌	原子吸收分光光度法	GB 7475—1987
	双硫腙分光光度法	GB 7472—1987

3.2.4　湿地水质评价标准

3.2.4.1　水域功能和水质标准分类

根据地表水水域环境功能和保护目标，按功能高低依次划分为以下 5 类。

Ⅰ类：主要适用于源头水、国家自然保护区。

Ⅱ类：主要适用于集中式生活饮用水地表水源地一级保护区、珍稀水生生物栖息地、鱼虾类产卵场、仔稚幼鱼的索饵场等。

Ⅲ类：主要适用于集中式生活饮用水地表水源地二级保护区、鱼虾类越冬场、洄游通道、水产养殖区等渔业水域及游泳区。

Ⅳ类：主要适用于一般工业用水区及人体非直接接触的娱乐用水区。

Ⅴ类：主要适用于农业用水区及一般景观要求水域。

3.2.4.2　水质标准

对应地表水上述 5 类水域功能，将地表水环境质量标准基本项目标准值分为 5 类，不同功能类别分别执行相应类别的标准值，目前执行标准为《地表水环境质量标准》（GB 3838—2002），见表 3-7。

表 3-7　地表水环境质量标准

项目	Ⅰ类	Ⅱ类	Ⅲ类	Ⅳ类	Ⅴ类
水温（℃）	人为造成的环境水温变化应限制在：周平均最大温升≤1℃；周平均最大温降≤2℃				
pH 值（无量纲）	6.0~9.0				
溶解氧≥	饱和率 90% （或 7.5）	6	5	3	2

（续）

项目	Ⅰ类	Ⅱ类	Ⅲ类	Ⅳ类	Ⅴ类
高锰酸盐指数≤	2	4	6	10	15
化学需氧量（COD）≤	15	15	20	30	40
五日生化需氧量（BOD_5）≤	3	3	4	6	10
铵态氮（NH_4^+—N）≤	0.15	0.5	1.0	1.5	2.0
总磷（以P计）≤	0.02（湖、库0.01）	0.1（湖、库0.025）	0.2（湖、库0.05）	0.3（湖、库0.1）	0.4（湖、库0.2）
总氮（湖、库，以N计）≤	0.2	0.5	1.0	1.5	2.0
铜≤	0.01	1.0	1.0	1.0	1.0
锌≤	0.05	1.0	1.0	2.0	2.0
氟化物（以F^-计）≤	1.0	1.0	1.0	1.5	1.5
硒≤	0.01	0.01	0.01	0.02	0.02
砷≤	0.05	0.05	0.05	0.1	0.1
汞≤	0.00005	0.00005	0.0001	0.001	0.001
镉≤	0.001	0.005	0.005	0.005	0.01
铬（六价）≤	0.01	0.05	0.05	0.05	0.1
铅≤	0.01	0.01	0.05	0.05	0.1
氰化物≤	0.005	0.05	0.2	0.2	0.2
挥发酚≤	0.002	0.002	0.005	0.01	0.1
石油类≤	0.05	0.05	0.05	0.5	1.0
阴离子表面活性剂≤	0.2	0.2	0.2	0.3	0.3
硫化物≤	0.05	0.1	0.2	0.5	1.0
粪大肠菌群（个/L）≤	200	2000	10000	20000	40000

3.2.5 湿地水质评价方法

水质评价方法一般采用单因子指数评价法，即取某一评价因子的多次监测的极值或平均值，与该因子的标准值相比较。水质参数的标准指数大于1，表明该水质参数超过规定的水质标准。

3.2.5.1 除溶解氧及pH值以外指标超标计算

$$S_{i,j}=\frac{C_{i,j}}{C_{si}} \tag{3-1}$$

式中：$S_{i,j}$——标准指数；

$C_{i,j}$——评价因子i在j点的实测浓度，mg/L；

C_{si}——评价因子i的评价标准限制，mg/L。

3.2.5.2　溶解氧超标计算

$$S_{DO,j} = \frac{|DO_f - DO_j|}{DO_f - DO_s}, \quad DO_j \geqslant DO_s \tag{3-2}$$

$$S_{DO,j} = 10 - 9\frac{DO_j}{DO_s}, \quad DO_j < DO_s \tag{3-3}$$

$$DO_f = \frac{468}{31.6 + T} \tag{3-4}$$

式中：$S_{DO,j}$——DO 的标准指数；

DO_f——某水温、气压条件下的饱和溶解氧浓度，mg/L；

DO_j——溶解氧实测值，mg/L；

DO_s——溶解氧的评价标准限值，mg/L；

T——水温，℃。

3.2.5.3　pH 超标计算

$$S_{pH,j} = \frac{7.0 - pH_j}{7.0 - pH_{sd}}, \quad pH_j \leqslant 7.0 \tag{3-5}$$

$$S_{pH,j} = \frac{pH_j - 7.0}{pH_{su} - 7.0}, \quad pH_j > 7.0 \tag{3-6}$$

式中：pH_j——实测值；

pH_{sd}——pH 值的下限，6.0；

pH_{su}——pH 值的上限，9.0。

3.2.6　湿地富营养化水平评价方法

经济合作与发展组织(OECD) 将这种“水体中由于营养盐的增加而导致藻类和水生植物生产力增加、水质下降等一系列的变化，从而使水的用途受到影响”的现象定义为湖泊的富营养化(OECD，1982)。

水利部(2007)颁发的地表水资源质量评价技术规程采用综合营养状态指数对湿地水体富营养化程度进行评价，也可以用藻类来评价水体富营养化程度，此外对于大尺度的区域可以采用遥感进行评价。

3.2.6.1　利用综合营养状态指数评价水体富营养化程度

根据《湖泊(水库)富营养化评价方法及分级技术规定》(中国环境监测总站，总站生字〔2001〕090 号)，采用综合营养状态指数法对湿地水体富营养化水平进行评价。

综合营养状态指数计算公式为：

$$TLI(\sum) = \sum W_j \cdot TLI_{(j)} \tag{3-7}$$

式中：$TLI(\sum)$——综合营养状态指数；

W_j——第 j 种参数的营养状态指数的相关权重；

$TLI_{(j)}$——代表第 j 种参数的营养状态指数。

以叶绿素 a 作为基准参数，则第 j 种参数的归一化的相关权重计算公式为：

$$W_j = \frac{r_{ij}^2}{\sum_{j=1}^{m} r_{ij}^2} \tag{3-8}$$

式中：r_{ij}——第 j 种参数与基准参数叶绿素 a 的相关系数；

m——评价参数的个数。

湖泊(水库)营养化状况评价指标包括：叶绿素 a、总氮、总磷、透明度、高锰酸盐指数。

湖泊(水库)营养状态分级：采用 0~100 的一系列连续数字对湖泊(水库)营养状况进行分级：

$TLI(\Sigma)<30$　　贫营养

$30 \leqslant TLI(\Sigma) \leqslant 50$　　中营养

$TLI(\Sigma)>50$　　富营养

$50<TLI(\Sigma) \leqslant 60$　　轻度富营养

$60<TLI(\Sigma) \leqslant 70$　　中度富营养

$TLI(\Sigma)>70$　　重度富营养

在同一营养状态下，指数值越高，其营养程度越高。

3.2.6.2 利用藻类评价水体富营养化程度

藻类的群落结构及其生长量受水体生态环境变化的直接影响，因此，在水质和湖泊营养型评价中，藻类的应用极为广泛。Danilov(2000)利用某些藻类对营养物和污染物的极为敏感性来判断水体的富营养化和污染程度，而这些特征性的藻类常作为水体营养化和污染的生物指示剂；也可采用群落多样性指标评价法(Margalef 丰度指数、Shannon-Weaver 多样性指数模式、Lloyd-Ghelardi 均匀度指数和优势度指数)评价湖泊富营养化程度(李梦，2015)。此外，还可以根据藻类的优势种确定水体富营养化程度，当蓝藻和绿藻等占优势时，易发生水体富营养化，因此可根据每种藻类的优势度值(Y) 来确定，计算方法参考(苟婷，2017)：

$$Y = f_i \cdot (N_i/N) \tag{3-9}$$

式中：f_i——第 i 种浮游藻类在各样点出现的频度，当 $Y \geqslant 0.02$ 时的物种为优势种；

N_i——第 i 种浮游藻类；

N——藻类种数。

3.2.6.3 利用遥感评价水体富营养化程度

利用卫星遥感影像进行大范围湖泊富营养化时，空分布变化及动态评价具有监测高速、高效，以及便于长期动态监测的优势(杨一鹏，2007)。徐祎凡等(2014)采用环境一号卫星直接通过卫星高光谱数据获取的遥感反射率评价太湖水体富营养化程度。然而由于湖泊水体物质组成的复杂性和光学特性差异导致很难形成普适性的水质遥感反演模型(潘德炉，2008；Lesht，2012)，因此结合实地观测可以更好反映水体富营养化程度，例如，殷守敬等(2018)对叶绿素 a 等可反演参数利用遥感影像反演，并利用实测值校正获得高精度反演结果；对总磷等不易反演参数采用空间插值获取全湖区数据，采用综合营养指数法对巢湖富营养化状态进行反演，从而评价水体富营养化状况。

3.3 湿地沉积物监测

湿地沉积物是岩石矿物、土壤的自然侵蚀和废(污)水排出物沉积及生物活动、物质之间物理、化学反应等过程的产物。水、沉积物和生物组成了完整的水环境体系。通过沉积物监测，可以了解水环境污染现状，追溯水环境污染历史，研究污染物的沉积、迁移、转化规律及其对水生生物特别是底栖生物的影响，并对评价水体质量，预测水质变化趋势和沉积污染物对水体的潜在危险提供依据。

3.3.1 湿地沉积物监测样点设置

湿地沉积物监测断面的位置应与湿地水质监测断面重合，采样点最好设在水质采样点垂线的正下方以便与水质监测情况进行比较；当正下方由于特殊原因无法采样时，可略作移动。湖泊(水库)沉积物采样点一般应设在主要河流及污水进入后与湖泊(水库)水混合均匀处，采样点应避开沉积物沉积不稳定、易受搅动和水表层水草茂盛之处。

3.3.2 湿地沉积物样品采集

由于沉积物受水文、气象条件影响较小，底泥比较稳定，一般每年枯水期采样测定一次，必要时可在丰水期增采一次。沉积物采样量视监测项目、目的而定，通常为1~2kg，一次采样量不够时，可在采样点周围采集样品，并将样品混匀，样品中的砾石、贝壳、动植物残体等杂质应予以剔除。

在较深水域采集表层沉积物，一般用掘式采泥器。采集供测定污染物垂直分布情况的沉积物样品，用管式泥芯采样器采集柱状样品。在浅水或干涸河段，用长柄塑料勺或金属铲采集即可，样品尽量沥去水分后，装入玻璃瓶或塑料袋内，贴好标签，填写好采样记录。沉积物采样一般与水质采样同时或连续进行，样品的保存与运输方法与水样相同。

沉积物样品送交实验室应尽快处理和分析，如放置时间较长，应放于-40~-20℃的冷柜中保存，处理过程中应尽量避免污染物损失。

3.3.3 湿地沉积物监测方法

3.3.3.1 样品制备

(1)脱水

沉积物中含有大量水分，必须用适当的方法除去，不可直接在日光下暴晒或高温烘干。常用脱水方法包括：在阴凉、通风处自然风干(适于待测组分较稳定的样品)；离心分离(适于待测组分易挥发或易发生变化的样品)；真空冷冻干燥(适用于各种类型样品，特别是测定对光、热、空气不稳定组分的样品)；无水硫酸钠脱水(适于测定油类等有机污染物的样品)。

(2)筛分

将脱水干燥后的样品平铺在白纸板上，用玻璃棒等压散(勿破坏自然粒径)，剔除动植物残体等杂物，过20目筛。筛下样品用四分法缩分至所需量。用玛瑙研钵(或玛瑙碎样机)研磨至全部通过80~200目筛，装入棕色广口瓶中，贴上标签备用。测定汞、砷等易挥发元素及低价铁、硫化物等时，不能用碎样机粉碎，仅通过80目筛。测定金属元素的试样，使用尼龙材质网筛；测定有机物的试样，使用铜材质网筛。

对于用管式泥芯采样器采集的柱状样品，尽量不要使分层状态破坏，经干燥后，用不锈钢小刀刮去样柱表层，然后按上述表层沉积物方法处理。如欲了解各沉积阶段污染物质的成分和含量变化，可沿横断面截取不同部位样品分别处理和测定。

3.3.3.2 样品分解

常用的样品分解方法有以下几种：

(1)硝酸—氢氟酸—高氯酸分解法

该方法适用于测定沉积物中元素含量水平及随时间变化和空间分布的样品分解，可以测定全量Cu、Pb、Zn、Cd、Ni、Cr等。其分解过程是称取一定量样品于聚四氯乙烯烧杯中，加硝酸在低温电热板上加热分解有机质。取下稍冷，加适量氢氟酸煮沸(或加高氯酸继续加热分解并蒸发至约剩余0.5mL残液)。再取下冷却，加入适量高氯酸，继续加热分解并蒸发至近干(或加入氢氟酸加热除硅后，再加少量高氯酸蒸发至近干)。最后，用硝酸煮沸溶解残渣，定容，备用。

(2)硝酸分解法

该方法能溶解出由于水解和悬浮物吸附而沉淀的大部分重金属，适用于了解沉积物受污染的状况。其分解过程是称取一定量样品于50mL硼硅玻璃管中，加几粒沸石和适量浓硝酸，加热至沸并回流15min，取下冷却，定容，静置过夜，取上清液分析测定。

(3)水浸取法

适用于了解沉积物中重金属向水体释放情况。称取适量样品，置于磨口锥形瓶中，加水密塞，放在振荡器上振荡4h，静置，用干滤纸过滤，滤液供分析测定。

3.3.3.3 样品提取

用溶剂将待测组分从土壤样品中提取出来，提取液供分析用。主要用于对有机污染物的提取和分析。常用的提取方法有振荡提取法、索式提取法和柱层析法。

3.3.3.4 样品测定

沉积物中的污染物也分为金属化合物、非金属化合物和有机化合物，其具体测定项目应与相应水质监测项目相对应。通常测定镉、铅、锌、铜、铬、砷、汞等金属污染物和酚等有机污染物。

当测定金属和非金属无机污染物时，根据监测项目选择分解或酸溶方法处理样品，所得试样溶液选用水质监测中同样项目的监测方法测定。当测定有机污染物时，选择适宜的方法提取样品中欲测组分后，用土壤监测中同样项目的监测方法测定。

参考文献

邓伟，潘响亮，栾兆擎，2003. 湿地水文学研究进展[J]. 水科学研究进展，14(4)：521-527.
郭敏晓，张彩平，2011. 环境监测[M]. 杭州：浙江大学出版社.
苟婷，马千里，王振兴，等，2017. 龟石水库夏季富营养化状况与蓝藻水华暴发特征[J]. 环境科学，38(10)：4141-4150.
国家环境保护总局，2002. 地表水和污水监测技术规范：HJ/T 1991—2002[S]. 北京：中国环境出版社.
国家林业局，2011. 重要湿地监测指标体系：GB/T 27648—2011[S]. 北京：国家林业局.
国家林业局，2009. 全国湿地资源调查技术规程(试行)[S]. 北京：国家林业局湿地保护管理中心.
李梦，刘桂建，吴蕾，等，2015. 冬季巢湖西半湖的富营养化及污染状况研究——基于浮游藻类的多样性分析[J]. 中国科学技术大学学报，45(2)：150-158.
李素英，2015. 环境生物修复技术与案例[M]. 北京：中国电力出版社.
陆健健，何文珊，2006. 湿地生态学[M]. 北京：高等教育出版社.
胡兰文，陈明，杨泉，2017. 底泥重金属污染现状及修复技术进展[J]. 环境工程，35(12)：115-118.
潘德炉，马荣华，2008. 湖泊水质遥感的几个关键问题[J]. 湖泊科学，20(2)：139-144.
中华人民共和国水利部，2007. 地表水资源质量评价技术规程：SL 395—2007[S]. 北京：中华人民共和国水利部.
奚旦立，孙裕生，刘秀英，2004. 环境监测[M]. 北京：高等教育出版社.
徐祎凡，施勇，李云梅，2014. 基于环境一号卫星高光谱数据的太湖富营养化遥感评价模型[J]. 长江流域资源与环境，23(8)：1111-1118.
杨一鹏，王桥，肖青，2007. 太湖富营养化遥感评价研究[J]. 地理与地理信息科学，23(3)：33-37.
殷守敬，吴传庆，王晨，等，2018. 综合遥感与地面观测的巢湖水体富营养化评价[J]. 中国环境监测，34(1)：157-164.
云南省林业厅，2014. 湿地生态监测：DB 53/T 653—2014[S]. 昆明：云南省质量技术监督局.
中华人民共和国环境保护部，2009. 水质-采样方案设计技术规定：HJ 495—2009[S]. 北京：中国环境科学出版社.
中华人民共和国环境保护部，2009. 水质-采样技术指导：HJ 494—2009[S]. 北京：中国环境科学出版社.
中华人民共和国环境保护部，2009. 水质-样品的保存和管理技术规定：HJ 493—2009[S]. 北京：中国环境科学出版社.
朱永青，2014. 淀山湖底泥氮磷营养盐释放及其影响因素研究[J]. 环境污染与防治，36(5)：70-

77, 82.

Danilov R A, Ekelund N G A, 2000. The use of epiphyton and epilithon data as a base for calculating ecological indices in monitoring of eutrophication in lakes in central Sweden[J]. Science of the Total Environment, 248(1): 63-70.

Lesht B M, Barbiero R P, Warren G J, 2012. Satellite ocean color algorithms: A review of applications to the Great Lakes[J]. Journal of Great Lakes Research, 38(1): 49-60.

OECD, 1982. Assessment and Control. Final report, OECD cooperative program on monitoring of inland waters (eutrophication control)[R]. Paris: Environment Directorate, OECD.

Zhou D M, Zhang H, Liu C L, 2016. Wetland ecohydrology and its chanllenges[J]. Ecohydrology & Hydrobiology (16): 26-32.

第4章

湿地土壤监测

过湿的土壤是湿地的3个主要特征之一。湿地土壤是湿地发生物理化学转换的中介，是植物获得营养物质的最初场所。人们常把湿地土壤描述为水成土壤。美国农业自然资源保护联盟将水成土壤定义为"在生长季节水分饱和或淹水时间足够长的环境下形成的土壤，其上层为厌氧环境"，同时，该联盟将湿地土壤分为矿质土和有机土两类。我国科学家将湿地土壤划分为沼泽土和泥炭土两类。其中，沼泽土又分为草甸沼泽土、盐碱化沼泽土、腐殖质沼泽土、淤泥沼泽土、泥炭沼泽土等类型。

通过对湿地土壤的监测，可以对湿地的地球化学循环机理有进一步的理解；同时监测湿地土壤对分析其他自然要素具有指示意义。例如，湿地土壤有机质、盐度、pH值等可以反映湿地形成的气候条件；湿地土壤的氧化还原层次可以反映地下水的水位深度和波动情况；泥炭地的腐殖化程度可以反映地表排水的状况。

4.1 土壤样品采集

4.1.1 土壤监测样地的设置原则

土壤监测样地要根据监测目的进行设置。一般依据《湿地分类标准》(GB/T 24708—2009)将湿地划分不同的类型，针对不同湿地类型选择土壤样地进行监测。对土壤监测样地具体位置的选择，应遵循以下指导原则。

(1)典型性、代表性原则

湿地土壤监测样地应能够代表该类型湿地的土壤特征。选择对照样地应尽量保持原有的自然湿地土壤生态系统，受人类活动的干扰最小；因监测需要选取干扰样地，则干扰样地也应选择受干扰最明显的样地进行监测，以使监测数据具有显著的典型性和代表性。

(2)可操作性原则

湿地监测样地设置还要考虑是否能够方便、及时地获取土壤样品。应综合考虑监测样地的可通达性、淹水状况变化等影响正常土壤取样的因素。

(3)安全性原则

湿地土壤监测是一项长时期的连续性工作，因此，选择的监测样地应尽量避免人类活动的过度干扰，如放牧、农业耕作等。

4.1.2 土壤监测样方的设置方法

土壤监测样方的设置一般可采取传统取样、网格取样和指导取样 3 种方法。

(1)传统取样

传统取样采用随机、分层随机等取样方法。该方法的应用前提是认为各取样点的土壤属性是一致的，并且不存在有测量误差。随机取样根据地形和土壤分布情况将采样地点划分为若干样方，在抽取的样方内随机选择 3~5 点，各点取土样混合成一个土壤样品。分层随机取样是根据监测项目要求，按照不同的土壤深度分层采集土样。常采用的分层取样方法是土钻法分层采样，即沿着土壤垂直深度分层取出连续的土样，然后再根据需要取得该层代表性的混合土样。

(2)网格取样

网格取样是指把研究区域分成很多大小一致的小格子，在每个格子中单独取样，分析结果与取样点的具体地理位置进行结合，从而形成所研究性状的分布图。这些小格子的形状可呈正方形、长方形及不规则的梭形、三角形等。网格取样有两种基本的取样方法：网点取样和格内取样。

(3)指导取样

指导取样是指按照需要把地块分割成许多小单元，然后在每个小单元中取样，随着 GIS 和 GPS 的广泛应用，可利用 GIS 制定理想的取样方案，GPS 可保证取样点的地理位置更加准确。进行指导取样时，首先收集该地区地形图、土壤分布图、水文图及动物分布图等，再将这些图件扫描、矢量化，然后将不同的比例尺图件进行校正、配准后进行叠加，找出观测地区的内部区域差异，最后根据区域的不同土壤类型、样点间距离等因素在图上确定采样位置，利用 GPS 进行野外定位采样。

4.1.3 土壤取样

4.1.3.1 土壤取样准备

为了保证土壤监测数据的代表性和可追溯性，在开展土壤采样工作前，首先要对监测样地进行详细实地调查，填写土壤采样档案登记表。档案登记表主要用于记录采样区间植被覆盖、植被组成等信息，采样记录表则用于记录采样目的、采样地点、采样时间、采样环境、采样工具、采样数量、样品编号及采样人等信息。

土样通常用布袋(用于土壤质地、结构组成分析)和塑料袋(用于土壤生物、化学性质等分析)盛装。土样袋内外同时标记，袋内放置的自制标签用硬质铅笔书写，袋外标签用记号笔书写，而标签内容应当相同。标签上要求标明采样人、采样日期、采样地点及采样深度等信息。

4.1.3.2 土壤取样方法

根据研究目的的不同需采取不同的土壤样品采集方法，常用的土壤取样方法包括以下几种。

(1)土壤剖面样品采集

为研究土壤发生发育过程的土壤理化性质，一般按照发生层次采样，每种土壤类型至少应设3个重复剖面。挖掘土壤剖面时应使观察面向阳，将表土和底土分两侧放置。一般典型的沼泽湿地土壤剖面分为A层(表层，草根层)、泥炭层(G潜育层或W潴育层)和母质层。剖面挖好后，首先根据土壤剖面颜色、结构、质地、松紧度、温度、植物根系分布等划分土层，进行仔细观察，并将剖面形态特征自上而下逐一记录；随后在各层最典型的中部自下而上逐层采样，在各层内分别用小土铲切取一片土壤，每个采样点的取土深度和取样量应一致。用于重金属分析的样品，应将与金属采样器接触部分的土样舍弃。一般每层采样1kg，分别装入袋中并做好标记。各重复剖面的同一层次样品不能混合。

(2)原状土壤样品采集

为了测定土壤样品的某些物理性质(如土壤密度和孔隙度)，必须采集原状土壤样品，在取样过程中，须保证土块不受挤压、样品不变形，并需要剥去土块外面直接与土铲接触而变形部分。含水量较低的土壤，可以用环刀在土壤表层取样；沼泽土壤可以采用原状土采样器进行取样。

(3)平均混合样品采集

为了获取平均土样，可采取多点混合采样方法。样地数量可根据湿地面积和地形情况来确定，每公顷设置25~150个样地。选取样点时，应避免在非代表性的地方布点，一般采用“S”型布点法。在每一点采样的数量都大致相等，表土样可自上而下取一片土壤，将各样点土样均匀混合，用“四分法”逐渐弃去多余部分，将剩余的样品装入自封袋，填写好标签，带回实验室。

4.1.3.3　土壤取样量及深度

(1)土壤取样量

土壤取样量应根据实际需要确定，有长期保留价值的样品应该多采集，仅为一次常规理化性质测定并无保留要求的样品可少采集；同时还要根据测试项目来决定土样采集量，一般约为2kg。如果采集的样品量太大，可用四分法将多余的弃去，一般保留约1kg的土样即可。四分法的操作方法是：将采集的土壤样品充分混合并铺成四方形，然后划对角线分成四等份，取其对角的两份，其余两份弃去。如果所得的样品仍然很多，可再用四分法处理，直至留取所需数量为止。取土样1kg装袋，采完后将剖面坑或钻眼填平。

土壤取样时，一般随机取若干个点，组成混合样品，混合样品组成的点越多，越有代表性。但为避免工作量过大，实际采样时必须兼顾样品的代表性和工作量，土壤的采样点取决于采样的地形、土壤的差异性和研究所要求的深度等。

(2)土壤取样深度

取样的深度应根据湿地生态系统中主要群落组成(如乔木、灌木、草本)的根系分布特点确定取样深度。由于湿地地下水位一般较高，所以湿地土壤的取样深度大多以地下水位作为下限。地表有积水的湿地，土壤取样深度一般以植物根系分布深度为下限。取样的层次一般可以按照发生的层次进行，但对于发生层不明显的土壤剖面，为了减小人为判断剖面深度的误差，可以按照深度(0~10cm、10~20cm、20~40cm、40~60cm、60~80cm、80~100cm等)采样。

4.1.3.4 土壤取样时间及频率

根据湿地生态系统中主要群落组成，分别在每年生长季节始末进行土壤取样。对于偏远或交通非常不便区域的调查，可以只在每年生长季节末期进行1次采样，对于土壤容重等相对稳定物理性质的监测可以每10a进行1次，而较易变化的土壤化学性质可以1~3a之间进行监测。对于表层土壤，特别是0~15cm的土层，观测的频率可以增大，对于深层则可以相应减小。但考虑到湿地与水文、气候、生物之间的密切关系，在一些极端年份(如干旱、洪涝等)，有必要进行土壤采样监测。

4.2 土壤样品的处理和储存

4.2.1 土壤样品的风干

土壤样品的制备过程是一项十分细致的工作，大量复杂的采样和分析准备工作最后都将体现在少量的样品上。如果在土样制备过程稍有疏忽，失去了样品的代表性，任何精细的分析工作都将失去意义。

从野外采集土壤样品后，应尽快送至室内进行样品处理。土壤样品通常要先在室内进行风干脱水，以抑制土壤微生物的生长和可能引起的化学变化。有两种风干土壤的方法可供选用，即室内自然风干法和烘干法。室内自然风干法要求室内温度在25~35℃，湿度保持在20%~60%；烘干法要求保持温度在40℃±2℃。土样长时间在室温下进行风干的处理效果不及在控制温度条件下短时间进行烘干，因为后者可以更有效地抑制微生物活动。

室内风干土样的一般做法是，将从田间采集的土样平摊在铺有干净白纸的塑料或木制托盘中，为了加速土样脱水，最好是将装有土样的托盘分层放置在通风良好的大木架上。土样干燥的时间取决于土样类型、样品铺放在盘中的厚度、样品初始含水量及室内的湿度等因素。一般来说，由于湿地土壤含水量较高，同时样品中含有大量的植物根等新鲜有机质，可能烘干时间要长达72~92h。当土壤样品为砂质土壤时，所需的烘干时间不超过24h，黏质土壤不超过48h。土样烘干过程中要注意避免阳光直接照射在样品上；长时间的风干土壤，要注意避免污物、灰尘或酸碱气体的干扰；在风干土壤的过程中，需要及时将大块土捏碎，以免干后结成硬块不易压碎。

4.2.2 土壤样品的研磨和过筛

土壤物理性质、化学性质、速效性养分，以及可溶性钙、镁、硫等的测定，需要用新鲜样品(湿土)进行测定，不需要研磨过筛。利用新鲜样品测定的优点是其可以反映土壤在自然状态下理化性质。

风干的土样要进行磨碎和过筛前，先从样品中挑出较大的植物残体、石砾和其他杂物，并对石砾进行单独称重记录，再将剩余土样铺在厚塑料板上，然后用木棍对土样进行滚压粉碎，有条件时，也可以使用专门的土壤磨碎机，进一步挑去植物的细根和杂物后，使土样全部通过孔径为 2mm 的土壤筛，未通过筛子的土粒应再次研磨，直到全部通过筛孔为止。为防止污染，制备供微量元素分析的样品应当使用尼龙筛。过筛后的土样进一步混匀，用四分法分成两份，分别供化学分析和物理分析使用。供化学分析的样品，因分析项目不同，对土粒细度也有不同的要求。一般来说，全量分析、土壤全氮和有机质测定，土粒的细度可以高一些，通常是用四分法从通过 2mm 土壤筛的土样中分出 20g，用玛瑙研钵研磨使其全部通过内径 0.15mm 的筛孔。如果采用仪器分析同，要求称取的土样更少，最好是将土样通过内径 0.074mm 的筛孔。对于分析土壤的 pH 值、土壤交换性能，及土壤有效养分和盐分分析等项目，采用通过 2mm 筛孔的土样便能满足要求。

4.2.3　土壤样品的保存

过筛后的土样可瓶装保存，可以选用带有螺丝扣瓶盖的广口瓶或广口塑料瓶，保存大量的样品可以选用塑料桶。在容器内外各放置一个标签，要求标签上清楚地标明可供计算机检索的样品号(该样品号应当是唯一的)、土壤名称、样品细度、采样地点、采样日期和采样人。由于有了计算机检索号，可以很容易地通过计算机查询详细的样品档案。另外，设计详细的样品号，可以从中看出更多的信息，以至标签的文字记录可以进一步省略。供及时分析所用的样品，也可以用贴有标签的小纸袋或塑料袋盛放。

4.3　土壤物理性质测定

4.3.1　土壤颗粒组成测定

土壤颗粒有大有小，其组成和性质对于土壤水、肥、气、热状况及各种物理化学性质具有重要影响。土壤颗粒大小不同，性质也不同。因此按照粒径的大小可将土壤颗粒分为若干等级，称为粒级。相同粒级的土壤颗粒，其成分和性质基本一致，而不同粒级之间则有明显的差异。土壤颗粒组成是指土壤颗粒不同粒级所占的百分比，度量单位为%。

土壤颗粒存在以下几种分级标准：国际制、中国制、美国制和苏联制(卡钦斯基制)。1975 年，中国科学院南京土壤研究所制定了一个暂行的粒级分级方案。各国土壤粒级划分标准见表 4-1。

湿地土壤的质地都比较黏重，发育在阶地上的沼泽土更为明显。以三江平原湿地土壤为例，其机械组成中，小于 0.01mm 的黏粒占 50%以上，小于 0.001mm 的黏粒占 10%～20%，而砂粒一般都在 10%以下。同时黏粒含量随深度的增加而增高，表层砂粒的含量一般相对较高。

土壤颗粒组成的测定方法有吸管法和比重计法。前者操作步骤烦琐，但比较精确；后者操作较简便，精度较差。方法详见《森林土壤颗粒组成(机械组成)的测定》(LY/T 1225—1999)。

表 4-1 土壤颗粒级及划分标准

<table>
<tr><th>粒径(mm)</th><th>中国制</th><th colspan="3">卡钦斯基制</th><th>国际制</th><th>美国制</th></tr>
<tr><td>>10</td><td>石块</td><td colspan="3" rowspan="2">石块</td><td rowspan="4">石砾</td><td rowspan="2">石块</td></tr>
<tr><td>10~3</td><td rowspan="3">石砾</td></tr>
<tr><td>3~2</td><td colspan="3" rowspan="2">石砾</td><td>粗砾</td></tr>
<tr><td>2~1</td><td>极粗砂粒</td></tr>
<tr><td>1~0.5</td><td rowspan="2">粗砂粒</td><td rowspan="7">物理性砂粒</td><td colspan="2">粗砂粒</td><td rowspan="3">粗砂粒</td><td>粗砂粒</td></tr>
<tr><td>0.5~0.25</td><td colspan="2">中砂粒</td><td>中砂粒</td></tr>
<tr><td>0.25~0.2</td><td rowspan="3">细砂粒</td><td colspan="2" rowspan="3">细砂粒</td><td rowspan="2">细砂粒</td></tr>
<tr><td>0.2~0.1</td><td rowspan="3">细砂粒</td></tr>
<tr><td>0.1~0.05</td><td>极细砂粒</td></tr>
<tr><td>0.05~0.02</td><td rowspan="2">粗粉粒</td><td colspan="2" rowspan="2">粗粉粒</td><td rowspan="4">粉粒</td></tr>
<tr><td>0.02~0.01</td><td rowspan="3">粉粒</td></tr>
<tr><td>0.01~0.005</td><td>中粉粒</td><td rowspan="6">物理性黏粒</td><td colspan="2">中粉粒</td></tr>
<tr><td>0.005~0.002</td><td>细粉粒</td><td colspan="2" rowspan="2">细粉粒</td></tr>
<tr><td>0.002~0.001</td><td>粗黏粒</td><td rowspan="4">黏粒</td><td rowspan="4">黏粒</td></tr>
<tr><td>0.001~0.0005</td><td rowspan="3">黏粒</td><td rowspan="3">黏粒</td><td>粗黏粒</td></tr>
<tr><td>0.0005~0.0001</td><td>细黏粒</td></tr>
<tr><td><0.0001</td><td>胶质黏粒</td></tr>
</table>

4.3.2 土粒密度测定

土粒密度是指单位容积的土粒质量。严格而言，土粒密度应称为土壤固相密度或土粒平均密度，其计算公式为：

$$\rho_s = \frac{M_s}{V_s} \tag{4-1}$$

式中：ρ_s ——土粒密度，g/cm³；

M_s ——土壤固体部分质量，g；

V_s ——土壤固体部分体积，cm³。

土粒密度的大小取决于土壤的矿物质组成和有机质含量。土壤中氧化铁和各种重矿物含量高时土粒密度增大，而有机质含量高时土粒密度减小。因此，土粒密度的大小与土壤肥力有直接关系。

土粒密度通常用比重瓶法，方法详见《森林土壤土粒密度的测定》(LY/T 1224—1999)。

4.3.3 土壤容重

单位体积原状土壤的干土重称为容重，标准度量单位为 g/cm³。严格地讲，土壤容重应为干容重，又称土壤密度，其含义是干物质的质量与总容积之比：

$$\rho_b = \frac{M_s}{V_t} \tag{4-2}$$

式中：ρ_b ——土壤容重，g/cm³；

M_s ——土壤固体部分质量，g；

V_t ——土壤容积，cm^3。

土壤容重的大小取决于土壤质地、结构、松紧程度、有机质含量及土壤管理等因素。例如，砂土中的孔隙粗大但数目较少，总孔隙度小，土壤容重较大。土壤容重不仅可用于初步判断土壤结构、松紧程度等状况，而且也是计算土壤孔隙度和空气含量的必要数据。

土壤容重小，表明土壤比较疏松，通透性较好，肥力较高；反之，土壤容重大，表明土体紧实，结构性和通透性较差。湿地土壤有机质含量高，结构疏松，容重一般较低，草根层的容重为 0.2~0.8g/cm^3，泥炭层的容重为 0.1~0.2g/cm^3。自表层向下，随着有机质含量降低而容重逐渐增大。

土壤容重的测定通常采用环刀法，方法详见《土壤检测 第 4 部分：土壤容重的测定》(NY/T 1121.4—2006)。

4.3.4 土壤孔隙度

单位容积土壤中孔隙所占的百分比称为土壤孔隙度。孔径<0.1mm 的称为毛管孔隙，孔径>0.1mm 的称为非毛管孔隙。土壤孔隙度的度量单位为%。湿地土壤的孔隙度较高，沼泽和沼泽化土壤的草根层和泥炭层，孔隙度可达 72%~93%。土壤孔隙度的测定方法主要有以下几种。

(1)间接测定法

土壤孔隙度可不直接测定，而是通过土粒密度和土壤容重计算求得。

$$P=\left(1-\frac{\rho_b}{\rho_s}\right)\cdot 100\% \tag{4-3}$$

式中：P——土壤总孔隙度；

ρ_b ——土壤容重，g/cm^3；

ρ_s ——土粒密度，g/cm^3。

如果未测定土粒密度，可采用土粒密度的平均值(2.65g/cm^3)来计算，也可直接用土壤容重 ρ_b 通过经验公式计算出土壤的孔隙度 P。经验公式为：

$$P(\%)=93.947-32.995\cdot\rho_b \tag{4-4}$$

为方便起见，可按上述公式计算出常见土壤容重范围的土壤总孔隙度查对表(表 4-2)。查表举例：ρ_b =0.87 时，P=65.24%；ρ_b =1.72 时，P=37.20%。

表 4-2 土壤总孔隙度查对表　　单位：%

ρ_b	ρ_b									
	0.00	0.01	0.02	0.03	0.04	0.05	0.06	0.07	0.08	0.09
0.7	70.85	70.52	70.19	69.86	69.83	69.20	68.87	68.54	68.21	67.88
0.8	67.55	67.22	66.89	66.56	66.23	65.90	65.57	65.24	64.91	64.58
0.9	64.25	63.92	63.59	63.26	62.93	62.60	62.27	61.94	61.61	61.28
1.0	60.95	60.62	50.29	59.96	59.63	59.30	58.97	58.64	58.31	57.88
1.1	57.65	57.32	56.99	56.66	56.33	56.00	55.67	55.34	55.01	54.68

（续）

ρ_b	ρ_b									
	0.00	0.01	0.02	0.03	0.04	0.05	0.06	0.07	0.08	0.09
1.2	54.35	54.02	53.69	53.36	53.03	52.70	52.37	52.04	51.71	51.38
1.3	51.05	50.72	50.39	50.06	47.73	49.40	49.07	48.74	48.41	48.08
1.4	47.75	47.42	47.09	46.76	46.43	46.10	45.77	45.44	45.11	44.79
1.5	44.46	44.43	43.80	43.47	42.14	42.81	42.48	42.12	41.82	41.49
1.6	41.16	40.83	40.50	40.17	39.84	39.51	39.18	38.85	38.52	38.19
1.7	37.86	37.53	37.20	36.87	36.54	36.21	35.88	35.55	35.22	34.89

（2）直接测定法

石英砂—高岭土吸力平板法可直接测定土壤孔隙度，并具有不易漏气、不易破损、管理方便、测定范围广、精度高等优点。茹林公式：

$$d = \frac{3}{F} \cdot k \tag{4-5}$$

式中：d ——当量孔隙直径，mm；

F ——水吸力，kPa；

k——厘米水柱换算为 kPa 的系数，0.0981。

用当量孔隙直径换算出各级当量孔隙、毛管孔隙度、非毛管孔隙度和总孔隙度。

采用水柱平衡工作原理的石英砂吸力平板装置可测定 0~10kPa 吸力范围的当量孔隙。采用减压工作原理的高岭土吸力平板装置可测定 10~90kPa 吸力范围的当量孔隙。具体测定步骤如下：

①采样：用称过质量的空环刀（m_1）采集原状土样。一般采 3~5 个重复土样。在环刀底部垫一层滤纸后放入水槽里的透水石上。若环刀中装入的是扰动土，底部除垫滤纸外还要用纱布包扎好，再放在透水石上。

②浸泡：向水槽内注水，水面超过透水石约 1cm，放置 2h 后，再加水至离环刀上缘 0.5cm 处，浸泡 24h 以达到饱和。特别紧实、黏重的土样泡水时间应延长。

③排水称重：排去水槽中的水，使槽中水面与透水石上缘相平，此时土样承受的吸力为 0.25kPa（即环刀高度的 1/2）。放置 24h 后，擦去环刀外面的水分，称其质量（m_3）。称重后的土样放在石英砂平板仪上，调节水位瓶的高度 h，使土壤承受的吸力依次为 1.5kPa，3kPa，6kPa。各级均平衡 24h 后称其相应质量 m_4，m_5，m_6，…，土样再移入高岭土吸力平板仪上，分别做 30kPa，60kPa，90kPa 吸力的当量孔径，平衡时间分别为 3d，7d，15d，而后称重。

④烘干称重：将土样在电热板上烘至近风干状态，再移入烘箱，在 105℃下烘至恒重，对于有机质含量>80g/kg 的湿地土壤，烘干时温度保持在 80℃左右，称得质量（m_2）。同时测量烘干后土柱的高度和直径，以计算试样的收缩体积。

⑤结果计算：实验所得的基本数据按表 4-3 格式记录。

表 4-3 基本数据记录表

土样号	环刀质量(g)	环刀+烘土质量(g)	不同吸力时环刀+土样的质量(g)						
			0.25kPa	1.5kPa	3kPa	6kPa	30kPa	60kPa	90kPa
××	m_1	m_2	m_3	m_4	m_5	m_6	m_7	m_8	m_9

土壤毛管孔隙度、非毛管孔隙度和总孔隙度的计算:

$$P_t = 1 - \frac{\rho_B}{\rho_S} \cdot 100\% \tag{4-6}$$

式中:P_t——土壤总孔隙度,%;

ρ_B——土壤容重,g/cm^3;

ρ_S——土粒密度,一般土粒密度约为 2.65 g/cm^3。

$$P_{cL} = \frac{m_3 - m_2}{V \cdot \rho} \cdot 100\% \tag{4-7}$$

式中:P_{cL}——毛管孔隙度,%;

V——环刀容积,$100cm^3$;

ρ——水的密度,$1g/cm^3$。

$$P_{c2} = P_t - P_{cl} \tag{4-8}$$

式中:P_{c2}——非毛管孔隙度,%。

注意事项:还可根据测定结果换算多个物理参数,例如,在一定吸力下土壤的充气孔隙和持水孔隙,0~90kPa 范围内的水分特征曲线,土壤固、液、气三相比,土壤容重及土体收缩量。吸力平板仪在任一吸力下,只允许水通过,绝不允许气体通过,因此各个连接部位都要密封,并要注意平板的保养(保持湿润)。

4.3.5 土壤含水量

土壤水分影响着土壤中养分的分布、转化和有效性,以及土壤的通气状况,所以是植物生长和生存的物质基础。它不仅影响植物的初级生产力,还影响陆地表面植物的分布。

土壤含水量,又称土壤湿度,以单位质量干土中水的质量或单位土壤容积中水的容积表示。土壤含水量可以用不同的方式表示,最常用的表示方法有以下几种:水分质量分数、水分体积分数和以水柱高度表示的含水量。

①风(烘)干土壤中水分的质量分数 $\omega(H_2O)$,因在同一地区重力加速度相同,又称为重量含水量,常以百分数(%)表示。

$$\omega(H_2O) = m_1/m_2 \tag{4-9}$$

式中:$\omega(H_2O)$——重量含水量,%;

m_1——土壤中实际所含的水质量,g;

m_2——烘干土质量,g。

②风(烘)干土壤中水分的体积分数 $\varphi(H_2O)$,也称为体积含水量,其计算公式如下。

$$\varphi(H_2O) = V_s / V_m \tag{4-10}$$

式中：$\varphi(H_2O)$——体积含水量，%；

V_s——土壤中水的容积，cm^3；

V_m——土壤容积，cm^3。

③以水层厚度表示的含水量 a(mm)。

$$a = H \cdot \omega(H_2O) \cdot \rho_b \tag{4-11}$$

或

$$a = H \cdot \varphi(H_2O) \tag{4-12}$$

式中：a——水层厚度含水量；

H—— 土层厚度，cm；

$\omega(H_2O)$——重量含水量，%；

ρ_b—— 土壤容重，g/cm^3；

$\varphi(H_2O)$——体积含水量，%。

湿地土壤有机质含量高，土壤孔隙度大，其含水量明显大于其他土壤类型，尤其是湿地土壤的草根层和泥炭层。其中，泥炭层饱和持水量可达830%~1030%，最大持水量为400%~600%，草根层持水量稍低，一般在300%~800%，低者为250%。

土壤含水量的测定方法主要包括：烘干法、快中子散射法和时域反射仪法。烘干法为土壤含水量测定的标准方法。中子法是采用中子水分计在自然条件下直接测量土壤的绝对湿度。它具有省时、省工、不受土壤中水分形态的限制等特点。中子法是国际公认的先进的土壤含水量测定方法，特别适用于深层土壤含水量的测定。

(1)烘干法

土壤样品在105℃±2℃烘至恒重时所损失的重量，即为土壤样品所含水分的质量。该质量与对应土壤样品的质量之比，即为土壤样品所含水分的质量百分数。采用烘干法测定土壤含水量所需设备包括：土钻、土壤筛(孔径1mm)、铝盒、分析天平(感量为0.001g和0.01g)、电热恒温烘箱、干燥器(内盛变色硅胶或无水氯化钙)。烘干法测定步骤如下。

①取样：对于风干土样，选取有代表性的风干土壤样品，压碎，通过1mm筛，混合均匀后备用；对于新鲜土样，在野外用土钻取样地内的新鲜土样，装入铝盒，带回室内，称重。

②测定：对于风干土样的测定，将土样在105℃恒温箱中烘干约2h，移入干燥器内冷却至室温，称重，准确至0.001g。用角勺将风干土样拌匀，取5g均匀地平铺在铝盒中，加盖，称重，准确至0.001g。将铝盒盖揭开，放在盒底下，置于已预热至105℃±2℃的烘箱中烘烤6h，盖好，移入干燥器内冷却至室温，立即称重。风干土样水分的测定用作两份平行测定。对于新鲜土样的测定，首先将新鲜土样称重，准确至0.01g。揭盖后在105℃±2℃(或80℃左右)的烘箱中烘烤12h。对于有机质含量>80g/kg的湿地土壤，烘烤时温度保持在80℃左右。烘干称量至恒重，取出在干燥器中冷却至室温，立即称重。新鲜土样水分的测定应做三份平行测定。

③结果计算：

$$水分(分析基)=\frac{m_1-m_2}{m_1-m_0}\cdot 100 \tag{4-13}$$

$$水分(干基)=\frac{m_1-m_2}{m_2-m_0}\cdot 100 \tag{4-14}$$

式中：m_1——烘干前铝盒及土样质量，g；

m_2——烘干后铝盒及土样质量，g；

m_0——烘干空铝盒质量，g。

平行测定的结果用算术平均值表示，保留小数后一位。水分含量小于5%的风干土样，其平行测定结果的相差不得超过0.2%；水分含量为5%~25%的潮湿土样；其平行测定结果的相差不得超过0.3%；水分含量大于15%的大粒(粒径约为10mm)黏重潮湿土样，其平行测定结果的相差不得超过0.7%(相对相差不大于5%)。

(2)快中子散射法

快中子散射法的测定原理是：中子仪的探头放射快中子与土壤中的氢原子相碰产生慢中子云，慢中子云与土壤水分密切相关，在测量过程中，观测中子仪自检器的读数，再利用标定曲线，即可将读数转化成土壤含水量(容积含水量)。如果需要，可将该容积含水量除以土壤容重便得到以质量分数表示的土壤含水量。采用快中子散射法测定土壤含水量所需设备包括：中子探测仪—中子测管、大桶、铁桶、铁锹、环刀、土壤刀、天平等。快中子散射法测定步骤如下。

①选择测管材料：应对快中子和慢中子都有很低的中子吸收截面，同时，材料本身还应具有较强的机械强度和抗腐蚀性能。在观测区内，应选择同一批产品。测管的底部必须密封不透水。

②安装测管：用直径与测管外径相同的土钻垂直打孔，然后将测管插入。为便于观测，测管应高于地面20cm，所有测管的高度应保持完全一致。

③取读数：按中子仪操作手册设定读数时间(16s，32s，64s，128s或更长)，同时按设定的读数深度由浅层往下读取中子仪计数，每次计数均储存于微采集器中。

④水中读数程序：标准读数 *Rw* 是在水中的测管中读出的。探头感应中心应处在水面至桶底的中间部位，即大约在水面下20~30cm。水位要保持稳定，水质要清洁，选用当地水。水中读数要连续读取10~20次，取其平均值。

⑤测量：为保证连续定点测定土壤水分而不破坏土壤剖面，土壤水分观测可选择中子水分仪(503DR，Campbell Scientific Co.，USA)，对样地内一定土壤剖面深度，如20cm，30cm，45cm，60cm，90cm，120cm，150cm，180cm，200cm，250cm，300cm的土壤含水率进行逐日连续测定，一般应在am9：00之前完成。

⑥标定：中子仪测定土壤含水量受土壤容重和土壤质地的影响，因此，不同质地和不同的容重，应有其自己的标定曲线。野外标定方法是在中子水分仪读数的相同深度用环刀法测定土壤体积含水率对中子仪读数进行标定。标定时中子水分仪记数时间定为128s或256s。记数时间一般设为64s。

4.4 土壤化学性质检测

4.4.1 土壤酸碱度

土壤酸碱度是土壤重要的基本性质，是表征土壤形成过程的重要指标。土壤酸碱度对土壤肥力有较大影响，与土壤中各种微生物的活动、有机质的分解、营养元素的释放与转化、阳离子的代换吸收及植物生长发育等都有密切联系。

土壤的酸碱度按其存在方式可分为活性酸和潜在酸。活性酸是由土壤溶液中的 H^+ 所引起的，用水可提取这种活性 H^+；潜在酸则是由土壤胶体所吸附的 H^+、Al^{3+} 引起，其酸度离子可用中性盐或强碱弱酸盐代换到溶液中。土壤 pH 值是指土壤固相处于平衡溶液中的 H^+ 浓度的负对数。湿地土壤多呈微酸性至中性，pH 值大多为 5.5~7.0，且自上而下逐渐增大，底土多呈中性。其中，盐化沼泽土的 pH 值最高，可达 9.0；泥炭土的 pH 值最低，一般为 4.0~6.0。

pH 值的测定方法主要有比色法和电位法。比色法便于野外测定，但准确性差；电位法多用于实验室测定，具有准确、快速、方便等优点。采用电位法测定土壤悬浊液 pH 值时，常用玻璃电板作为指示电极，甘汞电极为参比电极。当玻璃电极和甘汞电极插入土壤悬浊液时，产生电池反应，两者之间存在电位差。由于参比电极的电位是固定的，因而该电位差的大小取决于试液中的 H^+ 浓度，H^+ 浓度在 pH 计上用它的负对数值表示，因此可直接读出 pH 值(若采用复合玻璃电极，则直接将玻璃电极球部浸入土样的上清液中)。

pH 值测定的具体操作步骤详见《土壤检测 第 2 部分：土壤 pH 的测定》(NY/T 1121.2—2006)。

4.4.2 土壤氧化还原电位

氧化还原反应实质上是电子得失的反应。土壤溶液中氧化态物质和还原态物质的浓度变化而产生的电位，用 E_h 表示。土壤的成土过程，特别是湿地土壤的形成与氧化还原条件直接相关。在还原条件下，有机氮矿化可使铵态氮积累、硝态氮消失，并可提高土壤磷的有效性。测定土壤的氧化还原电位，有助于了解土壤的通气状况和氧化还原程度。

氧化还原电位的测定通常采用电位法。该法采用铂电极和饱和甘汞电极构成电池进行测定。铂电极作为电路中传导电子的导体。在铂电极上发生的反应或是还原态物质的氧化，或是氧化态物质的还原，这个动态平衡视电流方向而定。采用电位法测定氧化还原电位的仪器为氧化还原电位计(野外测定可采用便携式氧化还原电位计)，其测定步骤如下。

仪器调整：测定前，先将电位计选择开关拨向“mV”档，将铂电极插入正极位，饱和甘汞电极插入负极位，打开电源开关，调节调零旋钮至零位，关闭电源开关。将两种电极插入土壤，再次打开电源开关，待显示器上读数(E_d)稳定后，记录正负电位值和测定温度。测定完毕后，关闭电源开关。选择 5 个点，进行重复测定。

当 mV 值显示为正读数时：

$$E_h = E_e + E_d \tag{4-15}$$

当 mV 值显示为负读数时：

$$E_h = E_e - E_d \tag{4-16}$$

式中：E_h——土壤氧化还原电位，mV；

E_e——不同温度时饱和甘汞电极的标准电位值，由表 4-4 查得，mV；

E_d——测得的电位值，mV。

表 4-4　饱和甘汞电极在不同温度时的标准电位值

温度(℃)	电位(mV)	温度(℃)	电位(mV)
0	260	24	244
5	257	26	243
10	254	28	242
12	252	30	240
14	251	35	237
16	250	40	234
18	248	45	231
20	247	50	227
22	246		

由于土壤中氧化还原平衡与酸碱度之间存在复杂的关系，有时测出的结果为了便于比较，需经 pH 值校正。允许偏差：5min 内读数变化≤1mV 时记录读数。

注意事项：饱和甘汞电极和铂电极的电位必须准确，故应该预先在室内测试选取符合要求的电极。校正 pH 值时，E_h 与 pH 值呈负相关，但不存在固定的校正系数，因此，E_h 严格校正存在困难。由于大多数情况下，$\nabla E_h / \nabla \text{pH}$ 实测值与理论值 60mV(30℃)相差不大，所以可以用此值进行校正。例如，土壤 pH 值为 5.0 时，测得的 E_h 为 300mV，换算成 pH 值为 7.0 时，土壤的 E_h 即为：300−(7−5)×60＝180mV。若不校正，必须注明测定时土壤的 pH 值。

4.4.3　土壤有机质

土壤有机质是指存在于土壤中的所有含碳有机物质，包括土壤中的各种动植物残体、微生物体及其分解和合成的各种有机物质。有机质是土壤的重要组成部分，一方面它是植物营养的主要来源；另一方面土壤有机质(碳)对全球碳平衡发挥重要作用。湿地在碳循环中发挥碳汇的作用，尤其是湿地中的泥炭，碳的蓄积最大。但当湿地被人类开垦利用后，大量的碳被释放到大气中，改变了大气的碳含量，进而改变了全球碳循环。因此，湿地中的土壤有机碳是湿地土壤监测的重要指标。

湿地土壤的有机质含量较高，且随着湿地土壤的土类或亚类不同而异，变化幅度较大。一般来说，泥炭沼泽土和泥炭土中的泥炭层有机质含量最高，为 50%～70%，个别可达 80%；腐殖质沼泽土和草甸沼泽土表层的有机质含量次之，为 10%～30%；淤泥沼泽土和盐碱化沼泽土的土壤有机质含量最低，一般在 10%以下。

土壤有机质的测定主要是通过测定土壤中的碳含量，然后利用有机碳和有机质之间的转换系数来求得有机质含量。测定土壤有机碳的方法很多，包括质量法、滴定法和比色法等。质量法包括干烧法和湿烧法，此法对于不含碳酸盐的土壤测定准确性较高，但由于该方法要求特殊的仪器设备，操作烦琐，费时间，因此一般不作为常用方法。滴定法中使用最广泛的是重铬酸钾容量法，该法不需要特殊的仪器设备，操作简便、快速，测定不受土壤中碳酸盐的干扰，测定结果比较准确。根据加热方式的不同，重铬酸钾容量法又分为外热源法(Schollenberger 法)和稀释热法(Walkley Back 法)。外源热法操作复杂，但有机质的氧化比较完全(相当于干烧法的 90%~95%)，准确性较高。稀释热法操作较简便，但有机质氧化程度较低(相当于干烧法的 70%~86%)，测定受室温的影响大。

土壤总有机碳分析通常选用重铬酸钾容量法中的外热源法，如试验室配备总有机碳分析仪，也可用总有机碳分析仪进行测定。在外加热源的条件下，用一定量过量的标准重铬酸钾—硫酸溶液氧化土壤有机质(碳)，剩余的重铬酸钾用标准硫酸亚铁还原剂来滴定。由消耗的重铬酸钾量计算有机碳含量，再间接计算有机质含量。土壤有机质测定操作步骤详见《土壤农化分析》(第 3 版)(鲍士旦，2000)。

4.4.4 土壤氮含量

氮是植物生长必不可少的大量营养元素，是湿地生态系统最重要的限制性养分，其含量高低直接影响湿地生态系统的初级生产力。湿地土壤中可被植物直接吸收利用的氮素只占土壤全氮的 2%~8%。其余氮素以有机氮的形式存在，不能直接被植物吸收利用，需要经过微生物的矿化作用将其转化为 NH_4^+—N 和 NO_3^-—N 形式的有效氮。掌握湿地土壤全氮、NH_4^+—N 和 NO_3^-—N 动态对于了解湿地生态系统氮素循环具有重要意义。氮素多存在于有机质中，含量比较丰富。草根层和泥炭层的全氮含量在 10g/kg 以上，高者达 20g/kg。

(1)全氮含量测定

土壤全氮含量测定主要有湿烧法和干烧法两类。

湿烧法就是常用的凯氏法，由丹麦科学家 Johan Kjeldahl 于 1883 年创立。凯氏法的主要原理是先用浓硫酸消煮待测样品，利用借催化剂和增温剂等加速有机氮分解，使有机氮转化为氨，再与硫酸结合成硫酸铵，向消煮液中加入过量氢氧化钠，蒸馏将铵盐转化成氨随水蒸气馏出，用过量硼酸溶液吸收，再以标准酸滴定，最后计算出样品中全氮含量。凯氏法测定的土壤全氮并不包括 NO_3^-—N 和 NO_2^-—N。由于它们含量一般很低，对土壤全氮量的测定结果影响小，通常可忽略。但是，如果土壤中含有大量的 NO_3^-—N 和 NO_2^-—N，则需用改进的凯氏法：在样品消煮前，需将样品中的 NO_2^-—N 氧化为 NO_3^-—N 后，再用还原剂使 NO_3^-—N 还原为 NH_4^+—N。凯氏法是目前土壤全氮测定的标准方法。基于经典的凯氏法设计的全自动凯氏定氮仪，可实现样品消煮、蒸馏、滴定等过程的自动化控制。采用凯氏法测定土壤全氮含量的具体操作参见《全(半)自动凯氏定氮仪》(GB/T 33862—2017)。

干烧法是由杜马斯(Dumas) 于 1831 年创立，干烧法也称元素分析仪法，其原理是先将样品与催化剂一起在高温下燃烧，经还原和去除杂质(如卤素) 过程，NO_x 化合物被转化为 N_2，再由热导检测器检测其含量，最后根据标准曲线换算为全氮含量。一般认为，杜马斯干烧法测定的样品全氮更完全。元素分析仪就是采用干烧法原理测定土壤全氮的仪器。测定过程中固体土壤样品直接进样，该方法适用于大量样品的测定分析，并可实现一次进样同时测定 C、N、S 元素。采用元素分析仪测定土壤全氮含量的具体操作步骤详见

《元素分析仪使用说明》。

两种仪器测定土壤全氮结果精确度均较高，稳定性较好，相对标准偏差均小于5%。在实际工作中，可根据样品测试要求、测试成本和仪器设备的可获得性，选择不同的方法。

(2)土壤矿质氮含量测定

土壤矿质氮主要包括 NH_4^+—N 和 NO_3^-—N。矿质氮的测定方法很多，利用化学试剂直接浸取土壤中矿质氮素的方法多不胜举。用沸水、中性盐等温和浸取剂来浸取土壤中的可矿化氮近来更受关注，这类浸取剂不像酸、碱等会在浸取过程中引起土壤性质的巨大变化，可更好地反映土壤矿质氮的实际情况。与此同时，不少研究者也在探索物理、电化学方法，近十年来在电渗析基础上发展起来的电超滤方法备受重视。土壤矿质氮的测定方法尽管很多，但利用 KCl 溶液浸提土壤中的矿质氮，以连续流动分析仪测定浸提液中的 NO_3^-—N 和 NH_4^+—N 的方法被广泛应用。

将新鲜土壤挑去植物残体、石砾及其他杂物，过 2mm 筛，称取 10.0g 于 50mL 离心瓶中(每份土样 3 个重复)。加入 40mL 2.0M KCl 溶液。同上步骤不加土壤做一个空白样。盖好瓶塞，于 160r/min 转速振荡 30min 后，在离心机上以 4000r/min 转速离心 30min。取上清液用 0.45μm 滤纸过滤，滤液置于 50mL 试剂瓶中。连续流动分析测定 NH_4^+—N 和 NO_3^-—N 含量。如未能立即分析，样品应置于冰箱冷藏。矿质氮浸提实验时需同时测定含水率。

矿质氮含量计算公式如下：

$$\text{矿质氮含量} = \frac{C(NH_4 + NO_3) \cdot V}{m(\text{鲜土})/(1 - W)} \tag{4-17}$$

式中：C——流动分析仪所测得各指标的浓度；

V——浸提液体积；

m——所称取鲜土重量；

W——含水率。

4.4.5 土壤全磷

磷是植物所必需的大量营养元素之一。测定土壤中的全磷含量，可以了解土壤中能够逐渐被植物吸收利用的磷储备量，对土壤磷素管理具有重要意义。土壤全磷量是指土壤中各种形态磷素的总和。土壤中的磷可以分为两大类，即有机磷和无机磷。矿质土壤以无机磷为主，有机磷约占全磷的 20%~50%。土壤中无机磷以吸附态和钙、铁、铝等的磷酸盐为主，且无机磷的形态受土壤酸碱度的影响很大。石灰性土壤中以磷酸钙盐为主，酸性土壤中则以磷酸铝和磷酸铁为主。中性土壤中磷酸钙、磷酸铝和磷酸铁的比例大致为 1∶1∶1。土壤有机磷的组成和结构尚不清楚，大部分有机磷以高分子形态存在，有效性不高。

土壤全磷测定中土样前处理有 Na_2CO_3 熔融法、$HClO_4$—H_2SO_4 消煮法、HF—$HClO_4$ 消煮法、NaOH 碱熔钼锑抗比色法等。其中，NaOH 碱熔钼锑抗比色法已列为我国国家标准。土壤样品在银或镍坩埚中用 NaOH 熔融是分解土壤全磷比较完全和简便的方法。Na_2CO_3 熔融法虽然操作手续较烦琐，但样品分析完全，仍是全磷测定分解的标准方法。

由于 $HClO_4$—H_2SO_4 消煮法操作方便，不需要铂金坩埚，应用最普遍。虽然 $HClO_4$—H_2SO_4 消煮法不及 Na_2CO_3 熔融法样品分解完全，但其分解率已达到全磷分析的要求，因此成为目前应用最普遍的方法。此法所得的消煮液可同时用于测定全氮、全磷。

土壤全磷测定要求把无机磷全部溶解，同时把有机磷氧化成无机磷，因此，全磷测定的第一步是样品的分解，第二步是溶液中磷的测定。利用高氯酸的强酸性、强氧化性与络合能力，氧化有机质，分解矿物质，并与 Fe^{3+} 络合，抑制硅和铁的干扰。借助硫酸可提高消化液的温度，同时防止消化过程中溶液蒸干，以利消化作用的顺利进行。本法用于一般土壤样品分解率达 97%~98%。

溶液中磷的测定采用钼锑抗比色法。加钼酸铵于含磷的溶液中，在一定酸度条件下，溶液中的磷酸与钼酸络合形成磷钼杂多酸。钼酸铵同土壤中的磷作用生成磷钼酸铵，当其遇到还原剂时，则生成复杂的蓝色——磷钼蓝，其呈现颜色的深浅，在一定条件下与磷的含量呈正比，故可采用吸光度法对土壤中的磷进行测定。土壤全磷测定的具体操作详见《土壤农化分析》(第 3 版)(鲍士旦，2000)。

4.4.6 土壤全钾

钾素是植物生长所需的重要营养元素。土壤的供钾水平直接影响植物对钾素的吸收。土壤供钾能力主要取决于速效钾和缓效钾，通常情况下，全钾含量较高的土壤，其缓效钾和速效钾的含量也相对较高。因此，测定土壤全钾含量可以了解土壤钾素的潜在供应能力。

土壤全钾的测定主要分为两步：第一步是样品的分解；第二步是溶液中钾的测定。土壤全钾样品的分解，大体可分为碱熔和酸溶两大类。碱熔法包括 Na_2CO_3 熔融法和 NaOH 熔融法。碱熔法制备的待测液可同时用于全磷和全钾的测定。其中，Na_2CO_3 碱熔法在国际上比较通用，但测定中要使用铂金坩埚，故一般实验室难以开展；NaOH 熔融法，可用银坩埚或镍坩埚代替铂金坩埚，适于一般实验室采用。酸溶解法主要采用 HF—$HClO_4$，此法需用聚四氟乙烯坩埚进行消解，同时要求具有良好的通风设备，其所得待测液可测定全钾、但结果与碱熔法相比偏低，同时对坩埚的腐蚀性大。溶液中钾的测定，有质量法、容量法、比色法、比浊法、火焰光度计法、原子吸收法等，现在一般多采用 NaOH 碱熔—火焰光度计测定法。

土壤经 NaOH 高温熔融后，难溶性硅酸盐分解成可溶性化合物，土壤矿物晶格中的钾转变成可溶性钾，同时土壤中不溶性磷酸盐转变成可溶性磷酸盐，之后以稀酸溶解熔融物，即可获得能同时测定全磷和全钾的待测液。

待测液在火焰高温激发下辐射出钾元素特征光谱，通过滤光片，经光电池或光电倍增管把光能转换为电能，由检流计指示其强度。通过钾标准溶液浓度和检流计读数所做的标准曲线，即可得出待测液中钾的浓度。土壤全钾测定的具体操作步骤详见《土壤农化分析》(第 3 版)(鲍士旦，2000)。

4.4.7 土壤硫化物

湿地土壤中的硫化物可以分为无机态和有机态。硫一般来源成土母质、灌溉水、大气干湿沉降及农业施肥等。硫输出主要通过以硫酸根的形态被植物根部吸收或随水淋失，此外，土壤在还原条件下还会形成硫化氢而挥发损失。对于湿地土壤来说，土壤常处于还原条件，因此产生大量的硫化氢，硫通过挥发而损失。土壤中硫的输入与输出影响全球硫循环。同时硫化氢作为温室气体，它的释放会影响全球气候变化。因此，加强对湿地土壤中硫的观测具有十分重要的意义。硫的测定主要包括土壤全硫和有效硫测定。

(1)土壤全硫测定

土壤全硫测定常用燃烧碘量法，该法操作简单、快速，适用于大批样品的分析，但需要备有1250℃高温管式电炉装置。测定方法详见《森林土壤全硫的测定》(LY/T 1255—1999)燃烧碘量法。

(2)土壤有效硫的测定

有效硫的测定通常采用磷酸盐浸提，浸出液中少量有机质用过氧化氢去除后，硫酸根用比浊法测定。测定方法详见《森林土壤全硫的测定》(LY/T 1265—1999)磷酸盐—HOAc浸提—硫酸钡比浊法。

4.4.8 土壤微量元素

湿地中的微量元素主要包括铁、锰、锌、铜、铬、汞、铅、镍等。湿地具有对污染物的吸收、转化和沉积功能，而这些污染物中就包含了铬、汞、铅、锌等重金属，因此对土壤重金属定期测定，可以掌握湿地所受的污染状况，了解湿地对污染物的净化功能。湿地土壤中的铁、锰等微量元素的迁移和转化过程对湿地环境具有重要的指示意义。当湿地土壤处于还原状态时，高价的 Fe^{3+}、Mn^{3+}分别被还原成低价的 Fe^{2+}、Mn^{2+}，从而具有了迁移能力；而当处于氧化状态时，低价的 Fe^{2+}、Mn^{2+}被氧化成高价的 Fe^{3+}、Mn^{3+}，而在土层中淀积，形成铁锰结核。湿地土壤中微量元素的这种迁移转化过程体现了土壤环境的氧化还原条件的变化，对湿地地下水位具有重要的指示作用。同时，湿地水体中的铜、铅、汞等微量元素的迁移转化还关系湿地水体的污染状况。

土壤微量元素测定操作步骤详见《土壤和沉积物 13 个微量元素形态顺序提取程序》(GB/T 25282—2010)和 *Soil quality-determination of trace elements using inductibely coupled plasma mass spectrometry* (ICP-MS)(ISO/TS 16965—2013)。

参考文献

鲍士旦，2000. 土壤农化分析[M]. 3版. 北京：中国农业出版社.

国家林业局，1999. 森林土壤分析方法：LY/T 1210~1275—1999[S]. 北京：中国标准出版社.

国家质量监督检验检疫总局，2018. 全(半)自动凯氏定氮仪：GB/T 33862—2017[S]. 北京：国家质量监督检验检疫总局.

国家质量监督检验检疫总局，2010. 土壤和沉积物 13 个微量元素形态顺序提取程序：GB/T 25282—2010[S]. 北京：国家质量监督检验检疫总局.

农业部，2006. 土壤检测 第4部分：土壤容重的测定：NY/T 1121.4—2006[S]. 北京：农业部.

Bünemann E K, Bongiorno G, Bai Z, 2018. Soil quality: A critical review[J]. Soil Biology and Biochemistry (120): 105-125.

ISO, 2013. Soil quality-determination of trace elements using inductibely coupled plasma mass spectrometry (ICP-MS): ISO/TS 16965—2013 [S]. Geneva: ISO.

Liu L, Li W, Song W, et al., 2018. Remediation techniques for heavy metal-contaminated soils: Principles and applicability[J]. Science of The Total Environment(633): 206-219.

Martin W, Livia U, Eleanor H, et al., 2019. Soil organic carbon storage as a key function of soils: A review of drivers and indicators at various scales[J]. Geoderma(333): 149-162.

Miriam M, 2018. Soil quality indicators: Critical tools in ecosystem restoration[J]. Current Opinion in Environmental Science and Health(5): 47-52.

Morvan X, Saby N P A, Arrouays D, et al., 2008. Soil monitoring in europe: A review of existing systems and requirements for harmonisation[J]. Science of the Total Environment, 391(1): 1-12.

Teng Y, Wu J, Lu S, et al., 2014. Soil and soil environmental quality monitoring in China: A review[J]. Environment International(69): 177-199.

第5章 湿地生态系统生物监测

湿地生态系统具有很高的生物多样性，各种生物在生态系统中分别扮演了生产者、消费者和分解者的角色，形成了复杂的食物网。湿地生物能够适应湿生或水生环境或在其生活史中的某一阶段依赖这样的潮湿或水生环境。湿地的生产者包括了草本植物、乔木、灌木、泥炭藓、浮游植物等，大多为世界分布型，具有隐域植被特征。湿地生态系统的消费者主要包括具有飞翔能力的鸟类、适应湿生环境的两栖类和爬行类、以鱼类为代表的水生动物，以及种类繁多的底栖无脊椎动物。细菌和真菌是湿地生态系统的主要分解者类群。湿地生态系统生物监测一般应对湿地生态系统中的植物、鸟类、两栖爬行类、鱼类、底栖动物进行监测。

5.1 湿地植物监测

湿地植物生长在地表经常过湿、常年淹水或季节性淹水的环境中。根据植物和水分的关系，可以将湿地植物分为以下 5 种类型。

①耐湿植物：主要生长在生长季节中大部分时间地表无积水但经常土壤水分饱和或过饱和的地方。

②挺水植物：植物的基部没于水中，茎、叶大部分挺于水面之上，暴露在空气中。

③浮水植物：植物体浮在水面之上，其中有一些植物根着生在水底沉积物中。

④沉水植物：植物体完全没于水中，有些仅在花期将花伸出水面。

⑤漂浮植物：植物体漂浮于水面，根悬浮于水中，常群居而生，盘根错节，随水和风浪漂移在水面上，常常同浮起的泥炭层及浮水植物等共同形成“浮岛”。

按营养状况，可以将湿地植物划分为贫营养植物、中营养植物和富营养植物。湿地植物具有特殊的生态特征，如密丛型生长方式、以不定根方式进行繁殖、通气组织发达、某些植物具有食虫性、一些植物具有旱生结构等。湿地植物群落既有草地、灌丛和森林等类型，又有不同的淹水状况，因此，在湿地植物监测中，应根据不同情况选用适宜的监测指标和方法。

5.1.1 湿地植被类型、面积与分布

利用卫星影像、航片、地形图等资料，结合野外调查，定期监测湿地植被的类型、面

积和分布情况，并在湿地平面图上加以标识。无论是采用卫星影像还是地形图，比例尺不应小于 1∶50000。

5.1.2 湿地植物群落的调查与监测

5.1.2.1 湿地植物样地的设置与描述

(1)样地设置原则

湿地植物的调查样地设置必须按照以下原则进行：①典型性和代表性原则：样地要有较好的代表性，有限的调查面积中能够较好地反映植物群落的基本特征，不可在两个群落的过渡带上设置样方，否则会影响调查数据的准确性。同时样地地形要相对平坦，地势开阔，土壤、植被分布相对均质。②自然性原则：选择人为干扰和动物活动影响相对较小的地段，并且样地在较长时间不被破坏，如流水冲刷、风蚀沙埋、过度利用(放牧、开垦和筑路)等。③充分性原则：样地内或样地外有足够的植物供取样分析，以及便于土壤水分观测、土壤样品取样、气象观测或资料收集等。对固定样地要进行围栏封育，围栏面积要大于监测样地的实际面积。④安全性原则：在进行植物及其群落调查与采样时，要选择对湿地生态系统破坏较小的观测方法，以免因为观测对湿地造成较大影响。监测区设置在其所要反映的科学问题上具有合理性，并减少监测活动对生态环境的干扰，同时保证监测位点的有效利用，避免重复设置。⑤易定位原则：由于湿地内寻找样地较困难，对永久样地，必须有明显标识物，以便辨认和寻找。可以通过打桩定位，也可以借助 GPS 定位。

(2)湿地植物样地的设置

调查监测的湿地植物样地分布面积过大，工作量大，不易操作；但面积过小，不能全面反映该群落的特征。因此，推荐湿地植物样地设置的面积不要小于 $1km^2 \times 1km^2$。具体操作步骤为：①选择代表该区典型湿地生态系统的样地，确定样地边界，并做好标记。②在样地周围埋好标桩。③在样地内划出用于不同项目监测区域，确定不同湿地植物类型的样方位置。一般情况下，每个典型植物群落至少设 3 个以上的样方。④对于每个固定样方设置明显标志物，挂好标牌，标明编号。⑤设置警示牌，对管理人员及监测人员严格要求，尽量减少每次监测对样地的破坏，要定期检查标桩和标牌，如出现损坏要及时修复。

(3)样地描述

植物样地的描述内容包括：样地号、样地面积、调查人、日期和样地所在的详细地理位置(县、旗、乡、镇、村)。可采用 GPS 测定其准确的地理坐标，用高程表和 GPS 标示出海拔，认真填写《植物群落样地描述调查表》(表 5-1)。此外，应对样地所处的地貌特征(如平地、低山、丘陵、高原、阶地、河漫滩、冲积扇等)和受人为干扰(如开荒、挖渠、排水、道路建设、污染等)、自然灾害(如滑坡、泥石流、火灾、旱灾、涝灾等)和动物活动(如鼠害等)及影响情况作翔实的记录。

5.1.2.2 湿地植物群落调查

常用的植物群落调查法包括：样方法、$0.1hm^2$ 样地法、相邻样方格子法、样线法、中心点四分法、随机成对法和徘徊四分法。其中 $0.1hm^2$ 样地法和相邻样方格子法具有信

表 5-1　植物群落样地描述调查表

样地号：__________	样地面积：__________ km^2
调查者：__________	地理位置：__________
图　号：__________	地形地貌：__________
日　期：__________	人类影响：__________
纬　度：__________	自然灾害：__________
经　度：__________	动物活动：__________
海　拔：__________m	

息量大，能反映不同尺度上的特征和与环境变化的相互关系，以及适宜于不同类型植物群落的优点。由于湿地植物比较密集，0.1hm^2 样地法应用不多。本书仅介绍湿地植物群落调查经常应用的两种方法：样方法和相邻样方格子法。

(1)样方法

调查工具：调查表、方格纸、记录笔、铅笔、尺子、GPS 和测绳。

样方选择和面积确定：湿地植物群落调查样地应具有该植物群落完整的特征，样地的位置和样地的密度要有代表性。一般来说，森林沼泽植物群落的种类数不超过 40 种，样方面积为 10m×10m，灌丛群落为 2m×2m，草本群落为 1m×1m，至少需要 3 个重复(也可根据具体情况自定样方面积)。样方设置有机械和随机两种方法。前者是指在群落内等距离机械布置样方，后者是指在若干随机点上向四周扔出一系列带标志的标杆或铁片等作为新样方的中心点。

最小样方面积的确定：在自然植物群落中，群落特征(如植物种类)随扩大调查样方面积而增加到一定程度后就不再增加，这时的样方面积即为群落最小面积。确定并使用最小面积，既能够充分反映植物群落的基本特征，又不至于造成人力、物力的浪费。常用种—面积曲线法来确定最小样方面积。

调查内容：对样方内的植物进行调查，首先要记录优势种的主要特征，内容包括种名、高度、盖度、数量和多度等，同时标明植被类型。其次要对每种植物进行仔细调查，内容包括种名、生活型、季相、高度、盖度、群集度、密度等。调查结果记录于表 5-2 中。

(2)相邻样方格子法

在样地内设置由相邻基本格子组成的样方或样带。基本格子的大小依群落类型和研究目的而定。一般草本群落可取 1m×1m，灌丛群落可取 2m×2m。然后，在每个基本格子内记录与样方法相同的指标及环境因子等信息。

在传统的样方法中，样方被随机(或系统)指定且间隔设置。此法的缺陷是分析结果受样方大小的限制，且不能反映不同尺度上的特征及与环境变化的相互关系，而相邻样方格子法能克服此缺点。相邻样方格子法的另一优点是可以用来测定群落中植物分布格局。

表 5-2 湿地植物群落样方调查表

样 地 号：________ 群落名称：________ 地貌部位：________ 积水状况：________ 样地面积：________
湿地名称：________ 湿地面积：________ 湿地类型：________ 湿地地点：________ 调查日期：________
土壤类型：________ 干扰状况：________ 调 查 人：________

序号	植物种名	生活型	季相	盖度(%)	频度(%)	高度(cm)		胸径(cm)		多度	群集度	密度
						平均	最高	平均	最高			
1												
2												
3												
4												
5												
N												

注：季相：①花前营养期；②花蕾期；③开花期；④果期；⑤果后营养期；⑥枯死期。盖度级(*C*)：r. 单株；+. <1%；① 1%~5%；② 6%~25%；③ 26%~50%；④ 51%~75%；⑤>75%。群集度(*G*)：①单生；②小丛；③大丛或小斑块；④大斑块；⑤密集群丛。多度：①Un.（个别或单株）；②Sol.（数量很少而稀疏）；③Sp.（数量不多而分散）；④Cop1（数量尚多）；⑤Cop2（数量多）；⑥Cop3（数量很多）；⑦Soc. 极多。

5.1.2.3 湿地植物群落种类组成和生活型谱

生活型是植物的形态、外貌对环境，特别是气候条件综合适应的表现形式。群落内植物种类的多少和组成种群的生活型差异影响植物群落的结构、功能和外貌。生活型反映当地的环境条件，还是划分地带性植被的指标之一。在进行研究时，必须准确鉴定并详细记录所有植物种及所属的生活型。对于不能当场鉴定的一定要采集标本。

对于各种生活型，可按它们在群落中所占的比例绘制生活型谱，以表示群落生活型的组成特点。植物生活型的确定(参考《陆地生物群落调查观测与分析》)，应在野外进行实地调查，必要时还需挖取地下部分进行判断。为确定某植物是一年生还是多年生，还应进行定株观测。

5.1.2.4 湿地植物群落数量特征

湿地植物群落特征的研究，通常采用实测和估测两种方法。估测法速度快，但需要有经验的野外工作者才能获得较为准确的数据。实测方法虽然费工费时，但准确度高，便于对数据结果进行统计分析。

(1) 多度

多度是对群落样方内每种植物个体数量的一种目测估计，是一种估测指标，常用于湿地群落中草本植物的调查。通常用 Drude 划分的七级制多度来表示，为方便起见，操作中都使用代码(表 5-3)。

(2) 密度

密度是单位面积上某植物种的个体数目。通常用计数方法测定。按株数测定密度，有

表 5-3 Drude 七级制多度

植物个体数量	符号	代码
植物数量极多，植株密集，形成背景	Soc.	7
植物数量很多	Cop^3	6
植物数量多	Cop^2	5
植物数量尚多	Cop^1	4
植物数量不多，散布	Sp.	3
植物数量稀少，偶见	Sol.	2
植物在样方里只有1株	Un.	1

时会遇到困难，尤其在草丛湿地生态系统中，不易分清根茎型禾草的地上部分是属于一株还是多株。此时，可以把能数出来的独立植株作为一个单位，而密丛型禾草则应以丛为计数单位。丛和株并非等值，所以必须同它们的盖度结合起来才能获得较正确的判断。采用特殊的计数单位时应在样方登记表中加以注明。

种群密度通常用株(丛)/m^2 表示，密度 D 的计算公式为：

$$D = \frac{N}{A} \tag{5-1}$$

式中：N——样方内某植物种的个体数，株(丛)；

A——样方面积，m^2。

种群密度一定程度上决定种群的能流、种群内部生理压力的大小、种群的散布、种群的生产力及资源的可利用性。

(3)频度

频度是指某种植物在全部调查样方中出现的百分率。它是表示某植物种在群落中分布是否均匀一致的测度，是种群结构分析特征之一。它不仅与密度、分布格局和个体大小有关，还受样方大小的影响，使用大小不同的样方所取得的数值不能进行比较。种群频度(F,%)计算公式为：

$$F = \frac{Q_1}{\sum Q} \cdot 100 \tag{5-2}$$

式中：Q_1——某种植物出现的(小)样方数，个；

$\sum Q$——为调查的全部(小)样方数，个。

(4)盖度

盖度是指群落中某种植物遮盖地面的百分率。它反映了植物(个体、种群、群落)在地面上的生存空间，也反映了植物利用环境及影响环境的程度。植物种群的盖度一般有两种：投影盖度和基盖度。投影盖度是指某种植物冠层在一定地面所形成的覆盖面积占地表面积的比例。基盖度是指植物基部的覆盖面积。对于乔木种群，以树木胸高(1.3m)处断面积计算。对于湿地牧场，则以离地2.54cm(牲畜啃食高度)高度的断面积计算。测定盖度的方法很多，大致可分为目测估计和定量测定两大类。目测估计是在粗略的野外调查中经常采用的方法。根据目测结果，将物种的盖度划分为不同的盖度等级。对于草本植物的投影盖度，除可直接目测估计外，还可用网格法进行估计，即将预先制成的一定面积的网架放置在样方上，目测估计落在草丛上的网格数。若样地内盖度变化幅度很大，则需先将样地按植被覆盖程度划分为不同区域，分别估计各小区的盖度，然后再按小区所占样地比例计算盖度的加权平均值。

目测法简单快速，但所得结果只能用于群落特征比较，不能用于统计分析。因此，在对群落特征进行数量分析时，必须对盖度进行定量测定。

(5)植物的生长高度

植物的生长高度一般用实测或目测方法进行测量，单位为 cm 或 m。在测量植物种群高度时，应以植株自然状态的高度为准，不要伸直。在测量单株植物时，应测量其绝对高度。植株高度因种的生活型和环境而有所差异，同时随时间的推移有明显的季节变化。种群高度(H)应以该种植物成熟个体的平均高度表示。

$$H = \frac{\sum H_i}{n} \tag{5-3}$$

式中：$\sum H_i$——样方内所有某种植物成熟个体的高度之和，m；

n——该种植物成熟个体数，株。

5.1.2.5 植物群落组分重要性和优势度评价

(1)植物种的重要值

重要值是评价某一植物在湿地群落中作用的综合性数量指标，是植物种的相对盖度、相对频度和相对密度(或相对高度)的总和。由于群落中任何植物单项相对数量值都不会超过100%，所以，群落中任何一个种的重要值都不会超过300%。重要值(IV)的计算公式为：

$$IV = RDE + RCO + RFE \tag{5-4}$$

式中：IV——重要值；

RDE——相对密度，指样方内某种植物的密度与群落所有植物种群密度总和之比；

RCO——相对盖度，指样方内某种植物的盖度与所有植物种盖度总和之比；

RFE——相对频度，指样方内某种植物的频度与所有植物种的总盖度之比。

(2)总和优势度

总和优势度是评价物种在群落中相对作用大小的一种综合性数量指标，是通过各种数量测度的比值计算获得的。其实，植物种的重要值也是总和优势度的一种，用以反映群落组分种群优势顺序。数量测度比值的计算方法是：植物种的某一测度除以群落中的最大该数量测度。密度比、盖度比、频度比、高度比、重量比和总和优势度的计算公式分别如下：

$$D'(\text{密度比，}\%) = \frac{D_i}{D_1} \tag{5-5}$$

$$C'(\text{盖度比},\%)=\frac{C_i}{C_1} \tag{5-6}$$

$$F'(\text{频度比},\%)=\frac{F_i}{F_1} \tag{5-7}$$

$$H'(\text{高度比},\%)=\frac{H_i}{H_1} \tag{5-8}$$

$$W'(\text{重量比},\%)=\frac{W_i}{W_1} \tag{5-9}$$

$$SDR_5(\text{总和优势度})=\frac{C'+D'+F'+H'+W'}{5} \tag{5-10}$$

式中：D_i——某植物种的密度，株/hm^2；

D_1——群落中密度最大的种的密度，株/hm^2；

C_i——某植物种的盖度，m^2；

C_1——群落中盖度最大的种的盖度，m^2；

F_i——某植物种的频度；

F_1——群落中频度最高的种的频度；

H_i——某植物种的高度，m；

H_1——群落中高度最高的种的高度，m；

W_i——某植物种的重量，kg；

W_1——群落中重量最大的种的重量，kg。

总和优势度是群落某植物种的密度比、盖度比、频度比、高度比、重量比的总和平均值，能够客观而真实地反映出各植物种在群落中的地位和作用。可以根据实际情况选用不同指标的平均值。如对结构均匀的草本群落来说，利用两项总和优势度(SDR_2)也可得到满意的结果。

5.1.2.6　湿地植物群落多样性的测度

生物群落的物种多样性是反映群落组织化水平，并通过结构与功能的关系间接反映群落功能特征的指标。群落多样性有以下几方面的生态学意义：①群落多样性是刻画群落结构特征的一个指标，有利于了解湿地景观破碎、生境破坏和其他干扰的影响，有利于预测关键物种或类群灭绝可能带来的生态变化。②群落多样性可用来比较两个群落的复杂性，作为环境质量评价和比较资源丰富程度的指标。③可通过群落多样性认识群落的性质，为群落动态观测提供信息，为群落的保护和利用提供依据。

(1)α 多样性测度方法

①物种丰富度指数：物种的数目是最简单、最古老的物种多样性测度方法，直至目前仍被许多生态学家特别是植物生态学家使用。如果研究地区或样地面积在时间和空间上是确定的或可控制的，则物种丰富度会提供很有用的信息，否则物种丰富度几乎是没有意义的。因为物种丰富度与样方大小有关，换而言之，二者虽不独立但二者之间又没有确定的函数关系。一般采用两种方法解决这个问题：第一种方法是用单位面积的物种数目即物种

密度来测度物种丰富度。这种方法多用于植物多样性研究，一般用每平方米的物种数目表示。第二种方法是用一定数量的个体或生物量中的物种数目，即采用数量丰度来测度物种丰富度，多用于水域物种多样性研究。

物种丰富度除用一定大小的样方内物种的数目表示外，还可以用物种数目与样方大小或个体总数的不同数学关系 d 来测度，d 是物种数目随样方增大而增大的速率，已有多种此类指数提出，其中比较重要的有：

$$d_{Gl}(\text{Gleason 指数}) = \frac{S}{\ln A} \tag{5-11}$$

$$d_{Ma}(\text{Margalef 指数}) = \frac{(S-1)}{\ln N} \tag{5-12}$$

$$d_{Me}(\text{Menhinick 指数}) = \frac{S}{N^{1/2}} \tag{5-13}$$

$$d_{Mo}(\text{Monk 指数}) = \frac{S}{N} \tag{5-14}$$

式中：S——物种数目；

A——样方面积；

N——所有物种的个体数之和。

②Shannon-Wiener 多样性指数：如果在群落中随机抽取某一个体，它将属于哪个种是不确定的，而且物种数越多，其不确定性越大，因此，基于将不确定性当作多样性，Shannon-Wiener 提出了信息不确定的测度公式。

$$H = -\sum(P_i \cdot \log P_i) \tag{5-15}$$

式中：H——Shannon-Wiener 多样性指数；

P_i——抽样个体属于某一物种的概率。

Shannon-Wiener 多样性指数包含两个因素：一是种类数目，二是种类中个体分配上的均匀性。种类数目越多，多样性越大；同样，种类之间个体分配的均匀性增加，也会使多样性提高。

③Pielou 均匀度指数：Pielou 把均匀度 J 定义为群落的实测多样性(H')与最大多样性(H'_{max}，即在给定物种数 S 下的完全均匀群落的多样性)之比率。其计算公式为：

$$J = -\sum(P_i \cdot \ln P_i)/\ln S \tag{5-16}$$

式中：J——Pielou 均匀度指数；

P_i——种 i 的相对重要值(相对高度+相对盖度)；

S——种 i 所在样方的物种总数，即丰富度指数。

(2) β 多样性测度方法

β 多样性是指沿着环境梯度的变化物种替代的程度，它还包括不同群落间物种组成的差异。精确地测度 β 多样性具有重要的意义，这是因为：①它可以指示生境被物种分隔的程度；②β 多样性的测定值可以用来比较不同地段的栖息地多样性；③β 多样性与 α 多样性一起构成了总体多样性或一定地段的生物异质性。

①Whittaker 指数：该指数由 Whittaker 于 1960 年提出，是第一种 β 多样性指数，其表达式为：

$$\beta_W = \frac{S}{m_\alpha} - 1 \tag{5-17}$$

式中：β_W——Whittaker 指数；

S——研究系统中记录的物种总数；

m_α——各样方或样本的平均物种数。

Whittaker 指数计算简便，而且能够直观反映 β 多样性与物种丰富度之间的关系，是一种应用较为广泛的 β 多样性指数。

②Cody 指数：是指调查中物种在生境梯度的每个点上被替代的速率，其计算公式为：

$$\beta_C = \frac{g(H) + l(H)}{2} \tag{5-18}$$

式中：β_C——Cody 指数；

$g(H)$——沿生境梯度 H 增加的物种数目；

$l(H)$——沿生境梯度 H 失去的物种数目，即在上一个梯度中存在而在下一个梯度中没有的物种数目。

Cody 指数通过对新增加和失去的物种数目进行比较，使人们能获得十分直观的物种更替概念，对于沿生境梯度变化排列的样本，它清楚地表明了 β 多样性的含义。

③Wilson-Shmida 指数：Wilson-Shmida 在野外研究物种沿环境梯度分布时，提出了另一种多样性指数，其表达式为：

$$\beta_T = \frac{g(H) + l(H)}{2\alpha} \tag{5-19}$$

式中：β_T——Wilson-Shmida 指数；

$g(H)$——沿生境梯度 H 增加的物种数目；

$l(H)$——是沿生境梯度 H 失去的物种数目，即在上一个梯度中存在而在下一个梯度中没有的物种数目；

α——各样方或样本的平均物种数。

④相似性系数测度：相似性系数测度群落或生境间的 β 多样性。在众多的相似性指数中应用最广、效果最好的是早期提出的 Sorenson 指数。

$$C_S = \frac{2j}{a + b} \tag{5-20}$$

式中：C_S——Sorenson 指数；

j——为两个群落或样地共有种数；

a——样地 A 的物种数；

b——样地 B 的物种数。

5.1.2.7 湿地植物群落生物量的测定

(1)植物群落生物量测定的一般方法

植物群落生物量是指单位群落面积上所有植物体的总量，是一种密度的概念。生物量的度量单位是 t/hm² 或 kg/m²。对于沼生植物和湿生植物，一般应用收获法测其生物量。生物量的测定是建立在对植物群落的光合产物进行收获的基础上，因而称为收获法。其操作步骤为：在样地内选择一定数量的样方，然后收获样方内植物群落的地上部分和地下部分(或整个植物体)。收获法测定生物量简单直接，且不需要昂贵的仪器；对于湿地水生植物，常用框架采集法和叶绿素 a 法等。

(2)湿地草本植物群落生物量的测定

生物量由地上生物量(绿色量、立枯量、凋落物量)和地下生物量构成。

①绿色量与立枯量的测定：早春群落中大多数植物萌发后 10~15d 开始进行第一次测定，此后每隔一个月测定一次。对于我国北方的湿地草本植物绿色量和立枯量的测定，由 5 月初开始至 10 月底结束，每年均测定 6 次。此外，于植物全部枯死后的 11 月和次年植物萌发之前的 4 月，各测定一次枯草量，以了解冬季枯草的损失量。测定样方的大小应以群落最小面积为准，湿地草本植物群落一般取 1m²，每期重复 5 个样方。

仪器与工具：样方框、钢卷尺、剪刀、塑料袋、纸口袋、编号用纸、小毛刷、电子天平、鼓风干燥箱。

操作步骤：测定生物量前，首先需对所要测定的各个样方按植物种逐个进行数量特征的记载；然后用剪刀将样方内的植物齐地面剪下。为减少室内分种的工作量，最好在野外分种取样，边剪边记株数，最后记录每一种的密度。将剪下的样品，按种分别装入塑料袋中，然后按样方集中进行编号，带回实验室内处理。样品带回室内后，迅速剔除前几年的枯草，然后将绿色部分和已枯部分分开，分别称其鲜重后再放入大小适宜的纸袋中，置于鼓风干燥箱内 80℃烘干至恒重，则可得到各样方中各个种的活物质与立枯物的烘干重。将所得到的干重和鲜重数据填入表 5-4。当样品量较多而鼓风干燥箱的容量有限时，应将纸袋中的鲜样品按样方集中放入细纱布口袋后，挂于通风处阴干，然后再烘干。

②凋落物量的测定：仪器与工具同绿色量和立枯量的测定。

测定步骤：在第一次测定地上生物量的剪草样方中，用手将当年的凋落物捡起。在以后各期的样方内，仅收集前次至今脱落的凋落物。为此，必须在第一期测定时将第二期测定的样方中的凋落物全部清除，防止新旧凋落物的混杂。新旧凋落物的鉴别方法可以通过残落物的颜色来判断。将收集的凋落物按样方分别装入塑料袋内，标记样方号，带回试验室内处理。在实验室内，将凋落物用软毛刷清除附着的细土粒和污物。如刷不净，可用流水快速冲洗，并及时用滤纸吸干。然后置于鼓风干燥箱内烘干称重，即得当期凋落物的重量。最后将取得的数据记入表 5-4 中。通常凋落物只计其总量即可。

表 5-4　湿地草本群落地上生物量登记表

样地号：________　样方面积：________　调查日期：________　调查人：________　植物群落名称：________

叶层高：________　生殖苗高：________　凋落物量(干重)：________　群落总盖度：________

种号	植物名	层	平均高(cm)		盖度(%)	密度径	多度级	物候期	鲜重(g)			干重(g)		
			生殖苗	叶层					绿色	立枯	合计	绿色	立枯	合计

③地下生物量的测定：地下生物量是指单位面积土体内根系的重量。地下生物量应与地上生物量同步进行测定。此外，于每年植物尚未萌生前(3~4 月)以及植物完全枯死亡后(约 11 月)各测 1 次，以便了解植物群落及根系养分转移与消耗以及失重情况。测定的样方以 0.25m^2(50cm×50cm)为宜。重复 5 次。取样深度以根系分布的深度为准，但不能小于 50cm。

仪器与试剂：铁锹、剖面刀、卷尺、尼龙沙袋或布口袋、编号挂牌、筛子(35 号，筛孔直径 0.5mm)、塑料桶或金属桶、放大镜、吸水纸、培养皿、纸袋、电子天平、鼓风干燥箱、偏磷酸钠、氯化钠或氯化钙。

操作步骤：

ⅰ. 取样。在去除植物地上部分的样方内挖土坑，选出 50cm×50cm 的土体进行取样。取样前，先将土壤表面的凋落物和杂质清除干净，然后按 0~10cm，10~20cm，20~30cm 等层次取样。由于 0~5cm 层内包括大多数植物的根基或茎基部分，生物量较大，必要时应单独取样。取好的样品，按层分装在尼龙沙袋或布口袋中，并标记样方号和土层号，带回室内处理。

ⅱ. 根系的冲洗。冲洗根系前，先用细筛将微细土粒除去，并去除石块等杂物，再用水冲洗。反复冲洗过筛，最后以流水冲洗漂净。如果冲洗后的根系上还有细土粒附着，则应将根裹在细纱布内，一边轻揉一边冲洗，直到冲净为止。这步工作需快速完成，防止根系在水中浸泡时间过长，而致组织中的养分流失。

ⅲ. 活根与死根的挑选与分离。首先将洗好的根系中的半腐解枝叶、种子和虫卵等夹杂物去掉，再将活根与死根分开。区分活根与死根的主要依据是根表面和根断面颜色，需要肉眼并借助放大镜来进行。如果分不清楚，可将洗好的根放在适宜的器皿中，加水轻搅动，浮在上面的是死根，活根密度大会沉在水下。挑选好活根和死根，用吸水纸吸去水分，稍凉片刻，即称鲜重。然后放入纸袋内，烘干后干重，填入表 5-5 中，最后换算成 1m^2 内含有的根量(g/m^2)，有效数字保留至小数点后两位。

(3)湿地灌木群落生物量的测定

湿地灌木种类较多，植丛较高，且密度较大，因而可采用直接收获样方内全部灌木和

表 5-5　湿地草本群落地下生物量登记表

样地号：________　取土面积：________　调查日期：________　群落名称：________　调查人：________

土层(cm)	样方															
	1				2				…				均值			
	鲜重(g)		烘干(g)		鲜重(g)		烘干(g)		鲜重(g)		烘干(g)		鲜重(g)		烘干(g)	
	活	死	活	死	活	死	活	死	活	死	活	死	活	死	活	死
0~10																
10~20																
20~30																
…																
全剖面																

草本的方法。

仪器与工具：测绳、枝剪、木锯、铁镐、塑料袋、布(纸)口袋、天平、烘箱。

操作步骤：建立待测定灌木群落的代表性样地，设置2m×2m的样方。测定湿地中灌木群落的生产力，需在群落外貌较为均匀一致的立地上建立5个具有可比性的成对样方；统计灌木种类组成，齐地面分别收获样方中各种灌木的枝叶，并按主枝、侧枝、叶等不同部位分别称取鲜重；挖出所有样方内的地下部分并同时称重；取适量的主枝、侧枝、叶和根的样品，于80℃烘干至恒重，分别求出各部分的“干/鲜重”比值，再计算根、主枝、侧枝和叶的干重。各种灌木的四部分之和即为该样方灌木的生物量(g/m^2)。重复5个样方，求其平均值，即代表该类灌木的生物量，加上其草本层的生物量，即为灌木群落的总生物量。

(4)湿地森林群落生物量的测定

湿地森林群落是湿地生态系统类型中最复杂的一种，主要体现在种类丰富、层次多、现存生物量大，这些都增加了森林群落生物量测定的复杂性。

采用收获法对草地和灌丛群落以及森林的灌草层的生物量进行测定是可行的，但该法不适合森林乔木层生物量的测定。平均标准木法和径级标准木法均是对收获法的改进，适用于森林群落乔木层生物量的测定。本书主要介绍平均标准木法。

平均标准木法是在所选样方内，根据立木的径级或高度分布选择并收获一定数量的平均木，测定平均木各部分器官的干物质重，然后用单位面积上的立木株数乘以平均木的总干重或各部分器官的干重，然后对各部分求和，便可得该森林群落单位面积上的生物量。此法较适合立木大小一致、分布均匀的同龄人工林，而对异龄林生物量估计的效果要差一些。

仪器与工具：测绳、测高器、测杆、卷尺、枝剪、木锯、1.3m标高杆、标签、麻袋、小布袋、镐头、台秤、烘箱等。

操作步骤：

①标准样地的设立：测定森林生物量时，标准样地的设立极为重要。首先要设立在能代表当地森林类型，而且林相相同、地形变化尽可能一致的地段。标准样地通常是正方形或长方形，其一边长度至少要比该森林最高树木的树高长一些。一般情况下可取20m×20m或30m×30m的面积(也可根据湿地森林群落类型进行调整)，并用测绳圈好。标准样地设立后要记录以下信息：森林的层次结构、郁闭度、各树种密度、林下植物的种类及状况等。设置标准样地时，应设置重复样地，并尽可能选择均质地段设置样地。

②林木调查：对样地内全部树木，逐一地测定各类树种的胸高直径、树高等，并作好记录，每测一树要进行编号，避免漏测。胸高直径D的测定是采用1.3m高的标杆，在树干上坡一侧地表面立上标杆，齐杆的上端用卷尺测定树干的圆周长，以此求出直径(cm)，或用测围尺直接量得直径。树高H(m)采用测杆或测高器作为工具进行测定，在测树高时测量者一定要能看到树木顶端，以减小误差。

③平均标准木或径级标准木的选定和伐树：标准木要选择没有发生干折或分叉的正常树木。在整理好每木调查的结果后，根据胸高直径在平均值附近的几株立木作为平均标准木，或根据各不同立木所占比例来确定不同径级的立木株数，分别选为径级标准木。在选

标准木时，要防止选用林缘树木，避免造成叶量、枝量偏大。将标准木伐倒后，从采伐断面开始，每隔1m或2m锯开(但第一段为1.3m)。若树木较高大，区分段可增加至4m，甚至8m，分别测定各区分段的树干、树枝、树皮、树叶的鲜重，并取其各段的部分样品装入袋中带回室内，在80℃烘干至恒重后称重。计算样品的含水量，并在野外测定鲜重的基础上将其换算成干重。对不能用台秤称量的树干，则可先测出每区分段两头断面积和长度，再把两个断面积的平均值乘以长度，计算出体积，最后换算成质量。

地下部即根的质量测定是非常费力而费时的工作，在标准木株数较多时，可适当酌减。但对必须进行根测定的标准木，需将根全部挖出。根据树的大小来估计所需挖根面积和土壤深度，标准木伐倒后，一般再围绕树的基部挖面积1m^2、深0.5m范围内的根系(挖坑深度取决于根的分布深度)，分别将根茎、粗根(2cm以上)、中根(1~2cm)、小根(0.2~1cm)，细根(0.2cm以下)挖出，并称其鲜重，分别取各部分样品带回室内，烘干后求出含水量，再估算出总的根干重。在称鲜重时应尽量将根上附着的泥沙去掉，对于细根则可放入筛内用水冲洗，然后用纸或布把附着的水吸干后晾一晾再称重。

需要指出的是，细根(即直径在0.2cm以下的根)生物量的测定具有十分重要的意义，主要是由于细根周转速率较快，而这一点又往往被忽略。有学者认为，细根的年生产量可以与叶的年生产量相比，至少在中生至旱生生境中的生态系统是这样的。要做到细根生物量的精确测定是十分困难的，原因是常规的方法极其费时，而在细根的分别上还存在技术上的困难。在测定细根生物量的多种方法中，比较简便常用而又不需要精密仪器的方法是内生长土心法。首先构建一个无根土柱。在制造无根土柱时，可以借用一种有一定孔径的网袋，这样便于土柱成形。将土柱(并网袋)放入事先准备好的坑中，周围缝隙用无根土填满。也可以事先将坑挖好后直接放入土壤模子，再放入网袋，然后用无根土填满，周围也用无根土填满，最后将模子抽出。构成土柱的无根土也可以用沙子代替，这样做的好处是容易将根从沙子中分离，但缺点是形成了与周围完全不同的环境，这会对根的生长有一定程度的影响。通常在土柱埋入1a后，再从土壤中取出，在取出前须切断土柱与周围的根的连接。此法存在两个缺点是，首先土柱与其周围形成了不同的环境，其次是死根在土壤中的分解必然要增加。因此，用此法得到的结果很显然也低估了根的年生产量。不过，测定结果却直接能用作为细根年生产量的一个近似值。土柱的直径为5~10cm，深度为0.5~1m。

测定森林总生物量时，不可忽略乔木层下灌木层和草本层的生物量，森林生物量应该是乔木、灌木、草本植物三者之总和(尤其是在天然林的情况下)。

④结果计算：用平均标准木的平均值ΔW乘以该林分单位面积上的立木株数N，求出单位面积上的乔木生物量，即：

$$B = (N \cdot \Delta W) / A \tag{5-21}$$

式中：B——单位面积乔木生物量，kg/m^2；

N——被测样地的立木株数，株；

ΔW——伐倒木重量平均值，kg；

A——被测样地面积，m^2。

也可以对伐倒木的生物量W和胸高面积s求和，以及对样地面积A内所有检测木的胸

高总面积 S 求和，然后用下式计算乔木生物量 B，即：

$$B = \frac{\sum W}{A} \cdot \frac{\sum S}{\sum s} \tag{5-22}$$

式中 S 与 s 的单位需保持一致。最后换算成每公顷乔木的总质量，单位为 kg/hm^2 或 t/hm^2。计算结果要给出平均值、标准差和样本数。

(5) 水生大型植物生物量的测定

水生大型植物是生态学范畴上的类群，包括种子植物、蕨类植物、苔藓植物中的水生类群和藻类植物中以假根着生的大型藻类，是不同类群植物长期适应水环境而形成的趋同适应的表现型。湿地水生大型植物按生活型可分为挺水植物、浮叶植物、漂浮植物和沉水植物。由于水生生境的特殊性，一些常用于陆生植物生物量测定的方法，如直接收割法、挖掘法等不适用于水生植物生物量的测定，而要采取一些特殊的方法，如框架采集法适用于挺水植物和浮叶植物。本书仅介绍带网铁铗法。

方法提要：在水体中选取垂直于等深线的断面，在断面上设样点作为小样本，用带网铁铗进行定量采集。选取若干断面，由样本结果推断总体。

采样工具：带网铁铗是由边长为 50cm 的可张合铁条组成的正方形框架，边框缝上孔径约为 1cm 的尼龙网袋，网深约 90cm。当铁铗完全张开，框口为正方形，面积为 $0.25cm^2$。其他野外需要的工具包括塑料袋、记号笔和电子秤等。

测定步骤：

ⅰ. 采样断面和点的确定。在全面调查的基础上，根据水体特点(大小和地势)及水生植物的分布情况(分带和覆盖率)，选数条具有代表性的断面。样点一般均匀分布在所设断面上，挺水植物和浮叶植物样方面积一般采用 2m×2m，植株稀疏群落（<100 株/m^2）可采用 10m×10m 或 5m×5m，植株密度大(>100 株/m^2)时可采用 1m×1m 或 0.5m×0.5m，沉水植物样方面积可采用 0.5m×0.5m 或 0.2m×0.2m。

ⅱ. 样品的收集。在取样点将铁铗完全张开投入水中，待其沉入水底后关闭上拉，倒出网内植物，去除枯死的枝、叶及杂质后放入编有号码的样品袋内。在采集较深水体中的漂浮植物时，船只在水中不易固定，随波起伏不定，确定样方较困难且不准确。可采用框架采集法解决这一困难。框架由四条长为 2m 的木条制成，首尾连接，连接点固定，木条可张开、合拢，携带时合拢成“一”字状较为方便。在采集浅水区的水生植物群落样品时，由于带网铁铗法只能采集根扎入泥中不深、根系不甚发达的水生植物的全部生物量，对于具有地下匍匐茎或发达地下根的水生植物只能采集其生物量的一部分，还有相当多的地下匍匐茎或根未能采到，因此，在样地四角插上竹竿，采样人员潜入水中，将竹竿范围内的植株连同根茎全部挖取、洗净，放入编号的样品袋中。该方法对于底质较硬的水域较难采用。

ⅲ. 结果计算。

$$m_f = \frac{m_1}{A} \tag{5-23}$$

$$m_d = \frac{m_2}{A} \tag{5-24}$$

式中：m_f——以鲜重表示的生物量，g/m^2；

m_1——样品鲜重，g；

A——样方面积，m^2；

m_d——以干重表示的生物量，g/m^2；

m_2——样品干重，g。

其中，鲜重 m_f 为样品不滴水时的称重；干重 m_d 是取部分鲜样品（不得少于 10%）作为子样品，在 80℃烘干至恒重时的称重，再由子样品干重换算为样品干重，记入表 5-6 中。根据每平方米中的各类植物的生物量和它们分布的面积，由样品推算出总体即可求出该水体中各类水生大型植物的总生物量和各类植物所占的比例。

注意事项：挺水植物群落一般分布于沼泽、洼地或池塘、江、河岸边的浅水处，采样人员需穿下水裤进行取样工作。取样前，选取 1m×1m 或 2m×2m 样地，四周插上竹竿，可绕上绳索以区分边界，将样方内的植株全株连根拔起，有地下茎的其地下茎也要采集，洗净，称重后装入编有号码的样品袋，带回室内烘干。

表 5-6 大型水生植物生物调查结果记录表

采样地点：__________ 采样面积：__________ m^2 采样时间：__________ 采样人：__________

种 类		采集点				实测平均值 $\bar{m}$ (g)		1m^2 样地生物量 B (g/m^2)		占总重量的百分比 (%)	
		1	2	3	…	湿重 m_f	干重 m_d	湿重 m_f	干重 m_d	湿重 m_f	干重 m_d
总 计											
备注	水 深(cm)									采集工具名称及其面积	
	透明度(cm)										
	底 质										

（6）浮游植物生物量的测定

浮游植物是生态学范畴上的类群，包括所有生活在水中营浮游生活的微小植物。通常所说的浮游植物就是指浮游藻类，而不包括细菌和其他植物。各门藻类虽具有不同的色素组成，但都含有叶绿素 a。叶绿素 a 不仅含量高，而且是整个光合作用过程中的能量传递中心，因此一般将叶绿素 a 含量作为浮游植物生物量的指标。其主要测定步骤为：

①水样的采集与保存：采水器一般为有机玻璃采水器，水样量视水体中浮游植物数量而定，一般应采 0.5～2L，将采到的水样注入水样瓶中，放在荫凉处，应避免阳光直射。如水样的进一步处理需经较长时间，则应置低温（0～4℃）保存，且每升水样加入 1mL1% 的碳酸镁悬浊液，以防止酸化而引起色素的降解。

② 抽滤：在抽滤装置的滤器中放入玻璃纤维滤膜。如水样中未放碳酸镁悬浊液，应

在滤膜上先抽滤0.5~1.0mL的碳酸镁液以防止酸化。抽滤时负压应不大于50kPa。抽滤完毕后，用镊子小心地取下滤膜，将其对折(附有浮游植物样品的一面向里)，再用普通滤纸吸压，尽量去除滤膜上水分。

③提取：样品先经研磨，可提高色素提取效果。研磨可用玻璃研钵或玻璃匀浆器。将滤膜剪碎，放入研钵或匀浆器，加入7~8mL提取液乙醇[$\varphi(C_2H_5OH)=90\%$，分析纯]，研磨3~5min。将研磨后的匀浆物移入具塞带刻度的离心管中。用少量提取液冲洗研钵或匀浆器，冲洗液并入离心管中，使最终容积略小于10mL。盖上管塞，摇动后置黑暗、低温处，提取时间不少于12h。

④ 离心：将装有提取液的离心管放入离心机中，3500~4000 r/min离心10~15min。将上清液移入定量试管中，再用少量提取液清洗，二次离心取上清液。最后将上清液定容至10mL。

⑤光密度测定：在一定光径(1~3cm)比色皿中读取波长为665nm和750nm处的光密度。750nm处光密度值作为校正。参比液(提取剂空白)和样品液间在750nm光密度值之差应不大于0.015；665nm光密度值应在0.1~0.8之间。加1滴盐酸溶液[$c(HCl)=1mol/L$]到比色皿中，在5~10min内再次测定665nm和750nm处的光密度值。

用如下公式计算水样中叶绿素a的含量：

$$\text{Chl. a} = \frac{(E_b - E_a) \cdot R \cdot K \cdot V_e}{(R-1) \cdot V \cdot I} \tag{5-25}$$

$$P_a = \frac{(RE_b - E_a) \cdot R \cdot K \cdot V_e}{(R-1) \cdot V \cdot I} \tag{5-26}$$

式中：Chl. a——水样中叶绿素a的含量，mg/m^3或μg/L；

P_a——提取液中脱镁叶绿素的含量，mg/m^3或μg/L；

E_b——提取液酸化前波长665nm和750nm处的光密度之差；

E_a——提取液酸化后波长665nm和750nm处的光密度之差；

R——最大酸比，$R=E_b/E_a$，目前采用R值为1.7；

V_e——提取液的总体积，10mL；

V——抽滤的水样体积，L；

I—比色皿的光程，cm；

K—叶绿素a在665nm处的比吸光系数的倒数乘以1000，在乙醇溶液中K值取11.49。

5.2 湿地鸟类监测

湿地鸟类是指在生态上依赖湿地，即生活史的全部或大部分必须依靠湿地环境才能生存或繁衍，且在形态和行为上对湿地形成适应性特征的鸟类(杨晓君等，2006)。湿地鸟类主要包括两大类：一类为水禽(或水鸟)，它们是湿地鸟类的主要组成部分，生活史中的某一阶段依赖于湿地生活，以湿地水生生物为主要食物，经过长期进化，它们在喙、腿、脚、羽毛、体形和行为方式等方面均显示相应的长期适应性特征，包括传统分类系统中潜鸟目、鹱鸊目、鹱形目、鹈形目、鹳形目、红鹳目、雁形目、鸥形目、鹤形目和鸻形目的大部分种类，在科水平上包括33个科，分别为潜鸟科、鸊鷉科、鹈鹕科、鸬鹚科、蛇鹈科、鹭科、鲸头鹳科、锤头鹳科、鹳科、鹮科、红鹳科、叫鸭科、鸭科、领鹑科、鹤科、秧鸡科、秧鹤科、日鳽科、日鳽科、水雉科、彩鹬科、蟹鸻科、蛎鹬科、鹮嘴鹬科、反嘴鹬科、石鸻科、燕鸻科、鸻科、鹬科、籽鹬科、鸥科、燕鸥科和剪嘴鸥科。另一类为传统水禽以外的种类，包括隼形目的海雕(*Haliaeetus* spp.)、鹗(*Pandion haliaetus*)、佛法僧目的翠鸟(*Alcedo* spp.)，以及雀形目的河乌(*Cinclus* spp.)等。据统计，目前我国有湿地水鸟9目23科251种(丁平等，2008)

湿地鸟类监测的常规内容包括种类、分布、数量、多样性指标等，除此以外还应重点关注湿地内特有种、关键种以及珍稀濒危鸟类的保护状况。

5.2.1 调查准备

(1)工具

调查前应首先准备好所需工具，常用工具包括双筒望远镜、单筒望远镜、长焦相机、GPS、测距仪等，其中望远镜是最为重要的必备工具。双筒望远镜为低倍望远镜，适合观察近处鸟类以及粗略掌握大区域鸟类的整体概况。单筒望远镜为高倍望远镜，适合进行远距离识别鸟类及统计数量。一般调查时需两者结合使用，可先用双筒望远镜进行粗略扫描，掌握区域内鸟类的主要空间分布情况和数量级别，随后使用单筒望远镜进行细致扫描，记录种类、数量等信息。选用望远镜主要依据两个技术参数，即放大倍率和口径，用放大倍率×口径表示。如8×42表示放大倍率为8倍，口径为42mm，口径越大视野会越明亮。双筒望远镜多选用8×42或10×42，单筒望远镜为(20~60)×80。其中20~60表示放大倍率可在20~60倍间调节，80为口径。此外，还需准备鸟类名录。可根据当地或邻近地区的科考报告、观鸟记录制定本地区的鸟类名录，作为在监测工作中的参考资料。鸟类名录在具体的监测工作后应及时更新。

(2)湿地鸟类识别和计数

湿地鸟类识别和计数是鸟类监测的基础，必须对调查人员进行专业培训。只有培训合格的人员方可参加调查工作。鸟类的野外识别是利用在视觉上、听觉上得到的信息，迅速确认鸟类种类的工作。要准确迅速地识别鸟类，鸟类监测人员需要经过严格的科学训练。虽然中国湿地鸟类有200余种，但一般某个调查区的湿地鸟类种数可缩小至70种以内。可以根据先前制定的本地区鸟类名录进行有目的地识别训练。具体的鸟类识别方法可参见《中国观鸟指南》(韩联宪等，2004)。

湿地鸟类计数采用精确计数法与集团估算法相结合的方式。对于数量较小的群体可直接计数，精确至单只个体，对于数量较大的群体则宜采用集团估算法(团数法)，即把鸟群分成10、50、100、500等数量的小集团，以集团基数乘以所计数的集团数量即可获得总数量。

5.2.2 鸟类调查方法

在实地调查中，通常无法覆盖整个调查区域，必须借助取样方法方可获得鸟类组成及相对种群数量等数据。样点法和样线法是最为常用的两种鸟类调查方法(Bibby et al., 1992)。

(1)样点法

样点法是指在研究区域内按照规则设置一定数量的样点(取样地点)，在各样点调查记录一定距离内的鸟类种类和数量，根据统计方法估计整个调查区域的物种丰富度和多度。样点法适合于在湖泊、水库等湿地类型鸟类调查中采用。样点调查的基本程序如下：

①样点的确定(位置和数量)：在设计调查方案时，可借助地形图或高分辨率的遥感影像进行样点的选取，综合考虑调查面积、交通条件、时间以及经济成本等。在成本允许的情况下，尽可能多地布设样点，使抽样具有较高的代表性。样点应充分涵盖调查区内的各种生境类型，在空间上做到较为均匀，且各样点覆盖范围不能重叠。调查尽可能在一天内完成，如果调查面积过大，可考虑分组划片进行。

②样点调查观察距离的设定：在同一调查中，每个样点的观察距离应尽可能统一；如果难以做到，应在地图上标注每个样点的覆盖范围。观察距离没有固定要求，应根据调查区域的具体情况来确定，以可以识别种类并能较为准确地计数水鸟为原则。

③监测频率的确定：应做到各季节至少 1 次，具体频率应根据区域内的具体鸟类特征来确定。候鸟越冬区应该从 9 月即开始监测，至次年 5 月止，在此期间至少做到每月监测一次。候鸟繁殖区则应该在 3 月开始，至 11 月止。在迁徙季节候鸟停歇地应该每日进行监测。

④调查方法：选择在晴朗无风的天气下进行，应避免在大雨、浓雾、强风的天气下开展监测工作。调查时间尽量安排在日出后 2h 或者日落前 2h 内。到达调查点后，应使用双筒望远镜快速查看样点范围内的湿地鸟类基本类群和数量情况，随后使用单筒望远镜按照顺时针方向扫描整个区域，按照顺序记录每个镜筒视野内鸟类的种类和数量。对于珍稀濒危物种可兼顾其雌雄、成体/幼体等信息。调查表格可参照表 5-7。除此以外，应尽可能保存影像资料，拍摄内容应关注景观、地形地貌、水文情况、生境类型等。

表 5-7 样点法湿地鸟类调查记录表

日　期：______　调 查 者：______　天　气：______　起止时间：______　海拔______m

调查地名：______　样 点 号：______　样点坐标：北纬___°___′___″　东经___°___′___″

物种	数量	生境	行为	备注(年龄结构)

（2）样线法

样线法即沿固定路线，以 1~2km/h 的速度行进，观察记录样线两旁和前方的鸟类种类和数量（表 5-8）。样线法适宜在滨海湿地或内陆河流湿地进行鸟类调查时使用。滨海湿地鸟类调查应选择调查时间为涨满潮前后 2h 内，此时水鸟多被潮水逼近至海岸线附近，群体集中较易观察。

表 5-8　样线法湿地鸟类调查记录表

日期：______　调查者：______　天气：______　调查地名：______　样线编号：____　样线长度：____

样线起点坐标：北纬___°___′___″东经___°___′___″　海拔___ m

样线终点坐标：北纬___°___′___″东经___°___′___″　海拔___ m

时间	物种	数量	生境	行为	备注（年龄结构）

5.2.3　鸟类调查数据分析

对于野外监测搜集到的湿地鸟类数据，应进行深入的分析以获取更有价值的信息。一般应分析物种丰富度、种类构成、优势度、居留类型、区系及多样性，通过对比不同时间的鸟类信息获知湿地鸟类的变化规律，并结合环境因子探讨变化的原因。按照鸟类不同种群数量占主要分布生境鸟类统计总数的百分比（P）来确定优势种，将 $P \geqslant 10\%$ 定为优势种（+ + + +）；$10\% > P \geqslant 1\%$ 的定为常见种（+ + +）；$1\% > P \geqslant 0.1\%$ 的定为稀有种（+ +）；$P<0.1\%$的定为罕见种（+）。多样性常采用 Shannon–Wiener 指数、Simpson 指数、Pielou 均匀性指数和 G–F 指数进行分析（Magurran，2013）（表 5-9）。

表 5-9　多样性指数计算及含义

多样性指数	计算公式	含　义
Shannon–Wiener 多样性指数	$H = \sum_{i=1}^{S} p_i \ln(p_i)$，$p_i = \frac{n_i}{N}$	指水禽群落物种多样性
Pielou 均匀度指数	$J = \frac{H}{\log_2 S}$	指水禽群落中物种多度分布的均匀程度

（续）

多样性指数		计算公式	含 义
G-F 指数	F 指数(科)	$D_F = -\sum_{k=1}^{m} D_{FX},\ D_{FX} = -\sum_{x=1}^{w} p_x \ln(p_x),\ p_x = \frac{S_{kx}}{S_k}$	指水禽在属、科水平上的物种多样性
	G 指数(属)	$D_G = -\sum_{j=1}^{p} q_j \ln q_j,\ q_j = \frac{S_j}{S}$	
	G-F 指数	$D = 1 - \frac{D_G}{D_F}$	

注：S 为物种总数；i 为第 i 物种；m 为群落的科数；k 为群落第 k 科；w 为 k 科的属数；x 为 k 科中第 x 属；S_{kx} 为 k 科中 x 属的物种数；S_k 为 k 科中总的物种数；p 为群落中的属数；j 为群落中第 j 属；S_j 为群落中 j 属的物种数。

采用 Jaccard 指数进行群落相似性分析，计算公式如下：

$$S = \frac{2j}{a + b} \tag{5-27}$$

式中：a——A 生境的物种数；

b——B 生境的物种数；

j——两生境共有的物种数。

$0<S\leqslant0.25$ 时，群落组成成分极不相似；$0.25<S\leqslant0.5$ 时，群落组成成分中等不相似；$0.5<S\leqslant0.75$ 时，群落组成成分中等相似；$0.75<S\leqslant1.0$ 时，群落组成成分极其相似。

5.3 湿地兽类监测

5.3.1 大型兽类种类和种群数量调查方法

湿地中大型兽类数量调查的主要方法为：样线统计法和样地哄赶法。

(1)样线统计法

根据生境类型选择若干样线，统计在样线沿途发现(看见或听见)的动物及其足迹、粪便、洞巢等信息。样线分布要均匀，尽量避开公路、村庄。每条样线长约 5000m。样线统计法所采用的仪器与工具包括：自动步行计数器、望远镜、罗盘、大型兽类调查表。具体操作步骤如下：

①样线调查：沿样线进行调查，行进速度控制在 3km/h 左右，用自动步行计数器确定观测点位置。可借助望远镜、罗盘进行动物及其痕迹观察和定位。调查内容包括：动物个体、尸体残骸、足迹、粪便、洞巢、鸣叫等。观测范围不限，但不可重复计数，注意记录观测对象距观测者的角度及距离。调查表格见表 5-10。

②环境要素调查：随机选择若干样点，进行环境要素调查。

③ 结果计算：用观测目标数量除以线路总长便可求得相对密度。各种观测目标可以分开单独计算，如用观测到的粪便堆数量除以样线总长，便可得到一种相对密度指标。

表 5-10 大型兽类调查记录求

日期：__________ 地点：__________ 样地点：__________ 路线长：__________ 调查者：__________

统计线路草图	物种名	观测目标	观测样点	数量	距离	角度	性别	老体	成体	幼体	其他

注：观测目标包括动物个体、尸体残骸、足迹、粪便、洞巢、鸣叫等。

(2)样地哄赶法

根据生境类型选样作方，面积约50hm^2。样方一般为正方形或长方形。调查人员30人左右，分成4组。调查开始前各组分别到达样地四个角的位置，按预定时间沿顺时针方向行走，将样地包围起来。每人间距约100m，按表记录遇见的动物种类及数量，并记录动物逃逸方向。完成包围后，开始缩小包围圈，速度稍慢，记录遇见的动物种类及逃逸数量。随机选择若干样点，进行环境要素调查。以逃逸出包围圈外的动物总数量除以样地面积，便可求得绝对密度。

5.3.2 小型兽类种类和种群数量的观测

小型兽类种类和数量调查方法主要有夹日法、去除法和标记重捕法。湿地中常用标志重捕法进行统计兽类种类和数量。标记重捕法是根据生境类型，选择样地，将捕获的动物标记后原地释放，再重捕。据捕捉的标志动物数和取样数量估计动物数量。

标记重捕法具体操作为：选取适宜的活捕器及诱饵。活捕器注意防风遮雨，避免日光暴晒，冬季注意保暖。在样地按10m×10m方格棋盘式布设100个活捕器，每点间隔10m，每隔6h检查一次。对捕获的动物进行雌雄鉴别和体重测量，并以剪趾法或耳标法做标记，然后原地释放，记录有关信息。同一样地连捕5~6d，记录在表5-11中。

表 5-11 标记重捕法登记表

时间	地点	生境	物种名	性别	体重(g)	标记法	坐标位置	天气	备注

剪趾法的操作方法是：从腹面观依次从左至右编号。为不影响动物的活动，一般剪趾1~2个，特殊情况下可剪至3个。剪趾尽量不超过第二个趾关节，剪趾后用碘酒消毒。

耳标法是用钳子将特制的印有编号的金属片嵌在动物耳部。

兽类数量的估算公式为：

$$N = (M \cdot n)/m \tag{5-28}$$

式中：N——绝对数量，只；

M——标记总数(要除去标记死亡个体)，只；

n——取样数量，只；

m——取样时带标记的动物数，只。

由于样方面积为1hm^2，因此N可直接转换成绝对密度，又由于标记的动物会扩散至样方外，所以N是偏高估计。

5.4 湿地两栖、爬行类动物监测

两栖类动物是一类个体发育经历幼体水生和成体水陆两栖生活的变温动物，是湿地生态系统的主要生物类群之一。现存的两栖动物多数生活在热带、亚热带和温带区域。温度、湿度和地理障碍等环境因素对两栖动物的发展及其分布范围起着严格的制约作用。两栖动物在脊椎动物的进化过程中，处于由水生向陆生过渡的关键地位。由于它们产生了肺、1心室和2心房的心脏以及四肢等一系列器官，比鱼类高等，但其蝌蚪和幼体必须依赖水环境才能发育，较之爬行类、鸟类和哺乳类低等得多(杨大同，2000)。

爬行类被角质鳞或硬甲，在陆地繁殖。爬行类在中生代极其繁盛。现代爬行类主要包括鳄、龟、蜥蜴和蛇等类群。

我国两栖、爬行类动物物种多样性十分丰富：两栖类占全球物种数的5.4%，居世界第4位(Koo et al.，2013)；而爬行类占全球物种数的4.5%，居世界第8位(蔡波等，2016)。要实现对两栖、爬行类动物资源的科学有效管理及保育，均需要系统掌握其物种多样性、生活史、种群分布、种群动态等生物学、生态学关键基础性资料。

5.4.1 两栖、爬行类动物分类

5.4.1.1 两栖类动物分类

两栖类动物现存物种分属蚓螈目、蝾螈目和蛙形目，有近400属约4200种。随着研究的深入，仍有许多新物种被陆续记述。

(1)蚓螈目

蚓螈目是两栖纲中最低等的类群。身体蚯蚓状，细长，四肢和带骨均退化，无尾或尾极短，钻土穴居。保留着一系列原始解剖学特征：环褶的皮下具有来源于真皮的骨质圆鳞，头骨上的膜性硬骨数目多，无荐椎，椎体为双凹型，具长肋骨，但无胸骨，左、右心房间的隔膜发育不完全，动脉圆锥内无纵瓣。蚓螈目共5科34属160多种。版纳鱼螈(*Ichthyophis bannanicus*)是我国蚓螈目的唯一代表，体表呈棕褐色，从头侧至体末端各有一条黄色宽纵纹，头部略扁平，前端两侧有一对鼻孔，嗅觉灵敏，头、颈区分不明显，四肢和带骨均退化消失，体表富有黏液腺(图5-1)。

(2)蝾螈目

蝾螈目又称有尾目。形似蜥蜴，四肢细弱，少数种类仅有前肢，终生有发达的尾，尾褶较为厚实。幼体水栖，有3对羽状外鳃，尾褶发达；向成体过度时发生变态，以外鳃消

图 5-1 版纳鱼螈
（李桂芬，2010）

图 5-2 蓝尾蝾螈
（刘承超等，1962）

失、鳃裂封闭和颈褶形成作为变态结束的标志。蝾螈目共 9 科 60 属 400 多种，主要分布在北半球，非洲大陆、南美洲南部和大洋洲无本目动物。我国有 40 多种。

蝾螈目在我国代表性物种包括：隐鳃鲵科的中国大鲵(*Andrias davidianus*)，小鲵科的极北小鲵(*Salamandrella keyserlingii*)、山溪鲵(*Batrachuperus pinchonii*)，蝾螈科的肥螈(*Pachytriton brevis*)、东方蝾螈(*Cynops orientalis*)等。在我国西南地区还存在许多特有种类，如滇螈(*Cynops wolterstorffi*)、呈贡蝾螈(*Cynops henggongensis*)、红瘰疣螈(*Tylototriton errucoosus*)、蓝尾蝾螈(*Cynops cyanurus*)(图 5-2)等。

(3)蛙形目

蛙形目是湿地现存两栖类动物中结构最高等的类群。幼体阶段以蝌蚪形式栖息于水中，通过变态发育为成体，用肺呼吸，能够水陆两栖。通常皮肤裸露。具有活动性眼睑和瞬膜，多数种类具鼓膜。蛙形目现有 20 科 303 属约 3500 种。我国有 240 多种。

我国常见的蛙形目代表性种类主要包括：黑眶蟾蜍(*Bufo melanostictus*)、中国雨蛙(*Hyla chinensis*)、中国林蛙(*Rana chensinensis*)、泽陆蛙(*Fejervarya multistriata*)、虎纹蛙(*Hoplobatrachus rugulosus*)、黑斑侧褶蛙(*Pelophylax nigromaculata*)等。西南地区有华西蟾蜍(*Bufo andeaewsi*)、华西雨蛙(*Hyla annectans*)、滇蛙(*Nidirana pleuraden*)、昭觉林蛙(*Rana chaochiaoensis*)等。入侵种牛蛙(*Lithobates catesbeianus*)在我国许多地区已经成为常见种。

5.4.1.2 爬行类动物分类

爬行类动物现存大约 6550 种，我国约有 380 种，分属喙头蜥目、龟鳖目、蜥蜴目、蛇目、鳄目等。我国除了喙头蜥目无分布外，其余各目均有丰富的代表性物种。

(1)喙头蜥目

喙头蜥目的主要特征是成体头部前端成鸟喙状，口内无牙齿，是爬行类中最古老的类群，生活在下二叠纪和三叠纪。现存仅 1 种，为楔齿蜥(*Sphenodon punctatum*)。我国无此目现存种分布。

(2)龟鳖目

龟鳖目的主要特征是肩带位于肋骨的腹面，是该类群与其他脊椎动物区别的特有结构。身体宽短，躯干部被包含在坚固额骨质硬壳内，四肢、尾及头、颈外露。现存种类约13科250种。我国约40余种，多数种类逐步陷于濒危(周婷等，2007)，珍稀种如云南闭壳龟(*Cuora yunnanensis*)(图5-3)。

图5-3　云南闭壳龟
（周婷等，2004）

图5-4　鳄蜥
（罗树毅，2011）

(3)蜥蜴目

蜥蜴目多数种类四肢发达，指、趾5枚，末端爪，少数种类四肢退化或缺失。现存种类约16科3750种。我国现存约150余种，珍稀种如鳄蜥(*Shinisaurus crocodilurus*)(图5-4)。

(4)蛇目

蛇目是蜥蜴在进化过程中高度特化的一个分支。四肢消失，带骨及胸骨退化，分头、躯干和尾3部，颈部不明显，体细长。现存约13科3200种。我国现存210多种，以游蛇科种类最为繁多，计140多种。剧毒代表性蛇类主要包括：眼镜蛇(*Naja naja*)、银环蛇

图5-5　中国蛇类新纪录西藏红鞭蛇属简氏红鞭蛇
（郭克疾等，2018）

(*Bungarusmulticinctus*)、蝮蛇(*Agkistrodon halys*)、尖吻蝮(*Deinagkistrodon acutus*)、烙铁头(*Trimeresurus jerdonii*)、竹叶青(*Trimeresurus stejnegeri*)、草原蝰(*Vipera ursini*)等。尽管我国已经对蛇类进行广泛深入的研究，近年来仍有新种、新属或新记录的出现(郭克疾等，2018)，如简氏红鞭蛇(*Platyceps rhodorachis*)(图5-5)。

(5)鳄目

鳄目的主要特征是颅骨双颞孔型，具有2个心室完全隔开的心脏，头骨中具有发达的次生腭，两颌具有槽生齿，具横膈，腹壁内有游离的腹膜肋。现今存鳄科、鼍科、食鱼鳄科，共3科22种。我国代表性种类为扬子鳄(*Alligator sinensis*)。

5.4.2 两栖、爬行类动物监测指标

常用的两栖、爬行类动物监测指标包括：种类(物种丰富度)、个体数(种群)、肥满度(体长、体质量等)、疾病状况(壶菌、寄生虫等)、分布、生境(吴军等，2013)。就目前湿地管理需求而言，两栖、爬行类动物的种类组成与分布是最为关键的监测指标。

以昆明地区为例，长期调查共记录两栖类22种(何晓瑞等，2002)(表5-12)。多年的环境变化，滇螈已经灭绝，而出现外来入侵种牛蛙。滇螈是滇池及其邻近区域特有两栖类，它的灭绝是滇池湿地生态系统发生重大变化的标志性事件，湖滨带的严重破坏、水污染及外来鱼类入侵等是其灭绝的关键性因素(何晓瑞，1998)。对两栖、爬行类动物的长期监测记录，能够为湿地生态系统结构与功能的变化提供重要的评估数据。

5.4.3 两栖、爬行类动物监测方法

两栖、爬行类动物的常用监测方法主要包括以下几种：目视遇测法、样线(带)法、繁殖区调查法、鸣叫调查法、围栏陷阱法、人工庇护所法、人工掩蔽物法及标记重捕法记等(吴军等，2013；李成等，2017)。此外，还可采用访问调查法作为补充。本书重点介绍国内较为常用的样线(带)法和标记重捕法等。

(1)样线调查法

样线调查法应用广泛，主要是在对数据精度要求不太严格，特别是对某一区域做本底或基础调查的时候使用。样线的设计须因地制宜。例如，对山区的调查，样线主要根据地形地貌、两栖、爬行类动物不同类群的生活习性与生境特点设置，主要沿溪流及其周边的森林、灌丛、池塘等复杂生境进行调查。样线长度应根据地形情况调整，在生境复杂的地区可设置多条短样线；样线宽度应根据视野范围而定。沿样线观察和辨音抓捕，并记录所见物种及样线内的地形、生境等信息(任金龙等，2018)。实际操作中样线多采用长1~2km、单侧宽2m进行设置，2~4人一组，以1~3km/h的速度沿着样线行进，每条样线连续调查2次(吕敬才等，2017)。

样线调查法的应用特别需要对所调查的物种生态习性有初步的了解。监测时间需覆盖两栖、爬行类动物主要的活动时间。例如，研究者对云南武定和牟定两县两栖、爬行类样线监测时间为3个时段：清晨(7：00~12：00)，白天(14：00~17：00)和晚上(19：00~22：00)(王春萍等，2016)。也可以晚间时段进行调查，例如，研究人员对梵净山国家级

表 5-12 昆明地区两栖动物名录

种名	分布											垂直分布（m）	数量状况	生境							区系				
	昆明市郊	东川区	嵩明县	寻甸县	禄劝彝族苗族自治县	呈贡区	宜良县	石林彝族自治县	晋宁市	安宁市	富民县			阔叶林	针叶林	针阔混交林	稀树灌丛	山地农田	居民点	水体	华南区	西南区	华中区	华中华南区	古北东洋两界
1. 大鲵	△											1900	+						√	√					√
2. 呈贡蝾螈						△	?					1900	+				√			√		√			
3. 蓝尾蝾螈	○				○						○	1900~2300	++	√			√	√		√		√			
4. 滇螈	○					○			○	○		1850	+							√		√			
5. 红瘰疣螈							○					1500~2000	++	√		√	√	√		√		√			
6. 宽头短腿蟾	△				○		○					1850~	+	√			√	√		√		√			
7. 大蹼铃蟾	△	○		○	○							1900~2500	++				√			√		√			
8. 华西蟾蜍	○	○	○	○	○	○	○	○	○	○	○	1500~2600	+++	√	√	√	√	√	√	√		√			
9. 黑眶蟾蜍		○		○	○		○					1500~2100	+	√		√	√			√				√	
10. 华西雨蛙	○	○	○	○	○							1500~2600	++	√	√	√	√	√	√			√			
11. 云南小狭口蛙	△									○	○	1900~2300	++	√	√	√	√	√		√		√			
12. 多疣狭口蛙	○										○	1500~2200	++	√		√	√			√		√			
13. 饰纹姬蛙					○		○		○			1500~2000	+	√		√	√			√				√	

（续）

种名	分布											垂直分布（m）	数量状况	生境							区系				
	昆明市郊	东川区	嵩明县	寻甸县	禄劝彝族苗族自治县	呈贡区	宜良县	石林彝族自治县	晋宁市	安宁市	富民县			阔叶林	针叶林	针阔混交林	稀树灌丛	山地农田	居民点	水体	华南区	西南区	华中区	华中华南区	古北东洋两界
14. 粗皮姬蛙										○		1500~2000	+		√	√	√	√		√				√	
15. 双团棘胸蛙	△			○	○		○		○			1500~2300	++	√	√	√	√	√	√	√		√			
16. 棘腹蛙									○			1600~2100	+	√			√			√		√			
17. 云南臭蛙						○				○		2000~2100	+	√		√	√			√		√			
18. 昭觉林蛙	○	○	○	○	○	○	○	○	○	○	○	1500~2700	++	√	√	√	√	√	√	√		√			
19. 泽蛙	○	○	○	○	○	○	○	○	○	○	○	700~3000	+++	√	√	√	√	√	√	√				√	
20. 滇蛙	○	○	○	○	○	○	○	○	○	○	○	700~3000	+++	√	√	√	√	√	√	√		√			
21. 无指盘臭蛙	△				○					○		1700~2100	+	√	√	√	√	√	√	√		√			
22. 牛蛙*	○		○	○		○	○					1200~2200	++					√	√	√					

注：资料引自何晓瑞等，2002。○表示采到标本；△表示文献记载；? 表示分布存疑；+表示稀有种；++表示普通种；+++表示优势种；*表示入侵种。

自然保护区两栖动物的观测主要在夜间时段进行(19：00~24：00)(吕敬才等，2017)。在夜间调查时借助强光电筒，通过目视寻找两栖动物个体及痕迹，特别留意线路两旁的石块下、石缝内、草丛内等两栖动物易于隐藏的小生境；同时通过两栖类的鸣声辨别物种种类，并寻找活体，拍照，采集少量由于鉴定的标本。

样线调查法根据相应计算方法对被调查物种种群数量作出估算(表5-13)。样线调查法对种群数量的估算(左甲虎等，2018)，如下所示。

各样带内每一物种的种群密度 D_i 计算公式为：

$$D_i = N_i / L_i \cdot B_i \tag{5-29}$$

式中：N_i ——样带 i 内物种 i 的个数；

L_i ——样带 i 的长度；

B_i ——样带 i 的宽度；

各样带内每一物种相对种群密度$_i$ 计算公式为：

$$RD_i = D_i / \sum D_k \tag{5-30}$$

式中：$\sum D_k$ ——样带内所有物种种群密度的总和。

每一物种的平均种群 D 密度计算公式为：

$$D = \sum D_k / n \tag{5-31}$$

式中：n ——该物种分布总体内所含的样带数量。

种群数量 M 计算公式为：

$$M = D \cdot S \tag{5-32}$$

式中：S——该物种的分布区面积。

表 5-13　甘肃省康县隆肛蛙各样地的种群密度估算

监测时间	各样地种群密度(只/hm^2)					平均种群密度(只/hm^2)
	李家沟	豆坝	罗家底河	罗家底山	元丰村	
2014	19.0	24.50	45.50	27.00	30.00	29.20
2015	12.00	29.50	32.50	40.50	40.50	31.00
2016	9.50	40.00	43.00	35.00	39.00	33.30
平均密度	13.50	31.33	40.33	34.17	36.50	

注：数据引自龚大洁等，2018。

(2)标记重捕法

标记重捕法是一种经典的种群数量调查方法，适用性强。我国学者在牛蛙蝌蚪(李明会等，2005)、黑斑侧褶蛙(李东平等，2010)、花臭蛙(*Odorrana schmackeri*)(赵云云，2015)，鳄蜥(阳春生等，2017)等许多物种种群数量监测中进行了运用。

例如，广西大桂山自然保护区鳄蜥种群估算监测中采用了标记重捕方法基本方法(阳春生等，2017)，其思想是抽取的样品中标记个体所占比例与在总体中标记个体占总体的比例是相同的，因此可以通过获取抽样中标记个体就可以估算被监测群体总体数量(表 5-14)。

鳄蜥的种群数量通过如下公式计算：

$$N = M \cdot n/m \tag{5-33}$$

方差：

$$V = (M+1) \cdot (n+1) \cdot (M-m) \cdot (n-m)/[(m+1)^2 \cdot (m+2)] \tag{5-34}$$

作置信度为 95% 的近似区间估算的种群数量：

$$N' = N \pm 1.96。 \tag{5-35}$$

式中：N——溪沟样线内的种群数量，只；

M——第一次样线调查中抓捕的鳄蜥数量，只；

n——第二次调查捕获个体数量，只；

m——第二次调查中的重捕个体数量，只；

V——估算的方差；

N'——作置信度为 95% 的近似区间估算的种群数量。

表 5-14　广西大桂山自然保护区鳄蜥种群数量估算

地点	第一次捕获个体数 M	第二次捕获个体数 n	重捕个体数 m	新增个体数 $n-m$	标志重捕法种群估计数 N	标志重捕法种群密度
鱼散冲	29	41	13	28	91±30	17. 8±5. 9
打柴冲	22	21	8	13	58±25	14. 5±6. 3
吃水冲	7	9	5	4	13±4	5. 2±1. 6
合　计	58	71	26	45	162±59	13. 9±5. 08

注：数据引自阳春生等，2017。

常用的统计方法有两种：施夸贝尔法(李东平等，2010)和 Jolly-Seber 统计方法(熊建利等，2005)。施夸贝尔法常用于较为封闭的生境，如池塘、小型湖泊等；而 Jolly-Seber 统计方法则适用开放生境，如溪流等。

应用施夸贝尔法常使用 Schumacker-Eschmeyer 公式进行种群估算：

$$\hat{N} = \frac{\sum n_i M_i^2}{\sum M_i m_i} \tag{5-36}$$

式中：$\hat{N}$——种群大小估计量；

n_i——在第 i 次取样时，捕获或取样动物的总数；

m_i——在第 i 次取样的捕获动物中，已标志动物的总数；

M_i——野外种群中已标记的蝌蚪总数。

对黑斑侧褶蛙蝌蚪的监测中使用的该方法，对种群密度进行了较为精确的估算(李东平等，2010)(表 5-15、表 5-16)。

表 5-15　用施夸贝尔法进行黑斑侧褶蛙蝌蚪数量估计

取样次序	捕获数 n_i	捕获蝌蚪中的已标记数 m_i	各次取样加标数 U_i	野外种群中已标记的蝌蚪总数 M_i	$n_i M_i$	$m_i M_i$	$n_i M_i^2$	M_i^2/n_i
1	29	0	29	0	0	0	0	0
2	33	0	33	29	957	0	27753	0
3	29	1	27	62	1798	62	111476	0.034483
4	31	4	27	89	2759	356	245551	0.516129
5	31	2	29	116	3596	232	417136	0.129032
6	34	6	28	145	4930	870	714850	1.058824
7	37	8	29	173	6401	1384	1107373	1.729730
8	28	8	20	202	5656	1616	1142512	2.285714
9	30	9	21	222	6660	1998	1478520	2.700000
10	32	9	—	243	7776	2187	1889568	2.531250
总计	314	47	243	1281	40533	8705	7134739	10.985160

注：数据引自李东平等，2010。

表 5-16　标志重捕法对黑斑侧褶蛙蝌蚪数量调查

水域编号	水域面积(m^2)	重捕次数	蝌蚪总数(ind)	95%置信区间
1	55	10	652.480	543.770~815.520
2	121	10	1388.784	1011.400~2215.424
3	86	10	644.369	527.502~827.757
4	75	10	760.657	663.404~891.322
5	69	10	521.258	452.493~674.670
6	71	10	819.614	719.184~952.646
7	92	10	1432.910	1056.062~2227.932
总计	569	70	6220.073	

注：数据引自李东平等，2010。

Jolly-Seber 统计方法是统计每次调查被标记的动物数占整个标记动物的比例，从而估算出整个动物群的数量以及存活率、出生率等。其中第 i 次调查时的种群大小估计值 $N_i = M_i/a_i$；第 i 次到第 i+1 次调查期间种群的存活率(或保留在样带) $\Phi_i = M_i + 1/(M_i - m_i + S_i)$；从第 i 次到第 i+1 次调查期间的出生率(进入种群的动物) $B_i = N_i + 1 - \Phi_i(N_i - n_i + S_i)$(熊建利等，2005)。对华南湍蛙(*Amolop sricketti*)的监测中使用的该方法，对种群密度也进行了较为精确的估算(2005)。

5.5 湿地鱼类监测

鱼类通常所指为动物界中脊椎动物门鱼纲所属动物类群。鱼纲是体被骨鳞、以鳃呼吸、用鳍作为运动器官和凭上下颌摄食的变温水生脊椎动物。鱼类起源于泥盆纪，新生代达到全盛时代，成为脊椎动物中的最大类群。生活在海洋里的鱼类约占全部鱼类的58.2%，栖息于淡水的鱼类约占41.2%。最新的统计显示，全世界的鱼类物种数已达3万多种(Pauly，2016)。

鱼类是湿地生态系统中重要的生物类群，在湿地生态系统物质循环及能量流动过程中发挥着重要的作用。同时，鱼类在水生生态系统中处于顶极群落地位，其下行效应显著影响水生生态系统结构的稳定与功能的实现。鱼类本身具有重要的经济价值，在全球范围内，鱼类产品是谷类和牛奶之后人类食物蛋白质的第三大来源。当前湿地生态系统遭受人为干扰及全球气候变化影响下，鱼类栖息生境受到严重破坏，资源量急剧下降，大量物种濒危甚至灭绝。如何有效对鱼类物种进行保育及对渔业资源进行恢复是当今湿地管理的重要课题。

5.5.1 鱼类分类鉴别

现存鱼类统计已达3万余种，通常划分为软骨鱼类和硬骨鱼类两大类群。

软骨鱼类是指内骨骼全为软骨的海生鱼类，体被盾鳞，鼻孔腹位，鳃间隔发达，鳃孔5~7对。鳍的末端附生皮质鳍条，歪型尾。无鳔和肺。肠内具有螺旋瓣。生殖腺与生殖导管不直接相连；雄鱼有鳍脚，营体内受精。全世界约800多种，产于我国的有190多种，主要分布在热带及亚热带海洋。包括了板鳃亚纲及全头亚纲两大类群。

硬骨鱼类包括内鼻孔亚纲及辐鳍亚纲。骨骼大多由硬骨组成，体被骨鳞或硬鳞，一部分鱼类的鳞片有次生性退化现象，鼻孔位于吻的背面，鳃间隔退化，鳃腔外有骨质鳃盖骨，头的后缘每侧有一外鳃孔。鳍的末端附生骨质鳍条，大多为正型尾。通常有鳔，肠内大多无螺旋瓣，生殖腺外膜延伸成生殖导管，二者直接相连。无泄殖腔和鳍脚，营体外受精。

现生鱼类中共记录得482科，其中7个最大的科包含了整个鱼类当中的30%物种数。它们分别为鲤科、鰕虎鱼科、丽鱼科、鮨鲤科、吸甲鲇科、隆头鱼科及鮨科等(表5-17)，每一科的物种数均超过400种。在这些科中66%的物种栖息于淡水中。对于目前鱼类物种记录的最新情况，可以在相关网站进行查阅(http：//www.fishbase.org)。

表5-17　现生鱼类的目和所含种数

目	物种数	淡水种数
盲鳗目(Myxiniformes)	43	0
七鳃鳗目(Petromyzoniformes)	41	32
银鲛目(Chimaeriformes)	31	0
虎鲨目(Heterodontiformes)	8	0

（续）

目	物种数	淡水种数
须鲨目(Orectolobiformes)	31	0
真鲨目(Carcharhiniformes)	208	1
鼠鲨目(Lamniformes)	16	0
六鳃鲨目(Hexanchiformes)	5	0
角鲨目(Squaliformes)	74	0
扁鲨目(Squatiniformes)	12	0
锯鲨目(Pristiophoriformes)	5	0
鳐形目(Rajiformes)	456	24
腔棘鱼目(Coelacanthiformes)	1	0
南美肺鱼目(Lepidosireniformes)	5	5
角齿肺鱼目(Ceratodiformes)	1	1
鲟形目(Acipenseriformes)	26	14
多鳍鱼目(Polypteriformes)	10	10
半椎鱼目(Semionotiformes)	7	6
弓鳍鱼目(Amiiformes)	1	2
骨舌鱼目(Osteoglossiformes)	217	217
海鲢目(Elopiformes)	8	0
北梭鱼目(Albuliformes)	29	0
鳗鲡目(Anguilliformes)	738	6
咽囊鳗目(Saccopharyngiformes)	26	0
鲱形目(Clupeiformes)	357	72
鼠鱚目(Gonorhynchiformes)	35	28
鲤形目(Cypriniformes)	2662	2662
脂鲤目(Characiformes)	1343	1343
鲶形目(Siluriformes)	2405	2280
裸背电鳗目(Gymnotiformes)	62	62
狗鱼目(Esociformes)	10	10
胡瓜鱼目(Osmeriformes)	236	42
鲑形目(Salmoniformes)	66	45
巨口鱼目(Stomiiformes)	321	0

（续）

目	物种数	淡水种数
辫鱼目(Ateleopodiformes)	12	0
仙女鱼目(Aulopiformes)	219	0
灯笼鱼目(Myctophiformes)	241	0
月鱼目(Lampriformes)	19	0
须鳂目(Polymixiiformes)	5	0
鲑鲈目(Percopsiforms)	9	9
蛇蔚目(Ophidiiformes)	355	5
鳕形目(Gadiformes)	482	1
蟾鱼目(Batrachoidiformes)	69	5
鮟鱇鱼目(Lophiiformes)	297	0
鲻形目(Mugiliformes)	66	1
银汉鱼目(Atheriniformes)	285	146
颌针鱼目(Beloniformes)	191	51
鳉形目(Cyprinodontiformes)	807	794
冠鲷目(Stephanoberyciformes)	86	0
金眼鲷目(Beryciformes)	123	0
海鲂目(Zeiformes)	39	0
刺鱼目(Gasterosteiformes)	257	19
合鳃目(Synbranchiformes)	87	84
鲉形目(Scorpaeniformes)	1271	52
鲈形目(Perciformes)	9293	1922
鲽形目(Pleuronectiformes)	570	4
鲀形目(Tetraodontiformes)	339	12
合 计	24618	9966

注：引自 Nelson，1994；转引自刘健康，1998。

5.5.2 鱼类监测方法

鱼类监测方法众多，主要依据监测区域生境特点及监测目的进行选择。湿地类型多样，而对于水体而言，在流动性水体(如江河区域)与静水区域(如湖泊、沼泽等区域)对鱼类监测所使用的技术及工具有所不同，表5-18总结了针对不同区域所采用的常用鱼类监测方法及所使用工具。

网具是鱼类常规监测中使用的主要工具。特别需要注意的是，鱼类对网具性质、形态、颜色等具有特定行为反应(何大仁等，1993，1994；蔡厚才等，2992)，对监测结果可

表 5-18 鱼类调查方法及其适用水体

调查方法	适用水环境	调查方法	适用水环境
目测调查	小型水体或清澈的溪流	刺网	流水或静水水体
渔获物调查	流水或静水水体	围网	流水或静水水体
定置网等诱捕型网具	流水或静水水体	拖网	流水或静水水体
撒网等网具	流水或静水水体	水声学计数	流水或静水水体
电鱼	流水或静水水体	电子计数	流水水体

注：引自刘焕章等，2016。

能有重要影响，在实践中应注意对网具选择，针对不同的监测对象选择合适的网具。本书重点对针对性较强的特定监测方法详述如下。

5.5.2.1 鱼类标记技术

鱼类标记技术在鱼类种群密度、死亡与补充、生长和生产力等研究中被广泛应用，是研究鱼类种群数量与生态的重要技术。对鱼体进行标记的方法主要分为体外标记和体内标记两大类。

(1)体外标记

体外标记技术包括：切鳍标记、鳃盖骨和鳍穿孔、烙印、颜料染色标记、体外标等。最早、最广泛使用的体外标记技术是体外标技术，在鱼类和其他动物监测中曾广泛应用。常用于体外标的材料有铁丝、银、镍和不锈钢丝，以及化学纤维的单丝(如尼龙、聚乙烯、聚酪纤维)等。体外标一旦安放，一般不易脱落，保持率高，保留时间长，能区分不同的个体，可用于长期跟踪研究。体外标一般应用于大型鱼类，小型鱼类往往无法承受体外标所带来的额外负担。过去研究已经显示裸头鱼(*Anoplopoma fimbria*)、北极红点鲑(*Salvelinus alpinus*)等许多鱼类在携带标的后出现生长和行为异常的现象(Berg et al.，2010)。

(2)体内标志

体内标记技术包括编码金属标、被动整合雷达标、内藏可视标，化学标记等。化学标记成本相对较低而有比较广泛的应用。例如，利用茜素络合物对月鳢(*Channa asiatica*)仔鱼耳石进行浸泡标记试验显示 80mg/L、100mg/L 和 120mg/L 的溶液浸泡 24 h 后均可以在月鳢仔鱼的耳石上形成橘红色标记环，星耳石、微耳石和矢耳石的标记率均为 100%，其中，以星耳石标记环荧光强度最大，且在普通光学显微镜下也可观察到紫红色标记环。100mg/L 和 120mg/L 溶液浸泡后，月鳢仔鱼在其后饲养阶段出现较高的死亡率，显示高浓度茜素络合物溶液对月鳢仔鱼有一定毒性(徐采等，2012)(图 5-6)。

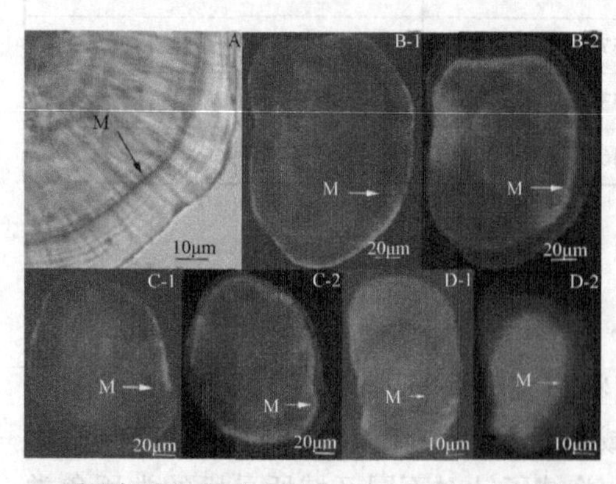

A 可见光下星耳石标记环；B-1，C-1，D-1：矢耳石、微耳石在蓝紫光下的标记环；B-2，C-2，D-2：矢耳石、微耳石在黄绿光下的标记环；M：标记环。

图 5-6 茜素络合物溶液对月鳢仔鱼耳石的标记(徐采等，2012)

除体外标记及体内标记技术外，近代以来发展出监测范围更广的监测技术，如生物遥测技术。生物遥测标(biotelemetriotga)是一种微型的能够产生波信号的装置，如超声标和电磁标。超声标可产生超声波，这种声波能被水听器检测，并转换成相应的音频或电子信号。电磁标可产生频率为27~300MHz的电磁波，这种波能被水面上的天线接收，并转换成相应的音频或电子信号。利用接收器接收遥测标发出的信号就能在较大范围内对鱼类进行跟踪监测，这种技术在鲑科鱼类监测中得到应用。

5.5.2.2 电捕技术

电捕技术的基本原理是利用电鱼机在水中形成电场，鱼受到电流刺激后失去正常运动能力而易于捕捉。电捕技术是从20世纪60年代发展起来的捕捞技术，至80年代发展到顶峰，后因过度使用导致渔业资源严重衰退而逐渐被禁用。我国在20世纪60年代就开始学习苏联的电捕技术，并在内陆水域广泛应用，至后期无节制滥用对渔业资源也造成严重影响。相对于网捕技术，电捕技术成本更低，例如，在苏联波尔科夫尼柯夫湖里的研究显示，电捕成本仅为网捕成本的1/2。《中华人民共和国渔业法》等有关法律已禁止使用电捕技术。然而，电捕技术在科研监测中仍具有重要应用价值，例如，在小型河流及溪流中电捕技术具有其他技术不可比拟的优势(曾燏等，2014)。

5.5.2.3 水声学技术

水声学技术具有直接、迅速、调查区域广、不损坏生物资源、提供可持续数据等优点，已成为渔业资源调查和评估的有效手段，其中声呐技术是主要的技术。目前应用较多的声呐有：PS-20R型、BioSonics DT-X系列、Simrad EY60鱼探仪等。近年还发展出具有图像形成及识别功能的双频识别声呐(dual-frequency identification sonar，DIDSON)。声呐的基本原理是利用声波在水下的传播特性，通过电声转换和信息处理，完成水下探测和通信任务(图5-7)。声呐按是否主动发射声波，可以划分主动声呐和被动声呐两种。

主动声呐是通过仪器主动操纵声呐发射声波，声波接触目标后形成回波，分析回波参数以及测定全过程所需要的时间即可确定目标的形状和位置。被动声呐是通过声呐中的接收声呐基阵被动接收目标发射的辐射噪声或信号来测定目标的位置。

自20世纪20年代中后期，人们就开始利用声呐技术进行鱼类资源调查。我国直到21世纪初才逐步开展利用水声学技术进行鱼类资源调查。声呐技术结合现代编程技术可以对鱼类的种群数量、结构、分布形式、栖息地等方面进行深入的分析。

5.5.3 鱼类监测内容

5.5.3.1 物种多样性监测

栖息环境的改变对鱼类最直接的影响是物种组成的变化，某些不耐受环境改变的物种可能就此灭绝。基于湿地保护目的，物种多样性监测是鱼类监测中最重要，也是最基础的监测内容。例如，随着云南大理洱海物理及生物环境的改变，其鱼类物种组成发生了显著的变化(表5-19)。1976年之前，洱海处于自然状态，水位在海拔1974m以上，其后因在洱海的西洱河建成水电站，并且深挖西洱河河床，大量放水发电，致使洱海水位急剧下降

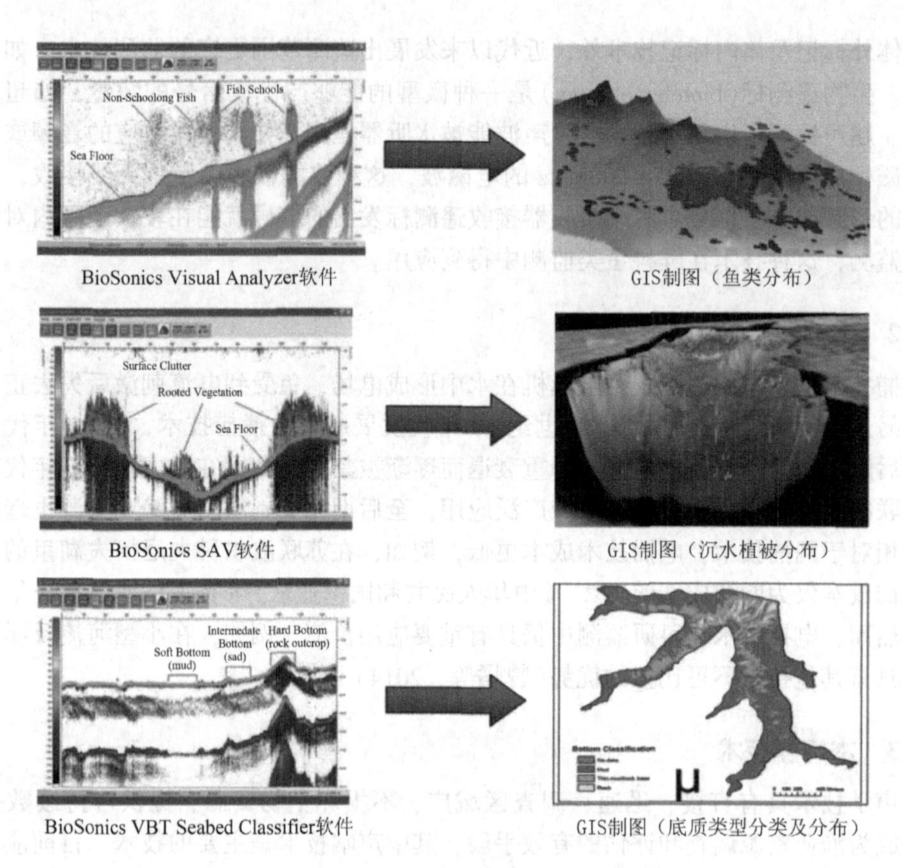

图 5-7 声呐探头(换能器)与主机及操控电脑

(引自 BioSonics DT-X 声呐系统说明书)

图 5-8 异龙中鲤

(引自《中国鲤科鱼类志(下卷)》)

至 1971. 10～1971. 83m，导致大理裂腹鱼(*Schizothorax taliensis*)、油四须鲃(*Barbod esexigua*)、洱海四须鲃(*Barbodes daliensis*)原产卵场所皆处在水位线以上，土著鱼类不能进行正常的产卵繁殖而灭绝。加之大量引入外来鱼类，进一步加剧了土著鱼类的生存危机。近年的调查显示，洱海尚存的土著鱼类仅有 5 种(周兴安等，2016)。同样问题在云南九大高原湖泊中同样存在，最为著名的是发生在 20 世纪 80 年代初期异龙湖因人工泄水及气候干旱而导致全湖干枯事件，最终导致该湖特有种——异龙中鲤(*Cyprinus yilongensis*)灭绝(图 5-8)。

5. 5. 3. 2 种群密度监测

对于鱼类种群密度的估算方法主要分为两种类型：一是相对密度测定，二是绝对密度测定。

表 5-19　1950—2012 年洱海鱼类群落物种组成变化

科	物　种	调查时间					
		1950s	1960s	1970s	1980s	1990s	2012
1. 鲤科	1. 大理裂腹鱼(*Schizothorax taliensis*)	+++	++	+	+	−	+
	2. 云南裂腹鱼(*Schizothorax yunnanensis*)	++	+	−	−	−	+
	3. 澜沧裂腹鱼(*Schizothorax lissolabiatus*)	+	+	−	−	−	−
	4. 灰裂腹鱼(*Schizothorax griseus*)	+	+	−	−	−	−
	5. 洱海鲤(*Cyprinus barbatus*)	+	+	−	−	−	−
	6. 大理鲤(*Cyprinus daliensis*)	++	+	−	−	−	−
	7. 大眼鲤(*Cyprinus megalophthalmus*)	++	++	+	+	−	−
	8. 杞麓鲤(*Cyprinus chilia*)	+++	++	+	+	−	+
	9. 春鲤(*Cyprinus longipectoralis*)	+	+	+	+	−	+
	10. 洱海四须鲃(*Barbodes daliensis*)	+++	++	+	+	−	−
	11. 油四须鲃(*Barbodes exigua*)	+	+	−	−	−	−
	12. 鲤鱼(*Cyprinus carpio*)	++	++	++	+++	+	++
	13. 鲫鱼(*Carassius auratus*)	++	++	++	+++	+	++
	14. 青鱼(*Mylopharyngodon piceus*)	−	+	++	+	+	+
	15. 草鱼(*Ctenopharyngodon idellus*)	−	++	++	++	+	+
	16. 鲢鱼(*Hypophthalmichthys molitrix*)	−	++	++	+	+	++
	17. 鳙鱼(*Aristichthys nobilis*)	−	++	++	+	+	+
	18. 团头鲂(*Megalobrama amblycephala*)	−	−	+	++	+	+
	19. 麦穗鱼(*Pseudorasbora parva*)	−	−	++	+++	+++	+++
	20. 高体鳑鲏(*Rhodeus ocellatus*)	−	+	++	+++	+++	++
	21. 兴凯鳑鲏(*Acanthorhodeus chankaensis*)	−	+	++	+++	++	++
	22. 棒花鱼(*Abbottina rivularis*)	−	+	+	++	+	+
	23. 锦鲤(*Cyprinus carpio haematopterus*)	−	−	−	−	−	+
	24. 鳘(*Hemiculter leucisculus*)	+	+	+	+	+	+++
	25. 鳊(*Parabramis pekinensis*)	−	−	−	−	−	+
2. 鳅科	26. 泥鳅(*Misgurnus anguillicaudatus*)	++	++	++	+	+	+
	27. 侧纹云南鳅(*Yunnanilus pleurotaenia*)	+	+	+	+	+	+
	28. 拟鳗副鳅(*Homatula anguillioides*)	+	+	+	+	+	+
3. 大颌鳉科	29. 中华青鳉(*Oryzias latipessinensis*)	+	+	+	+	+	−
4. 合鳃鱼科	30. 黄鳝(*Monopterus albus*)	−	+	+	+	+	+++
5. 塘鳢科	31. 小黄黝鱼(*Micropercops swinhonis*)	−	+	+	+	+	+++

(续)

科	物 种	调查时间					
		1950s	1960s	1970s	1980s	1990s	2012
6. 鰕虎鱼科	32. 子陵吻鰕虎鱼(*Rhinogobius cliffordpopei*)	–	+	+++	++	+++	+++
	33. 波氏吻鰕虎鱼(*Rhinogobius giurinus*)	–	+	+	+	++	+++
7. 银鱼科	34. 太湖新银鱼(*Neosalanx taihuensis*)	–	–	–	++	+++	++
8. 鳢科	35. 乌鳢(*Channa argus*)	–	–	–	–	–	+
9. 胎鳉科	36. 食蚊鱼(*Gambusia affinis*)	–	–	–	–	–	++
10. 胡瓜鱼科	37. 池沼公鱼(*Hypomesus olidus*)	–	–	–	–	–	+
11. 斗鱼科	38. 圆尾斗鱼(*Macropodus chinensis*)	–	–	–	–	–	+
12. 鲿科	39. 黄颡鱼(*Pelteobagrus fulvidraco*)	–	–	–	–	–	+

注：引自唐剑锋等，2013。

(1)相对密度测定

鱼类种群相对密度测定方法也有两种：一是利用单位时间努力捕捞量(catch per unit of effort，CPUE)进行估算；二是利用单位网具捕获量进行估算。表 5-20 是以地笼网(长 3m，8 孔，网眼 5mm)过夜所捕获的鱼类数量，在不同区域捕获的鱼类数量差异明显。近年在渔业资源调查中逐步使用更为先进的水声学技术对鱼类种群相对密度进行调查。

表 5-20 燕都国家湿地公园鱼类地笼捕获数量 单位：尾

物种	地笼网编号															小计
	1	2	3	4	5	6	7	8	9	10	11	12	13	14	15	
斗鱼(*Macropodus opercularis*)	26	3	5	5	18	0	0	0	0	0	0	0	0	0	0	57
线细鳊(*Rasborinus lineatus*)	6	0	3	3	9	0	0	1	0	0	0	0	0	1	0	23
条纹二须鲃(*Capoeta semifasciolatus*)	0	1	0	3	9	2	11	32	8	12	4	20	3	176	0	281
鲫鱼(*Carassius auratus*)	0	1	4	0	0	10	0	1	0	0	1	0	0	0	0	17
胡子鲶(*Clarias fuscus*)	0	0	1	0	0	1	0	0	0	0	0	0	0	0	0	2
高体鳑鲏(*Rhodeus ocellatus*)	0	0	0	0	0	0	0	0	1	0	0	0	0	0	0	1
鰕虎鱼(*Rhinogobius giurinus*)	0	0	0	0	0	0	0	0	0	0	0	0	1	0	0	1
麦穗鱼(*Pseudorasbora parva*)	0	0	0	0	0	0	0	0	0	0	0	0	0	0	0	0
黄鳝(*Monopterus albus*)	0	0	0	0	0	0	0	0	0	0	0	0	0	0	0	0

（续）

物种	地笼网编号															小计
	1	2	3	4	5	6	7	8	9	10	11	12	13	14	15	
沼虾(*Macrobrachium nipponense*)	0	0	0	0	0	0	0	0	0	7	8	9	5	0	3	32
溪蟹(*Potamon* sp.)	0	0	0	0	0	0	0	0	0	0	0	0	0	0	0	0
中国水蛇(*Enhydris chinensis*)	0	0	1	0	3	0	0	0	0	0	0	0	0	0	0	4
合　计	32	5	14	11	39	33	11	34	9	19	13	29	9	177	3	418

(2)绝对密度测定

鱼类种群绝对密度测定的常用方法为标记重捕法。标记重捕法适用于封闭性种群。在监测期间，区域内种群大小恒定，标记不影响鱼类行为，在种群分布中均匀，各个个体有同样被捕机会，没有迁入迁出，以及没有个体出生及死亡。利用多次标记重捕法对小脊鳞太阳鱼种群大小进行了估算(表5-21)。

表5-21　用多次标记重捕法估计小脊鳞太阳鱼的种群数量

取样日期	捕获数 n_i	捕获动物中已标志动物数 m_i	各次取样加标数(减去死亡) u_i	野外种群中已标志动物总数 M_i	n_iM_i	M_im_i	$n_iM_i^2$	m_i^2/n_i
5月2日	10	0	10	0	0	0	0	0
5月3日	27	0	27	10	270	0	2700	0
5月4日	17	0	17	37	629	0	23273	0
5月5日	7	0	7	54	378	0	20412	0
5月6日	1	0	1	61	61	0	3721	0
5月7日	5	0	5	62	310	0	19220	0
5月8日	6	2	4	67	402	134	26934	0.6667
5月9日	15	1	14	71	1065	71	75615	0.0667
5月10日	9	5	4	85	765	425	65025	2.7778
5月11日	18	5	13	89	1602	445	142578	1.3889
5月12日	16	4	10	102	1632	408	166464	1.0000
5月13日	5	2	3	112	560	224	62720	0.8000
5月14日	7	2	4	115	805	230	92575	0.5714
5月15日	19	3	-	119	2261	357	269059	0.4737
总计	162	24	119	984	10740	2294	970296	7.7452

注：引自Richek，1984；转引自刘建康，1998。

我国学者在湖北保安湖对麦穗鱼(*Pseudorasbora parva*)种群动态进行了持续监测(张堂林等，2000)(表5-22、表5-23)。

表5-22 麦穗鱼标记回捕实验数据

时间	m_r	$SR(\%)$	m	c	r	N	95%CL
1995.10.27~11.3	3384	98.00	3316	795	163	16173	2203
1995.11.24~12.3	796	100.00	796	323	15	17140	8651
1996.1.1~1.9	529	100.00	529	327	11	15725	9224
1996.2.8~2.14	1018	100.00	1018	1913	126	15456	2492
1996.3.16~3.25	1349	97.37	1314	707	63	14746	3460
1996.4.18~4.25	3619	90.84	3287	675	167	13285	1738
1996.5.18~5.25	767	92.50	709	590	45	9296	2578
1996.7.12~7.17	8067	89.89	7251	3046	458	48224	4021
1996.8.23~8.30	1698	92.65	1573	926	39	37349	11561
1996.9.19~9.26	1218	95.00	1157	563	22	29690	12258
1996.10.27~11.3	1615	97.21	1570	597	36	26036	8316

注：引自张堂林等，2000。m_r 为释放的标志鱼数量；SR 为标记鱼释放后的成活率；m 为用成活率校正后的标记鱼数量；c 为回捕期间的渔获数量；r 为回捕的标志鱼的数量；N 为估算的种群数量；CL 为 N 的置信限。

表5-23 麦穗鱼种群年龄组成及不同世代的数量

时间	样本的年龄组成						不同世代数量估算					
	1994	世代(%)	1995	世代(%)	1996	世代(%)	1994	世代 CL	1995	世代 CL	1996	世代 CL
1995.10.27~11.3	75	9.35	727	90.65			1512	206	14661	1997		
1995.11.24~12.3	21	8.05	240	91.95			1379	689	15761	7872		
1996.1.1~1.9	37	8.64	391	91.36			1359	797	14366	8427		
1996.2.8~2.14	49	7.28	624	92.72			1125	181	14331	2311		
1996.3.16~3.25	42	8.99	425	91.01			1326	311	13420	3149		
1996.4.18~4.25	32	6.90	432	93.10			916	120	12369	1618		
1996.5.18~5.25	13	6.05	202	93.95			562	156	8734	2422		
1996.7.12~7.17			63	12.73	432	87.27			6138	512	42086	3509
1996.8.23~8.30			75	14.07	458	85.93			5255	1627	32094	9934
1996.9.19~9.26			43	15.36	237	84.64			4574	1882	25062	10376
1996.10.27~11.3			32	15.17	179	84.83			3949	1261	22087	7055

注：引自张堂林等，2000。

5.5.3.3　遗传多样性监测

环境污染、水利工程建设及酷渔滥捕等众多因素对我国广阔水域的鱼类资源造成了不可逆的破坏，种群数量的下降必然导致其遗传资源的改变。一般认为，遗传多样性越丰富，其种群应对自然选择压力的能力越强，越具有生存机会。遗传多样性研究是保护生物学的核心，不确定濒危物种的多样性程度及其与环境条件的相互关系，就无法评价物种濒危等级及其可能的演变趋势，也就无法采取科学有效的措施保护生物遗传资源。在湿地管理中，只有对湿地区域鱼类种群遗传多样性做深入分析，才能有针对性对其种群制定保育策略。

用于分析鱼类种群遗传多样性的技术多样，过去使用有染色体检测法、同工酶检测法等，近年来主要采用分子生态学手段。例如，早期有限制性片段长度多态性(RFLP)技术、随机扩增多态性 DNA(RAPD)分析技术等，现代有 SNP 分子标记、微卫星标记，mtDNA *Cytb*、线粒体 COI 序列分析技术等。

(1)自然种群遗传多样性

广布性物种种群通常具有较高的遗传多样性，如鲇(*Silurus asotus*)广泛分布于长江流域、珠江流域、辽河流域等我国主要水系，2017 年监测显示，鲇的自然种群具有较为丰富的遗传多样性，表明其种群数量相对稳定，其现今遗传格局是由距今 4~5 万年前所经历的种群扩张过程所形成(徐丹丹等，2017)。而对于分布区域较为狭窄的物种，其种群有遗传多样性通常较为贫乏。例如，短须裂腹鱼(*Schizothorax wangchiachii*)局限分布在金沙江水系，在水电站建设等人为干扰因素影响下，其种群数量已明显下降，种群遗传多样性仅处在中等水平，并有进一步下降的可能(李光华等，2018)。对特有物种元江鲤(*Cyprinus carpio rubrofuscus*)的遗传监测表明，种群具有较高的种群遗传多样性，尚未见遗传渐渗问题(岳兴建等，2013)。

(2)人工增殖放流种群遗传多样性

在鱼类资源日趋枯竭的情况下，人工增殖放流成为了恢复鱼类资源的一个重要手段。对鄱阳湖水系野生及增殖放流的草鱼(*Ctenopharyngodon idella*)种群遗传多样性监测显示，野生草鱼及增殖放流草鱼均具有较高的遗传多样性，但野生群体遗传多样性高于增殖放流群体，两种群将遗传分化不明显(张燕萍等，2013)。对长江中游草鱼放流及野生群体的监测结果与之类似，放流种群对野生种群遗传结构影响尚不明显(季晓芬等，2018)。对鄱阳湖区域鲢鱼(*Hypophthalmichthys molitrix*)野生及增殖放流种群遗传多样性的监测显示，两种群虽然出现一定的分化，却未出现显著的区别，其后果是增殖放流鲢群体引起鄱阳湖水系自然鲢遗传结构的分化，需引起重视。长江下游鳙鱼(*Aristichthys nobilis*)放流种群与野生种群也未检出明显遗传分化(张敏莹等，2013)。对长江胭脂鱼(*Myxocyprinus asiaticus*)人工放流子一代种群(四川宜宾江段、武汉金口江段、万州江段)遗传监测显示，该种群处于较高的遗传多样性水平(杨钟等，2010)。利用微卫星标记技术很好区分了哲罗鲑(*Hucho taimen*)放流个体与野生个体，并判定放流群体仍具有较高的遗传多样性(佟广香等，2015)。

5.5.3.4 生存质量监测

(1)食物组成与饵料资源监测

饵料资源是鱼类生存的核心物质资源，在湿地管理中必须十分重视饵料资源的保护与管理。不同食性鱼类，其饵料资源基础不同。鱼类食性分类主要有植物食性，如草鱼、团头鲂(*Megalobrama amblycephala*)等；浮游生物食性，如鲢鱼、鳙鱼、大头鲤(*Cyprinus pellegrini*)、太湖新银鱼(*Neosalanx taihuensis*)等；肉食性(鱼食性)如鳡鱼(*Elopichthys bambusa*)、扁吻鱼(*Aspiorhynchus laticeps*)、鳜鱼(*Siniperca chuatsi*)、乌鳢(*Channa argus*)、拟鲇高原鳅(*Triplophysa siluroides*)等；杂食性如鲤鱼、鲫鱼、罗非鱼(*Oreochroms* spp.)等。

早期的监测主要是对浮游生物的调查。如1956年对太湖枝角类的调查共发现35种，分属6科19属(堵南山等，1958)。对云南主要高原湖泊也进行了全面的饵料生物调查(黎尚豪等，1963)。对饵料资源监测的一个重要作用是可以以此对渔产潜力进行估算。对武汉东湖的浮游植物资源调查显示，浮游植物的净产量占该区毛产量的60%，其全年对鲢鳙鱼类的供饵能力折合10025t氧，其中郭郑，水果及汤林等湖区渔产潜力逾789kg/hm^2(王骥等，1981)。过去的研究在许多区域进行过饵料资源估算渔产潜力的研究(表5-24)。加强对湿地饵料资源的监测，对合理利用湿地鱼类生产功能有着重要帮助。

表5-24 异龙湖饵料资源基础与渔产潜力估算

饵料类群		生物量			渔产潜力 (kg/hm^2)	资料来源
		mg/L	g/m^2	kg/m^2		
浮游植物		31.0816	—	—	254.100	王忠泽，1997
		161.4723	—	—	1320.080	2015年监测信息
浮游动物		20.1145	—	—	274.900	王忠泽，1999
		2.6400	—	—	36.080	2015年监测信息
底栖动物	水生昆虫	—	2.91	—	5.325	2015年监测信息
	寡毛类	—	1.18	—	2.773	
水生植物		—	—	33.492	950.000	2015年监测信息

(2)水污染监测

水污染对鱼类生存是重大威胁。对鱼类监测同时需针对其生存环境开展监测。过去近半个多世纪以来，我国工农业飞速发展、城市及乡镇规模极度膨胀，带来了对水体严重的污染，包括了重金属污染、有机物污染、化学品污染、环境激素污染等。

对滇池的监测显示，从20世纪70年代中后期起，水污染严重影响了鱼类生存，仅50%的土著鱼类就因此而灭绝，生存下来的鱼类(如鲫鱼等)脊椎骨等出现了高比例的畸形(何经昌等，1980)。近年，滇池水体出现了环境激素污染问题，并在鱼类中发现了性别畸形现象，如食蚊鱼(*Gambusia affinis*)出现了雌鱼雄性化现象。对珠江三角洲养殖池塘监测显示，多数区域存在重金属污染问题(谢文平等，2014)，多氯联苯等污染物在水污染过程中对鱼类具有明显的富集作用(吴江平等，2011)。对大庆湖泊群4个湖泊组水体多环芳烃

(PAHs)的监测显示，鱼体重其浓度水平均有不同程度超标(王晓迪等，2015)。

5.5.3.5 入侵物种监测

近代以来，我国渔业部门及水产研究机构从国外引入了大量的外来鱼类，且在国内不同区域、不同水系进行不计其数的养殖物种引种，使得我国绝大多数水体都存在外来鱼类入侵问题。在珠江流域已经形成产量或成为常见物种的有尼罗罗非鱼、莫桑比克罗非鱼、豹纹脂身鲶(*Pterygoplichthys pardalis*)、革胡子鲶(*Clarias leather*)、食蚊鱼、麦瑞加拉鲮(*Cirrhinus mrigala*)、露斯塔野鲮(*Labeo rohita*)、大口黑鲈(*Micropterus salmoides*)及斑点叉尾鮰(*Ietalurus Punetaus*)等(顾党恩等，2012)。对广州流溪河流域的豹纹脂身鲇性腺发育的周年指数监测表明(图5-9)，该物种在流溪河已形成稳定的入侵种群(刘飞等，2017)。尽管针对鱼类入侵风险已初步建立了评估体系(窦寅等，2011)，但在湿地管理中对外来鱼类的入侵仍需给予足够重视。

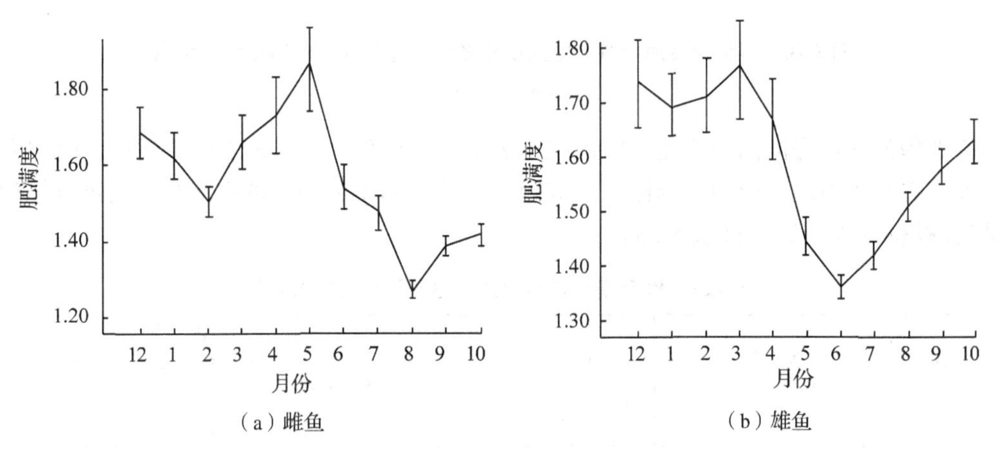

图5-9 豹纹脂身鲶肥满度周年变化

(引自刘飞等，2017)

5.5.3.6 其他监测

许多对鱼类的监测是针对鱼类特定方面进行的，类似于专题监测，监测内容也十分丰富。比较典型的监测有：洄游监测、繁殖群体监测等。

(1)洄游监测

①鲑鱼幼鱼过坝监测：美国哥伦比亚河鲑鱼幼鱼过坝监测，主要监测对象为国王鲑(*Oncorhynchus tshawytscha*)、红鲑(*Oncorhynchus nerka*)和硬头鳟(*salmon gairdneri*)。自20世纪80年代初以来，一直在为恢复和加强哥伦比亚河中游的鲑鱼洄游而努力。20多年来，哥伦比亚河中游大坝的业主和运营者一直在对旁路法进行评估，以提高幼鱼的存活率。1980~1999年，采用的是水声技术，1998年开始在该流域的11座水电大坝应用声学标志技术。2006年，在罗基里奇坝，64%的硬头鳟通过表面集鱼器过坝，红鲑比例较低，为39%，73%的硬头鳟和45%的红鲑经由表面集鱼器、旁路集鱼栅和溢洪道过坝(Ramsey，2009)(图5-10)。

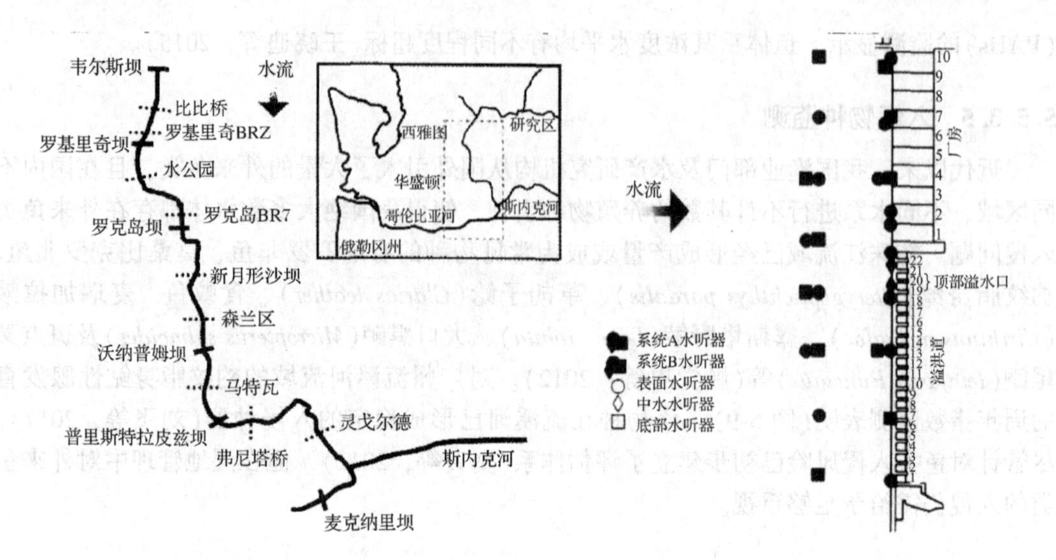

图 5-10　哥伦比亚河中游水电大坝和畅流河道声学接收器检测点示意

（Ramsey，2009）

②中华鲟幼鱼降河洄游监测：1998~2002 年，为研究中华鲟人工放流效果，研究者采用体外挂牌和体内注射微型线码标记（CWT）的方法，对两种规格的中华鲟幼鲟进行标记放流试验（杨德国等，2005）（表 5-25）。

表 5-25　30 年来中华鲟幼鱼到达长江口时间及规格

年份	到达时间	样本数	规　格	
			体长（cm）	体重（g）
1987	5 月上旬	1	—	—
1990	5 月下旬	34	12.96	12.82
1991	5 月中旬	12	12.45	11.20
1992	5 月中旬	12	—	—
2004	5 月中旬	5	16.8	28.66
2005	5 月下旬	1	17.20	30.80
2006	5 月下旬	1	11.00	8.98
2007	6 月上旬	2	20.00	35.00
2008	5 月下旬	3	23.00	63.67
2012	5 月中旬	8	10.03	7.82
2013	5 月中旬	2	12.35	9.95
2014	未监测到野生幼鱼	—	—	—
2015	4 月中旬	1	7.00	2.19

③溯流监测：鳗鲡是淡水生长、海水繁殖的洄游性鱼类，其仔鱼孵化后即进行溯河洄游历程，最终洄游到淡水河流区域生长发育，属于溯流洄游。繁殖期期间，亲本洄游至沿海水深 400~500m 进行繁殖，我国沿海江河入海口多数能监测到鳗苗入河。在北方，鸭绿

江口、大洋河口历年鳗苗溯河期为 4 月 13 日至 6 月初，英那河、碧流河、清云河等鳗苗出现时间为4 月 20 日到 6 月 10 日(解玉浩等，1992)。2012 年监测显示，长江口鳗苗主汛期为 2~3 月，苗汛高峰时间呈现由南向北、由外向内逐渐推迟的趋势，与其洄游路线一致；鳗苗主要分布区为长江口外的南汇、佘山岛、东旺沙水域，其中南汇水域产量最高，长江口内的青草沙、东风西沙水域产量较低(智玉龙等，2013)。同年靖江段鳗苗汛期为 1 月下旬至 4 月上旬，单船总捕捞量为 221~443 尾，平均(344. 8±83. 4) 尾。1 月每日仅能平均捕获 0. 4 尾，且空网率高达 90. 9%；4 月为旺汛期，日均能够捕获 10. 4 尾，空网率仅为 10. 0%(郭弘艺等，2017)。

(2)繁殖群体监测

①四大家鱼繁殖群体监测：赣江峡江段四大家鱼资源匮乏，占总渔获物的比例很小，年龄以 1~2 龄为主，占总量已达 80%，繁殖个体仅占四大家鱼总量的 3. 8%(张建铭等，2010)。红水河江段四大家鱼占渔获物比例合计为 10. 38%，以 0+龄和 1+龄居多，种群呈现小型化和低龄化 ；四大家鱼的个体繁殖力偏低，其群体自我补充能力基本丧失(吴伟军等，2016)。目前整个珠江流域四大家鱼的资源量都极低，单船单日产量 CPUE 均值为 2. 53kg，低龄化明显，以 1+~2+龄居多(帅方敏等，2017)。

②大麻哈鱼繁殖群体监测：在我国境内，大麻哈鱼洄游乌苏里江、黑龙江、绥芬河及图们江等不同的河流进行繁殖。监测显示，洄游黑龙江中游与乌苏里江的大麻哈鱼属于不同的繁殖群体(韩英等，2004)。2010 年对乌苏里江大麻哈鱼群体结构的研究显示，该种群源量呈增大趋势，群体中个体趋于小型化，雌性个体在群体中处于主导地位(马波等，2011)。该群体繁殖期中出现两种体色的繁殖个体：白鳞个体与深斑个体。白鳞个体小于深斑个体，相对繁殖力高于深斑个体，性腺发育落后于深斑个体，繁殖时间晚于深斑个体，它通过提高个体相对繁殖力的策略来缓解后代数量的减少(唐富江等，2008)。王继隆等(2013)对黑龙江水系中国大麻哈鱼繁殖群体进行了监测，发现大麻哈鱼 3 龄前生长速度较快，以后逐渐变慢，黑龙江大麻哈鱼雌性个体性腺指数(*gonadosomatic index*，*GSI*)和绝对繁殖力均与叉长呈显著正相关，且发育程度高于乌苏里江群体，乌苏里江群体性腺发育的不一致性导致了 *GSI* 和叉长的相关性不显著。

③鲟鱼类繁殖群体监测：对黑龙江施氏鲟(*Acipenser schrenckii*)繁殖群体监测显示，当前黑龙江流域施氏鲟尚具有较为丰富的资源，持续 40 多年对其繁殖群体的监测显示，黑龙江施氏鲟繁殖群体有低龄化的趋势(韩骥等，2012)(表 5-26)。

表 5-26　施氏鲟不同年份繁殖群体全长、体重及年龄组成对比

指标	1979 年(*N*=126)			2006 年(*N*=126)			2010 年(*N*=126)		
	幅度	优势范围	优势比例(%)	幅度	优势范围	优势比例(%)	幅度	优势范围	优势比例(%)
全长(cm)	100~230	119~203	71	40~210	90~180	87. 0	96~201	120~180	78. 9
体重(kg)	2. 5~102	5. 0~55. 5	71	0. 22~60	3. 5~35	88. 2	3~44	10~25	56. 7
年龄	6~40	15~30	72	3~40	11~24	79. 6	5~35	11~25	84. 7

注：引自韩骥等，2012。

长江葛洲坝及三峡大坝的建立对中华鲟繁殖具有显著影响(黄真理等，2017)(表 5-27)。对中华鲟繁殖群体的监测显示，其种群数量下降明显，年均产卵量由原来 2195×10^4 粒(1998~2003 年)下降到 2007 年监测时的 238×10^4 粒(2004~2007 年)，下降趋势极为显著(陶江平等，2009)。2013~2014 年，中国水产科学研究院长江水产研究所等科研单位在中华鲟自然繁殖窗口期内未发现中华鲟在葛洲坝下自然产卵，中华鲟在此产卵场的繁殖活动中断。其后 2016 年监测证实中华鲟的产卵场位置发生了变动，在葛洲坝下游更远的区域形成小规模繁殖场，推测参与繁殖的雌鱼仅 5 尾(吴金明等，2017)，对中华鲟繁殖致命性影响可能是水利工程造成的水温变化，导致了中华鲟繁殖所需的关键条件丧失(Huang et al.，2018)。

表 5-27　2005~2016 年葛洲坝中华鲟繁殖群体数量估算

监测年份	估算数量(尾)	备　注
2005	235	第 1 次产卵前
	157	第 1 次产卵后
2006	217	第 1 次产卵前
	157	第 1 次产卵后
2007	203	第 1 次产卵前
	102	第 1 次产卵后
2016	5(雌鱼)	

引自，陶江平等，2009；吴金明等，2017。

5.6　湿地浮游动物监测

浮游动物是指悬浮于水中的水生动物。它们一般身体微小，游动能力弱或完全不具备游泳能力。浮游动物是湿地生态系统一个重要组分，在生态系统发挥重要的作用。如轮虫类，它们能够摄食微小而不能被鱼类摄食的细菌及碎屑，自身又被鱼类所摄食，因而在水域生态系统结构功能、能量传递及物质转换方面作用巨大。这种能量传递及物质转换作用能够进而影响顶级捕食者种群的生存。因此，浮游动物是水体及湿地生境食物链的基础。当浮游动物的群落结构发生变化时，将会引起生态系统的一系列巨大变化。另一方面，因浮游动物数量大、分布广、种类组成复杂，已成为水体生物多样性的重要组成部分。水体的富营养化，浮游动物的密度增加，种类减少，多样性指数也随之降低。浮游动物作为水体中重要的生物类型，研究其与环境因子(生物因子和非生物因子)的关系，分析个体、种群及群落对各因子变化后的反应，对于水体监测及湿地生态系统监测具有积极的意义。

5.6.1　浮游动物分类

浮游动物类群复杂，一般而言主要包括 4 个类群：原生动物、轮虫、枝角类和桡足类(图 5-11)。尽管缺乏主动游泳能力的鱼卵及仔鱼也属于浮游动物范畴，但一般很少将其作

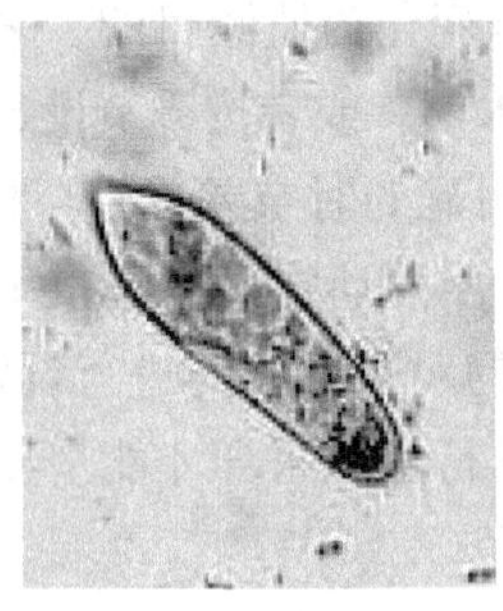

(a)草履虫

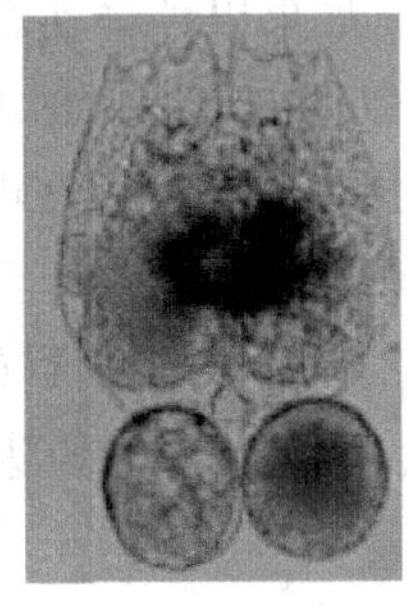

(b) 萼花臂尾轮虫

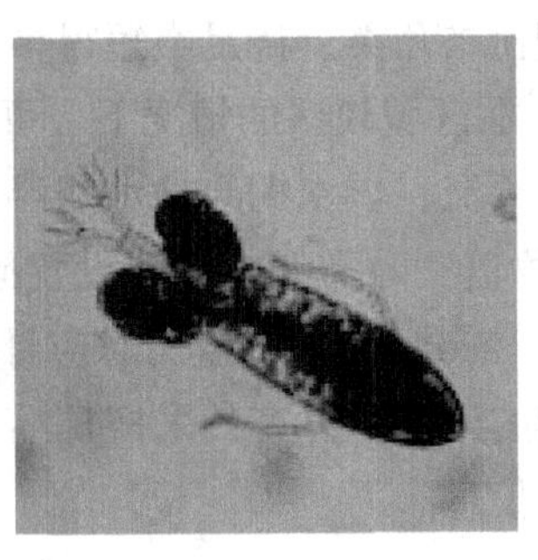

(c) 指状许水蚤

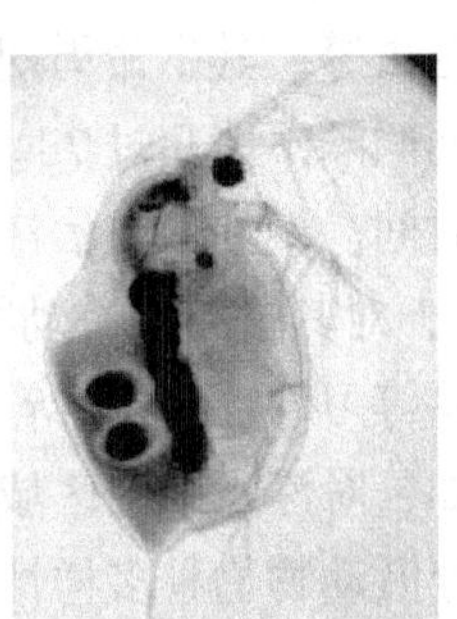

(d) 蚤状溞

图 5-11　浮游动物主要类群

(董佳驹，2007；殷旭旺等，2009；李扬，2006；陈明海，2018)

为浮游动物研究领域研究及监测的对象。

(1)原生动物

原生动物是由单细胞构成的微小动物，最小仅 5μm，最大的 5mm，大多数为 30～300μm。全世界已知超过 3 万种，原生动物生活方式多样，有营自由生活的，也有营寄生生活的，亦有营兼性生活的，约 7000 种，常见的有 200～500 种。代表性物种如草履虫、变形虫等。

(2)轮虫

轮虫是最小的多细胞动物，个体大小在 45～2500μm，一般为 100～500μm。主要特征是有纤毛的头冠，特化的咀嚼囊并有角质化的咀嚼器，有一对原肾管分列体两侧，原肾管末端为焰细胞。多数轮虫以微型藻类、细菌及有机碎屑为食，行滤食性，也有少数种类为捕食性物种。代表性种类如萼花臂尾轮虫(*Brachionus calyciflorus*)、晶囊轮虫(*Asplanchnopus* spp.)等。

(3)枝角类

个体大小为 0.2～3.0mm。全世界约 11 科 65 属 440 种。主要特征是有两瓣透明介壳包被身体。枝角类主要分布在湖泊中，尤其是水草密度较高的湖滨带区域，物种多样性较高。代表性物种有大型溞(*Daphnia magna*)、蚤状溞(*Daphnia pulex*)等。

(4)桡足类

个体大小为 0.3～3.0mm，一般小于 2mm。主要有 3 个类群：哲水溞、剑水溞和猛水溞。哲水溞主要为滤食型；猛水溞多沿着水域底部爬行，碎屑食性及腐食性，能以动物尸体为食，且能捕食其他浮游动物(如原生动物、轮虫等)；剑水溞类群食性复杂，掠食、刮食及混合食性等。桡足类代表性物种有近邻剑水溞(*Cyclops vicinus*)、广布中剑水溞(*Mesocyclops leuckarti*)等。

5.6.2　浮游动物监测

5.6.2.1　样品采集

(1)时间设置

多数浮游动物生命周期较短，因此，不同研究、监测的采样时间间隔要求不同。对于如轮虫等，其生命周期比枝角类、桡足类短得多，如果以种群动态变化为监测目的，采样时间间隔不能超过7d。在区域较广的情况下，可以在丰水期、枯水期，或者按季节设定采样时间。例如，在信江干流，丰水期与枯水期浮游动物丰度存在明显的时空差异性(图5-12)，对其进行浮游动物监测时需考虑时间设置问题。另外，由于浮游动物具有昼夜垂直迁移等习性(刘顺会等，2008)，开展监测时应针对具体的监测目的对采样时间进行设定。例如，对深水湖泊区域的监测，只有在采样日早、中、晚分时段进行重复采样才能全面获取浮游动物物种多样性信息。

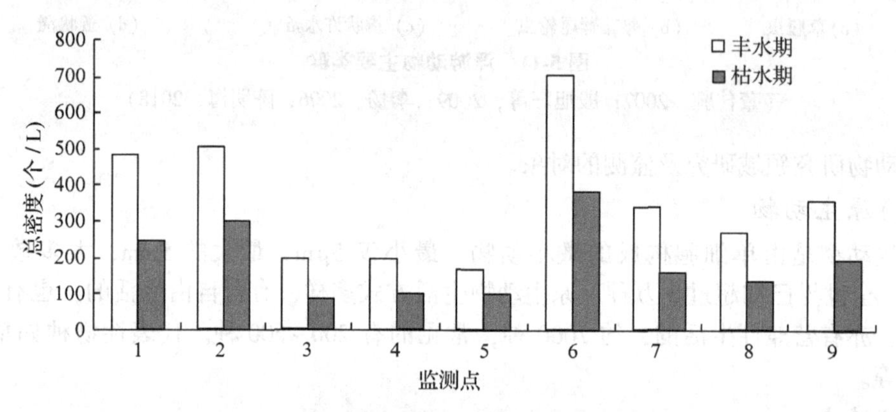

图5-12 信江干流浮游动物密度丰水期与枯水期变化

(张洁等，2013)

(2)样点设置

针对不同的水域或湿地生境类型及监测目的，在监测区域设置的采样点有所不同。针对于流域或行政区域的浮游生物多样性信息的研究，需在不同的空间位置进行布点。例如，针对浙江水源地浮游动物监测，其布点覆盖了已知的重点水源区域(徐杭英等，2013)；而针对渭河流域浮游动物的监测，则在各支流、干流的重点区域进行布点(白海锋等，2014)。只有布点足够多才能全面反映流域的总体状况，工作量较大。

(3)采集方法

定量样品用2.5L采水器分别于该样点取水口的上、下水层各采10L水样，用25号筛绢制成的浮游生物网(孔径64μm)过滤浓缩，当即用40%甲醛溶液进行固定，终浓度为5%，待检。同时测定水体pH值、溶解氧、总氮、总磷、氨态氮和叶绿素a等理化参数(徐杭英等，2015)。定性采用25号(孔径0.064mm)浮游生物网按"∞"字型路径采集水下0.5m处的浮游动物，采集后立即加入5%甲醛溶液进行固定，待检(张洁等，2013)。

采样方法的差异能够对样品浮游动物多样性分析产生重要影响。分别用浮游生物网和球阀采水器采集样品的研究结果显示，用浮游生物网采集浮游植物样品时，能够获得较多的种类数和较高的Margalef指数、Pielou均匀度指数、Shannon指数和Simpson指数；而优势度指数和分类学差异性指数的结果则较低；用球阀采水器采集的浮游动物样品具有较高的Shannon指数、Pielou均匀度指数、Simpson指数和分类学多样性；其他指数的结果则相反(张青田等, 2017)。因此，针对不同的监测目的，需要对采样方法进行选择。

5.6.2.2 物种鉴定

(1)形态鉴定

基于形态特征的浮游动物种类鉴定费时费力，且需要较强的专业知识。主要动物类群鉴定参考书籍如下：

原生动物：《原生动物学》(沈蕴芬，1999)。

轮虫：《中国淡水轮虫志》(王家楫，1961)。

枝角类：《中国动物志(淡水枝角类)》(蒋燮治，1979)。

桡足类：《中国动物志(淡水桡足类)》(沈嘉瑞，1979)。

(2) DNA 条码鉴定

浮游动物种类繁多，且幼体形态极为相似，利用传统形态学分类方法对物种进行鉴定费时费力，显然无法满足当前对湿地浮游动物快速检测的需求。针对物种快速检测，近代随着 DNA 技术的迅速发展，出现了 DNA 条码物种快速鉴定技术。Hebert et al. (2003)提出建立基于 DNA 条形码的数据库以实现物种的快速鉴定后，该技术在生物多样性监测中应用日益广泛。

5.6.2.3 数据分析

(1)种群数量分析

$$N = \frac{nV_1}{V_2V_3} \tag{5-37}$$

$$N = \frac{nV_W}{A_C V} \cdot n \tag{5-38}$$

式中：N——1L 水中浮游生物的数量，个/L；

V_1——浓缩样体积，mL；

V_2——计数体积，mL；

V_3——采样量，L；

n——计数所得浮游生物个数；

A_C——计数面积，mm^2；

V_W——计数框体积，mL；

V——1L 水中经沉淀后样品体积，mL。

(2) 生物多样性指数分析

常用 Shannon-Wiener 指数(H')、Margalef 指数 (d)和均匀度指数(E)分析浮游动物的群落结构。

$$H' = -\sum_{i=1}^{S} P_i \ln P_i \tag{5-39}$$

$$d = \frac{S-1}{\ln_2 N} \tag{5-40}$$

$$E = \frac{H'}{H_{max}} \qquad H_{max} = \ln S \tag{5-41}$$

式中：$P_i = N_i/N$；

N_i——第 i 种的密度，个/L；

N——总密度，个/L；

S——总物种数。

5.7 湿地底栖动物监测

底栖动物是湿地生态系统的重要组分，是鱼及水鸟等主要湿地动物类群的重要食物来源，在湿地生态系统物质循环及能量流动中发挥重要作用，对湿地生态系统结构稳定及功能发挥也均具有重要的作用。此外，底栖动物的许多类群(如河蚌、虾、蟹等)本身具有重要的经济价值，是湿地资源可持续利用的重要形式。随着研究的逐步深入，底栖动物能够作为环境监测的有效生物指标指示湿地生态系统功能的变化。近年随着湿地环境的恶化，许多底栖动物种群的续存也受到严重的威胁。例如，2011 年世界自然保护联盟 IUCN 濒危物种红色名录中软体动物有 5422 种，中国有 14 种淡水软体动物被列入(杜丽娜等，2012)。对湿地底栖动物的系统监测能够为湿地科学管理及湿地资源的科学有效利用提供重要的数据支撑。

5.7.1 底栖动物概述

底栖动物是指生活史的全部或大部分时间生活于水体底部的水生动物群。按起源划分，可以分为原生底栖动物和次生底栖动物两大类群；按个体大小划分，可分为大型底栖动物、小型底栖动物及微型底栖动物三大类。

底栖动物所包含的分类类群多样，如海绵动物、刺胞动物、扁形动物、线形动物、环节动物、软体动物(图 5-13)、节肢动物(胡成业等，2016)。从严格意义上说，一些底栖性鱼类及有尾两栖类也被归为底栖动物。

按照空间生态位，底栖动物可以划分 4 个主要生活型：固着动物、穴居动物、攀爬动物和钻蚀动物。每种生活型均具有代表性物种。固着动物如淡水壳菜(*Limnoperna fortunei*)、藤壶、某些摇蚊及石蛾幼虫等；穴居动物如双壳类动物及摇蚊类幼虫；攀爬动物如环棱螺、田螺、蜻蜓幼虫、虾蟹类等；钻蚀动物如船蛆等。

按照摄食生态位，底栖动物可以划分出不同的功能摄食群(functional feeding groups)(表 5-28)，包括撕食者、收集者、刮食者和捕食者等类群(王强等，2011)。这种类群的划分对于理解底栖动物在湿地生态系统功能角色及功能发挥有重要帮助。

在湿地生态系统中，很多种类的底栖动物能够促进有机质的分解、营养物质的转化、污染物的代谢，以及能量的流转和加速自净过程等，并参与对植物落叶的粉碎、细化及部

a. 云南萝卜螺；b. 大脐圆扁螺；c. 尖膀胱螺；d. 多棱角螺；e. 螺蛳；
f. 绘环棱螺；g. 盘螺；h. 椭圆背角无齿蚌；i. 蚬。

图 5-13　滇西北四大高原湖泊分布的软体动物

（比例尺为 1cm；引自杜丽娜等，2012）

表 5-28　太湖贡湖湾生态修复区底栖动物功能摄食群

物　种	摄食功能类群	物　种	摄食功能类群
梨形环棱螺（*Bellamya purificata*）	刮食者	蚶形无齿蚌（*Anodonta arcaeformis*）	滤食者
椭圆萝卜螺（*Radix swinhoei*）	刮食者	中国淡水蛏（*Novaculina chinensis*）	滤食者
索形钻螺（*Opeas funiculare*）	刮食者	淡水壳菜（*Limnoperna fortunei*）	滤食者
长角涵螺（*Alocinma longicornis*）	刮食者	射线裂脊蚌（*Schistodesmus lampreyanus*）	滤食者
钉螺（*Oncomelania hupensis*）	刮食者	背瘤丽蚌（*Lamprotula leai*）	滤食者
三角帆蚌（*Hyriopsis cumingii*）	滤食者	寡鳃齿吻沙蚕（*Nephtys oligobranchia*）	收集者
河蚬（*Corbiaula fluminea*）	滤食者	克拉泊水丝蚓（*Limnodrilus claparedeianus*）	收集者
剑状矛蚌（*Lanceolaria gladiola*）	滤食者	摇蚊幼虫（*Tendipes* sp.）	收集者
河无齿蚌（*Anodonta fluminea*）	滤食者	蜻蜓稚虫（Dragonfly larva）	捕食者

注：引自沈忱等，2012。

分分解过程。以在底栖动物中占 70%～80%生物量的摇蚊幼虫为例，它们能够摄食底栖藻类和有机碎屑等，本身又是鱼类等动物的重要食物来源，在泥水界面能够通过扰动促进氧的下渗，且自身又能够对水体中磷进行积累，促进底泥氮、磷的释放，在湖泊富营养化过程发挥重要推动作用（商景阁等，2011）。尽管摇蚊幼虫扰动对磷向上覆水中释放的研究中仍存在分歧，在一项使用高分辨率（可达毫米级）的梯度扩散薄膜（DGT）技术进行原位采样分析的研究中，显示摇蚊幼虫扰动增加了沉积物中溶解氧的渗透深度，降低了活性磷和活性铁的浓度，同时抑制了活性磷向上覆水中的释放(杨艳青等，2016)。另一项使用微电极系统和高分辨率的渗析平衡技术(HR-Peeper)的研究中，揭示摇蚊幼虫扰动沉积物中溶解态反应性磷的释放主要受 Fe^{2+} 的氧化还原所控制(杨婷婷等，2016)。

底栖动物分类类群多样，不同类群的生活史也十分多样，从低等的出芽生殖到严格的有性生殖均具有代表性类群。此外，底栖环境的性质及变化对底栖动物物种多样性及种群数量均具有显著的影响(殷旭旺等，2017)。在对底栖动物的利用上也十分多样，如渔业上常通过底栖动物的生物量特征估算特定水域渔业生产潜力(龚志军等，2001)；而环境科学上，常通过监测敏感种及耐污种的组成及变化、生物群落的完整性等指示水体环境质量的变化(王备新等，2005)。

5.7.2 底栖动物监测方法

底栖动物监测方法已经十分成熟，形成了规范化的操作流程和定性定量采集规范。通常，不同的监测目的和目标类群所采用的方法也不同。

5.7.2.1 样品采集

(1)采集时间

为全面了解特定区域的底栖动物状况，须保证每年至少采集 2 次，一般选定在物种多样性相对较高且生物量相对较大的春季(4~5 月)和秋季进行采集(9~10 月)。为增强年度间底栖动物监测结果的可比性，每年同一季节的底栖动物监测采样时间应尽量保持一致，前后相差不超过 15d。

(2)采集区域

近年来，在水质评价中应用的底栖动物类群监测数据多需进行大区域采样。例如，在辽河流域的太子河底栖动物监测中，样品采集点覆盖了太子河全流域(图 5-14)。而对于大型湖泊区域底栖动物的监测，采集点常需全面覆盖各湖区及生境类型(图 5-15)。

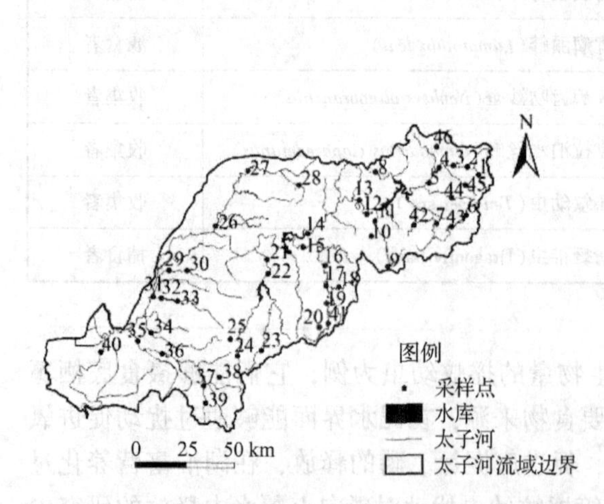

图 5-14 太子河大型底栖动物样品采集样点分布示意(冷龙龙等，2016)

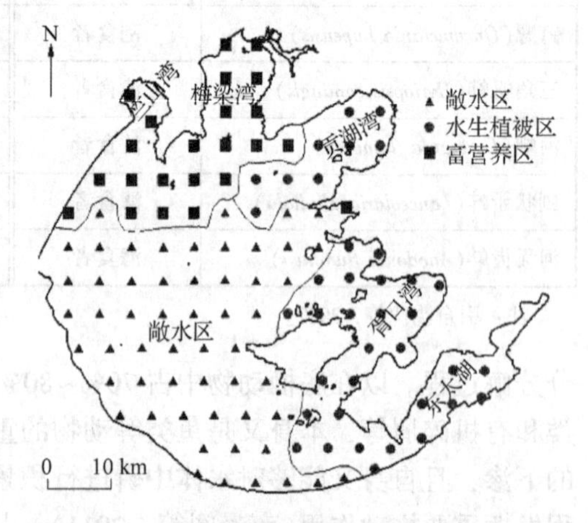

图 5-15 太湖大型底栖动物采集样点分布示意(许浩等，2015)

(3)采集方法

图 5-16　彼得生采泥器

在湖泊的沿岸带主要用网眼为 300~500μm 的手抄网进行连续 2min 的采样；在湖泊深水区，用 1/16m²的彼得生采泥器(图 5-16)结合网眼为 2cm 的底托网进行采样。采集到的样品先用水清洗，过网眼为 50μm 的筛，去除大石头、泥块、枯枝烂叶等，将底栖动物标本捡出，放入采集瓶中，用 75%的酒精或 5%甲醛溶液固定。

而对于特定类群(如水生昆虫)的监测，其采样方法具有特殊性。以广东南昆山溪流水生昆虫监测为例(童晓立等，1995)，样品采集采用了美国环境保护署推荐的综合定性采样法。每样点用水网捕 2 网：一网在水流较急处，另一网在水流缓慢处。用 D 形网沿岸边捕 20m；并在约 20min 内随机检出水中石块，落叶上的昆虫采获的昆虫在野外立即检出，保存于 75%的酒精中。而在砾石区域，只能徒手采集水生昆虫进行定性分析(王强等，2011)。

5.7.2.2　物种鉴定

(1)软体动物

软体动物的鉴定方法可参考《医学贝类学》(刘月英等，1993)、《中国经济动物志—淡水软体动物》(刘月英等，1979)和《中国动物图谱—软体动物》(齐钟彦等，1985)。

(2)水生昆虫

水生昆虫的鉴定方法可参考《云南蚊类志》(董学书等，1993)、《中国北方摇蚊幼虫》(王俊才等，2011)。

5.7.2.3　数据分析

底栖动物监测中可应用的数据分析方法众多，最为广泛应用的为生物指数计算方法。表 5-29 中，列出了近年比较流行的大型底栖动物单因子评价指数。比较不同区域大型底栖动物的群落多样性和物种丰富度，采用 Shannon-Wiener 指数(H')和 Margalef 指数(d)已经足够(徐小雨等，2011)。

$$H' = \sum_{i=1}^{S}\left[\left(\frac{n_i}{N}\right)\ln\left(\frac{n_i}{N}\right)\right] \tag{5-42}$$

$$d = (S-1)/\ln N \tag{5-43}$$

式中：n_i——第 i 物种的个体数；

N——样方中观察到的个体总数；

S——样方中物种的数目。

将各个采样点的多样性指数和物种丰富度指数的均值分别作为各个研究区域的大型底栖动物群落多样性和物种丰富度。

表 5-29 大型底栖动物单因子评价指数计算方法、原理及其发展和应用说明

大型底栖动物生物评价指数	计算方法	原理	说明	评价	评分
BMWP 指数	$BMWP = \Sigma t_i$ t_i 是科 i 的 *BMWP* 的分数，通过比较检测值与预期值	基于科一级分类阶元上各物种的出现与否，考虑出现物种的敏感值，以所有出现物种敏感值之和代表环境的清洁程度	*BMWP* 指数基于英国地区河流的研究，现已在西班牙、希腊、意大利、波兰、美国、泰国、马来西亚和埃及等国家广泛使用，但不同地区需要对 *BMWP* 分值进行重新修订	健康	
				良好	
				一般	
				较差	
				极差	
ASPT 指数	$ASPT = \Sigma t_i/n$ t_i 是每个类群的敏感值，n 为总的科级分类单元数	基于 *BMWP* 指数，降低总物种数中偶见种的出现对评价结果的影响	基于 *BMWP* 指数结果计算得到，计算方法简单。在 *BMWP* 指数使用的地区，*ASPT* 也得到广泛使用	健康	
				良好	
				一般	
				较差	
				极差	
BI 指数	$BI = \Sigma N_i t_i/N$ N_i 是物种 i 的个体数，t_i 是物种 i 的耐污值，N 是总个体数	计算不同类群的相对丰度及类群的耐污值乘积，既反映了群落的耐污特征，也反映了不同耐污类群的丰度	*BI* 指数最早由在南非的研究发展而来，其后在北美地区得到广泛应用	健康	
				良好	
				一般	
				较差	
				极差	
FBI 指数	$FBI = \Sigma n_i t_i /N$ n_i 是科 i 的个体数，t_i 是科 i 的耐污值，N 是总个体数	原理与 *BI* 指数相同，但主要考虑类群科级的耐污值，极大地提高了指数计算的效率，广泛应用于快速生物评价	*FBI* 指数目前主要应用于快速生物评价，在北美地区应用最为广泛，我国在此方面也有研究案例	健康	
				良好	
				一般	
				较差	
				极差	
B-IBI 指数	—	—	—	健康	
				良好	
				一般	
				较差	
				极差	

注：引自耿世伟等，2012。

5.7.3 底栖动物监测内容

底栖动物监测内容的相对简单，主要包括：物种组成、物种空间分布格局、种群密度，以及与之相应的环境因子等。通过上述内容的监测，能够对底栖动物生存状况、水体环境质量、湿地生态系统健康状况等展开评估。

参考文献

白海锋，赵乃锡，殷旭旺，等，2014. 渭河流域浮游动物的群落结构及其与环境因子的关系[J]. 大连海洋

大学学报, 29(3): 260-266.
蔡波, 李家堂, 陈跃英, 等, 2016. 通过红色名录评估探讨中国爬行动物受威胁现状及原因[J]. 生物多样性, 24(5): 578-587.
蔡厚才, 何大仁, 周仕杰, 等, 1992. 尼罗罗非鱼对不同颜色定置网片的反应特性[J]. 应用海洋学学报, 11(1): 69-73.
陈银瑞, 宇和纮, 褚新洛, 1989. 云南青鳉鱼类的分类和分布: 鳉形目: 青鳉科[J]. 动物分类学报, 14(2): 239-246.
陈小勇, 杨君兴, 陈自明, 等, 2003. 丽江拉市海保护区的鱼类区系和现存状态[J]. 动物学研究, 24(2): 144-147.
陈明海, 2018. 蚤状溞衰老生物学的初步研究[D]. 上海: 华东师范大学.
丁平, 陈水华, 2008. 中国湿地水鸟[M]. 北京: 中国林业出版社.
董鸣, 1996. 陆地生物群落调查观测与分析[M]. 北京: 中国标准出版社.
董佳驹, 2007. SBBR 工艺高效硝化及污泥减量研究[D]. 广州: 广州大学.
董学书, 周红宁, 龚正达, 1993. 云南蚊类志[M]. 昆明: 云南科技出版社.
窦寅, 吴军, 黄成, 2011. 外来鱼类入侵风险评估体系及方法[J]. 生态与农村环境学报, 27(1): 12-16.
杜丽娜, 陈小勇, 杨君兴, 等, 2012. 滇西北四大高原湖泊软体动物现状调查[J]. 水生态学杂志, 33(6): 44-49.
高礼存, 庄大栋, 郭起治, 等, 1990. 云南湖泊资源[M]. 南京: 江苏科学技术出版社.
耿世伟, 渠晓东, 张远, 等, 2012. 大型底栖动物生物评价指数比较与应用[J]. 环境科学, 33(7): 2281-2287.
龚大洁, 黄棨通, 刘开明, 等, 2018. 基于样线法的康县隆肛蛙(*F. kangxianensis*)种群数量及栖息地现状研究[J]. 干旱区资源与环境, 32(5): 144-148.
龚志军, 谢平, 阎云君, 2001. 底栖动物次级生产力研究的理论与方法[J]. 湖泊科学, 13(1): 79-88.
顾党恩, 牟希东, 罗渡, 等, 2012. 广东省主要水系外来水生动物初步调查[J]. 生物安全学报, 21(4): 272-276.
郭弘艺, 张旭光, 唐文乔, 等, 2017. 长江近口段鳗苗捕捞量的时间格局及其与生态因子的 GAM 模型分析[J]. 水产学报, 41(4): 547-555.
郭克疾, 邓学建, 赵冬冬, 等, 2018. 中国蛇类新记录属: 红鞭蛇属 *Platyceps* Blyth, 1860(Serpentes, Colubridae, Colubrinae)[J]. 四川师范大学学报(自然科学版), 41(5): 677-680.
韩联宪, 杨亚非, 2004. 中国观鸟指南[M]. 昆明: 云南教育出版社.
韩英, 范兆廷, 王云山, 等, 2004. 黑龙江中游与乌苏里江大麻哈鱼(*Oncorhynchus keta* Walbaum)生殖群体的比较[J]. 东北农业大学学报, 35(1): 27-31.
韩骥, 韩英, 王云山, 等, 2012. 黑龙江施氏鲟繁殖群体结构现状调查[J]. 水生态学杂志, 33(1): 144-148.
何大仁, 蔡厚才, 1993. 草鱼幼鱼对不同缩结定置网片应特性初探[J]. 厦门大学学报(自然科学版), 32(4): 475-479.
何大仁, 蔡厚才, 1994. 鲢, 草鱼幼鱼对不同形状网目反应的研究[J]. 厦门大学学报(自然科学版), 33(3): 369-374.
何晓瑞, 1998. 我国特有种滇螈的绝灭及其原因分析[J]. 四川动物, 17(2): 58-60.
何晓瑞, 王紫江, 吴金亮, 2002. 昆明地区两栖动物多样性及保护研究[J]. 四川动物, 21(3): 177-180.
胡成业, 杜肖, 水玉跃, 等, 2016. 浙江 6 个列岛潮间带大型底栖动物分类多样性[J]. 中国水产科学, 23(2): 458-468.

黄真理，王鲁海，任家盈，2017. 葛洲坝截流前后长江中华鲟繁殖群体数量变动研究[J]. 中国科学(技术科学)，47(8)：871-881.
汲玉河，吕宪国，杨青，等，2006. 三江平原湿地植物物种空间分异规律的探讨[J]. 生态环境（4）：781-786.
汲玉河，吕宪国，杨青，等，2004. 三江平原湿地毛果薹草群落的演替特征[J]. 湿地科学（2）：139-144.
季晓芬，段辛斌，刘绍平，等，2018. 基于微卫星评估草鱼放流亲本对野生群体遗传多样性的影响[J]. 水产学报，42(1)：10-17.
蒋志刚，纪力强，1999. 鸟兽物种多样性测度的 *G-F* 指数方法[J]. 生物多样性，7(3)：220-225.
解玉浩，李勃，刘义新，等 . 1992. 辽宁黄海沿岸鳗苗的溯河生态与资源[J]. 大连海洋大学学报，7(4)：25-34.
兰塞姆，2009. 美国哥伦比亚河中游幼鲑鱼过坝流域监测[J]. 水利水电快报，30(10)：8-11.
黎尚豪，俞敏娟，李光正，等，1963. 云南高原湖泊调查[J]. 海洋与湖沼，5(2)：87-114.
李成，谢锋，车静，等，2017. 中国关键地区两栖爬行动物多样性监测与研究[J]. 生物多样性，25(3)：246-254.
李东平，胡国柱，刘南君，等，2010. 静水型无尾类蝌蚪数量资源调查方法的探究[J]. 动物学杂志，45(5)：72-78.
李明会，杨颖，周伟，等，2005. 野生牛蛙蝌蚪栖境选择与生活习性[J]. 西南林学院学报，25(1)：47-50.
李光华，金方彭，周睿，等，2018. 基于 SNP 标记的短须裂腹鱼自然群体遗传多样性分析[J]. 水生生物学报，42(2)：271-276.
李扬，2006. UV-B 辐射增强对两种海洋桡足类影响效应的初步研究[D]. 青岛：中国海洋大学 .
刘顺会，孙松，韩博平，2008. 浮游动物昼夜垂直迁移机理的主要假说及其研究进展[J]. 生态科学，27(6)：515-521.
刘毅，2011. 东江干流鱼类群落变化特征及生物完整性评价[D]. 广州：暨南大学 .
刘健康，1998. 高级水生生物学[M]. 北京：科学出版社 .
刘焕章，杨君兴，刘淑伟，等，2016. 鱼类多样性监测的理论方法及中国内陆水体鱼类多样性监测[J]. 生物多样性，24(11)：1227-1233.
刘月英，张文珍，王耀先，1993. 医学贝类学[M]. 北京：海洋出版社 .
刘月英，张文珍，王耀先，等，1979. 中国经济动物志-淡水软体动物[M]. 北京：科学出版社 .
刘飞，韦慧，顾党恩，等，2017. 流溪河入侵鱼类豹纹脂身鲶繁殖生物学研究[J]. 淡水渔业，47(2)：42-48.
罗树毅，2011. 建造鳄蜥种群发展的乐园——大桂山鳄蜥自然保护区保护鳄蜥工作纪实[J]. 广西林业(11)：18-19.
吕敬才，李仕泽，牛克锋，等，2017. 梵净山国家级自然保护区两栖动物多样性及区系组成[J]. 贵州农业科学，45(1)：148-152.
马波，白海文，姜作发，2011—2010 年乌苏里江大麻哈鱼的群体结构及其变动[J]. 水产学杂志，24(3)：35-39.
马志军，陈水华，2018. 中国海洋与湿地鸟类[M]. 长沙：湖南科学技术出版社 .
蒙绍权，贝永建，李桂芬，等，2016. 版纳鱼螈胚胎和幼体鳃的退化观察[J]. 动物学杂志，51(2)：221-227.
彭平波，胡军华，何木盈，2012. 西洞庭湖鱼类资源调查与研究[J]. 岳阳职业技术学院学报，27(2)：27-32.

齐钟彦，马锈同，刘月英，等，1985. 中国动物图谱—软体动物[M]. 北京：科学出版社.
任金龙，安辉，杨暲，等，2018. 广西十万大山国家级自然保护区两栖爬行动物调查及区系分析[J]. 四川动物，37(1)：95-107.
商景阁，张路，王建军，等，2011. 中国长足摇蚊幼虫和霍普水丝蚓扰动下沉积物氧气特征分析[J]. 水生生物学报，35(4)：610-615.
沈嘉瑞，1979. 中国动物志(淡水桡足类)[M]. 北京：科学出版社.
沈忱，刘茂松，徐驰，等，2012. 太湖湖滨生态修复区大型底栖动物群落结构及梯度分布[J]. 生态学杂志，31(5)：1186-1193.
帅方敏，李新辉，黄艳飞，等，2017. 珠江水系四大家鱼资源现状及空间分布特征研究[J]. 水生生物学报(6)：1336-1344.
陶江平，乔晔，杨志，等，2009. 葛洲坝产卵场中华鲟繁殖群体数量与繁殖规模估算及其变动趋势分析[J]. 水生态学杂志，2(2)：37-43.
唐富江，姜作发，徐凤龙，等，2008. 乌苏里江大麻哈鱼繁殖岐化及生态意义分析[C]// 中国鱼类学会 2008 年学术研讨会，143.
唐剑锋，叶少文，李为，等，2013. Status and historical changes in the fish community in Erhai Lake[J]. Chinese Journal of Oceanology & Limnology，31(4)：712-723.
童晓立，胡慧建，陈思源，1995. 利用水生昆虫评价南昆山溪流的水质[J]. 华南农业大学学报，16(3)：6-10.
佟广香，匡友谊，张永泉，等，2015. 微卫星标记在濒危哲罗鱼增殖放流中的应用[J]. 华北农学报(S1)：38-45.
王仁卿，1989. 生态学概论[M]. 济南：山东大学出版社.
王春萍，黄娜，胡莹嘉，等，2016. 云南武定和牟定的两栖爬行动物种类研究[J]. 西南林业大学学报，36(4)：126-131.
王骥，梁彦龄，1981. 用浮游植物的生产量估算武昌东湖鲢鳙生产潜力与鱼种放养量的探讨[J]. 水产学报，5(4)：343-350.
王晓迪，臧淑英，张玉红，等，2015. 大庆湖泊群水体和淡水鱼中多环芳烃污染特征及生态风险评估[J]. 环境科学，36(11)：4291-4301.
王继隆，刘伟，唐富江，2013. 黑龙江水系(中国)大麻哈鱼生物学特征分析[J]. 中国水产科学，20(1)：93-100.
王家楫，1961. 中国淡水轮虫志[M]. 北京：科学出版社.
王强，袁兴中，刘红，2011. 西南山地源头溪流附石性水生昆虫群落特征及多样性——以重庆鱼肚河为例[J]. 水生生物学报，35(5)：887-892.
王备新，杨莲芳，胡本进，等，2005. 应用底栖动物完整性指数 B-IBI 评价溪流健康[J]. 生态学报，25(6)：1481-1490.
王俊才，王新华，2011. 中国北方摇蚊幼虫[M]. 北京：中国言实出版社.
吴伟军，何安尤，施军，等，2016. 红水河四大家鱼资源现状调查分析[J]. 南方农业学报，47(1)：134-139.
吴金明，王成友，张书环，等，2017. 从连续到偶发：中华鲟在葛洲坝下发生小规模自然繁殖[J]. 中国水产科学，24(3)：425-431.
吴军，高逖，徐海根，等，2013. 两栖动物监测方法和国外监测计划研究[J]. 生态与农村环境学报，29(6)：784-788.
吴江平，管运涛，张荧，等，2011. 广东电子垃圾污染区水体底层鱼类对 PCBs 的富集效应[J]. 中国环境科学，31(4)：637-641.
伍献文，1982. 中国鲤科鱼类志(下卷)[M]. 上海：上海科学技术出版社.
谢文平，余德光，郑光明，等，2014. 珠江三角洲养殖鱼塘水体中重金属污染特征和评估[J]. 生态环境学报，23(4)：636-641.
熊建利，杨道德，廖庆义，等，2005. 湖南壶瓶山国家级自然保护区华南湍蛙种群监测[J]. 四川动物，24(3)：403-406.
许浩，蔡永久，汤祥明，等，2015. 太湖大型底栖动物群落结构与水环境生物评价[J]. 湖泊科学，27(5)：840-852.
徐采，陈国柱，林小涛，等，2012. 月鳢仔鱼耳石的荧光标记及其日轮确证[J]. 水生态学杂志，33(2)：110-114.
徐丹丹，黄燕，曾庆，等，2017. 基于 mtDNACytb 基因序列的我国不同水系野生鲇种群遗传多样性与种群历史分析[J]. 水产学报，41(10)：1489-1499.
徐小雨，周立志，朱文中，等，2011. 安徽菜子湖大型底栖动物的群落结构特征[J]. 生态学报，31(4)：943-953.
徐杭英，于海燕，韩明春，等，2015. 浙江饮用水源地浮游动物群落特征及环境响应[J]. 生态学报，35(21)：7219-7228.
阳春生，罗树毅，李钰慧，等，2017. 样线法和标志重捕法在鳄蜥种群数量调查中的应用比较[J]. 野生动物学报，38(2)：291-294.
杨晓君，杨岚，2006. 云南湿地鸟类，保护鸟类和谐发展[M]. 昆明：云南科技出版社.
杨大同，2000. 我国的十种两栖动物[J]. 生物学通报，35(8)：1-3.
杨钟，史方，阙延福，等，2010. 长江胭脂鱼人工放流子一代遗传多样性初步研究[J]. 水生态学杂志，3(5)：17-20.
杨艳青，刘凌，陈沐松，等，2016. 摇蚊幼虫生物扰动对富营养化湖泊内源磷释放的影响[J]. 河海大学学报(自然科学版)，44(6)：485-490.
杨婷婷，刘凌，陈沐松，等，2016. 摇蚊幼虫扰动对富营养化湖泊沉积物-水微界面磷释放的影响[J]. 水电能源科学，34(12)：69-73.
杨德国，危起伟，王凯，等，2005. 人工标志放流中华鲟幼鱼的降河洄游[J]. 水生生物学报，29(1)：26-30.
易继舫. 1994. 长江中华鲟幼鲟资源调查[J]. 葛洲坝水电(1)：53-58.
殷旭旺，徐宗学，高欣，等，2017. 渭河流域大型底栖动物群落结构及其与环境因子的关系[J]. 应用生态学报，30(3)：40-44.
殷旭旺，赵文，毕进红，等，2009. 卜氏晶囊轮虫对 4 种臂尾轮虫形态可塑性的影响[J]. 大连海洋大学学报，24(6)：493-496.
喻庆国，2007. 生物多样性调查与评价[M]. 昆明：云南科学技术出版社.
约翰 · 马竞能，卡伦 · 菲利普斯，何芬奇，2000. 中国鸟类野外手册[M]. 长沙：湖南教育出版社.
岳兴建，邹远超，王永明，等，2013. 元江鲤种群遗传多样性[J]. 生态学报，33(13)：4068-4077.
赵云云，2015. 河南南召花臭蛙生活史研究[D]. 郑州：河南师范大学.
赵峰，庄平，张涛，等，2015. 中华鲟幼鱼到达长江口时间新纪录[J]. 海洋渔业，37(3)：288-292.
张堂林，崔奕波，方榕乐，等，2000. 保安湖麦穗鱼种群生物学Ⅳ. 种群动态[J]. 水生生物学报，24(5)：537-545.
张燕萍，陈文静，汪登强，等，2013. 鄱阳湖水系草鱼野生及增殖放流群体遗传多样性分析[J]. 江苏农业科学，41(9)：207-211.

张敏莹，刘凯，徐东坡，等，2013. 长江下游鳙放流群体和天然捕捞群体遗传多样性的微卫星分析[J]. 江西农业大学学报，35(3)：579-586.

张堂林，崔奕波，方榕乐，等，2000. 保安湖麦穗鱼种群生物学Ⅳ. 种群动态[J]. 水生生物学报，24(5)：537-545.

张堂林，李钟杰，2007. 鄱阳湖鱼类资源及渔业利用[J]. 湖泊科学，19(4)：434-444.

张洁，潜小兰，白承荣，等，2013. 信江干流浮游动物分布特征及水质评价[J]. 江西农业大学学报，35(6)：1353-1358.

张青田，张桉途，史江江，等，2017. 采样方法对北塘河口浮游生物多样性分析的影响[J]. 水生态学杂志，38(2)：70-75.

张建铭，吴志强，胡茂林，2010. 赣江峡江段四大家鱼资源现状的研究[J]. 水生态学杂志，3(1)：34-37.

曾燏，陈永柏，李钟杰，2014. 悬浮泥沙对青竹江陈家坝段冬季鱼类多样性的影响[J]. 淡水渔业(5)：63-66.

智玉龙，侯俊利，张涛，等，2013. 长江口日本鳗鲡鳗苗时空分布特征[J]. 生态学杂志，32(10)：2750-2755.

朱松泉，刘正文，谷孝鸿，2007. 太湖鱼类区系变化和渔获物分析[J]. 湖泊科学，19(6)：664-669.

周兴安，乔永民，王赛，等，2016. 洱海鱼类群落结构特征及其与环境因子关系[J]. 生态学杂志，35(6)：1569-1577.

周婷，赵尔宓，2004. 58年来首次发现生活的云南闭壳龟及其描述[J]. 四川动物，23(4)：325-327.

周婷，李丕鹏，2007. 中国龟鳖物种多样性及濒危现状[J]. 四川动物，26(2)：463-467.

庄平，王幼槐，李圣法，等，2006. 长江口鱼类[M]. 上海：上海科学技术出版社.

左甲虎，龚大洁，陈章，等，2018. 六盘山自然保护区两栖类种群动态与保护研究[J]. 干旱区资源与环境，32(4)：75-79.

蒋燮治，1979. 中国动物志(淡水枝角类)[M]. 北京：科学出版社.

冷龙龙，张海萍，张敏，等，2016. 大型底栖动物快速评价指数BMWP在太子河流域的应用[J]. 长江流域资源与环境，25(11)：1781-1788.

Berg O K , Berg M, 2010. Effects of Carlin tagging on the mortality and growth of anadromous Arctic char, *Salvelinus alpinus* (L.)[J]. Aquaculture Research, 21(2): 221-228.

Bibby C J, Burgess N D, Hill D A, et al., 1992. Bird census techniques[M]. London: Academic Press.

Hebert P D N, Ratnasingham S, deWaard J R, 2003. Barcoding animal life: Cytochromec oxidase subunit 1 divergences among closely related species[J]. Proceedings of the Royal Society B (Biological Sciences) (270): 96-99.

Magurran A E, 2004. Measuring biological diversity[M]. Oxford: Blackwell.

Suen J P, Edwin E H, 2006. Investigating the causes of fish community change in the Dahan River (Taiwan) using an autecologymatrix[J]. Hydrobiologia, 568(1): 317-330.

Tang J, Ye S, Li W, et al., 2013. Status and historical changes in the fish community in Erhai Lake[J]. Chinese Journal of Oceanology and Limnology, 31(4): 712-723.

第6章 湿地景观遥感监测

6.1 遥感监测

6.1.1 遥感监测的意义

为有效实现对生态环境的保护及动态监测，可运用 GPS、GIS 和 RS 技术(“3S”技术)，以卫星遥感图像数据为基础数据信息源，对遥感图像进行解译、判读，以手持 GPS 接收机，在野外对解译、判读成果进行验证，更新数据库；利用 GIS 技术的空间分析功能，提取出某一段时间内某区域植被、水系的覆盖变化规律、景观格局变化等信息。随着遥感技术的发展，遥感不仅仅是提供基础数据源，遥感数据的多样化，尤其是高空间分辨率的多波谱、高波谱等数据的出现为湿地信息的提取，提供了新的思路。

6.1.2 遥感监测的数据源

6.1.2.1 基于不同空间分辨率遥感图像的获取数据源

随着遥感图像空间分辨率的不断提高，现阶段通常将空间分辨率划分为高、中、低 3 个等级，小于 10m 的为高空间分辨率，10~100m 的为中空间分辨率，大于 100m 的为低空间分辨率。湿地监测对遥感图像的空间分辨率有一定的要求。一方面由于湿地分布范围较小且边界模糊；另一方面低空间分辨率遥感图像表征地物的可解译性较差，因此很少将其用于湿地监测。中等分辨率的遥感图像尽管空间分辨率不高，但对于大区域的、宏观的湿地监测较为实用，再结合地面调查和各种参考资料，能够满足分类精度的基本要求。目前，国内外很多湿地监测研究大多采用中等遥感图像作为遥感监测的数据源。

对于面积较小的研究区，高空间分辨率的遥感图像广泛用于群落级的湿地信息分类与提取。高空间分辨率遥感图像反映地物的几何结构和纹理信息更加明显，充分利用这些信息是进行湿地定量化研究的有效途径。Miyamoto et al. (2004)用载有照相机的气球对湿地植被拍照以获取图像(空间分辨率为 1.5cm)，结果 10 种湿地植被和 27 种亚类被成功分类并获取了很高的精度，这种获取遥感图像的方法具有廉价、高效、快速、分辨率高等特点，为实现区域尺度湿地定量化研究提供了可能。高空间分辨率遥感图像适用于在较小空间尺度上获取湿地精确信息；然而，高空间分辨率遥感图像的信息是复合的、多样的、复杂的，传统的遥感图像处理技术不再适用，必须寻找新的图像处理技术满足它的发展与应用。

近些年来遥感图像的空间分辨率不断提升，遥感图像中蕴含的信息也更加丰富。传统基于像元的高分辨率图像分析不仅难以获得较高的精度，也难以保证图斑的完整性。为了解决这种问题，面向对象图像分析方法应运而生(2008)。面向对象图像分析方法(object-based image analysis，OBIA)将同质区域作为遥感图像分析的最小单元，将波谱、形状、纹理等信息和专家知识结合到遥感信息提取中，近10年来已成为高分辨率遥感图像信息提取的主流技术(Blaschke et al.，2014)。图像分割技术是面向对象分析的基础环节，是利用图像中像元的连续性或不连续性，将图像分解为互不重叠的区域，并作为OBIA分析的最小单元。因此，图像分割成为影响OBIA分析方法的关键环节。常见的高空间分辨率遥感图像分割方法有基于边缘检测的分割方法和基于区域的分割方法。基于边缘检测的分割方法首先是利用边缘检测算子检测出图像上的边界点，然后将这些边界按照一定的规则连接成轮廓，从而构成分割区域。基于区域的分割方法是根据事先确定的一致性准则，直接提取若干特征相近或相同的像素来组成区域，包括区域的生长(自下而上)和分裂(自上而下)，在很多情况下是将两者进行合并使用，在分裂的基础上，按照某种相似性原则进行区域合并。该方法在实践中应用较为广泛，通常有基于形态学的分水岭算法和分形网络进化算法等(胡文亮等，2010)。分水岭分割算法是根据地理学的分水岭概念提出的，该方法将灰度图像模拟成一幅高低起伏的地形图，灰度值的大小决定了地形图海拔的高低，这样图像上就有了谷底、集水盆和山脊。根据算法原理的不同，可以将算法分为自下而上的模拟泛洪算法和自上而下的模拟降水算法。

6.1.2.2 基于不同波谱分辨率遥感图像的获取数据源

基于多波谱数据进行地物分类是遥感应用研究的一个主要方向。通常多波谱遥感图像具有较高的空间分辨率，国内外学者开展了大量的基于多波谱遥感图像的湿地监测，例如，基于SPOT遥感图像监测湿地变化，基于多波谱Landsat MSS和Landsat TM遥感图像对湿地进行分类，监测湿地时空动态，但以上工作需要进行实地调查和补充必要的资料才能获取较高的精度(Munyati，2000)。我国学者利用MOS-1 MESSR卫星遥感图像，解译提取鄱阳湖湿地信息，基于SPOT-5卫星遥感图像开展了自动提取水体信息的研究，刘凯等(2005)采用三期多波谱TM遥感图像提取珠江口地区的红树林湿地信息，获取其面积和空间分布变化。

微电子技术和新材料技术的不断突破促进了卫星遥感传感器波谱分辨率的提高，目前的技术可以达到5~6nm量级，400多个波段(李德仁，1999)。与传统遥感相比，高波谱遥感对地物的识别能力更强，微观方面表现也更突出。Foudan et al. (2005)基于AISA高波谱遥感图像提取被石油污染的湿地和海岸线，结果显示高波谱数据更有效，能够较好地克服多波谱数据的局限性。Akira et al. (2003)利用224个波段、空间分辨率为20m的AVIRIS高波谱遥感图像，结合波谱数据库，采用SAM(spectral angle mapper)分类器对湿地植被进行分类，可识别泥沼地、水域和10个湿地植被类型，整体精度为65.7%。由于该方法没有充分利用湿地类型分布的地理环境要素和空间结构等辅助信息，导致提取精度较低。Schmidt et al.(2003)基于高波谱DAIS图像、多波谱ETM+和TM图像，采用非监督ISO-DATA聚类法，结合湿地波谱数据库和野外调查数据，对湿地进行分类并监测其动态变化，该方法的一个创新之处是高波谱和多波谱数据的结合使用，并有其他辅助信息的支持，因而取得了较高的精度。受数据源和实验条件等多种因素制约，我国学者较少采用高波谱图像数据监测湿地。

高波谱成像作为多源遥感图像中最为重要的技术手段之一，凭借其精细的波谱分辨率和“图谱合一”的特性，在地物分类和目标检测等方面展现了独特的优势。但是，高波谱图像在空间分辨率方面的不足，以及普遍存在的“同谱异物”和“同物异谱”等问题使其在很多情况下不能很好地解决高精度的分类问题。

6.1.2.3 基于多时相遥感图像的获取数据源

目前，遥感信息的“同物异谱”“同谱异物”现象的存在，往往出现错分、漏分现象，导致分类精度不高。针对这种情况，采用多时相遥感图像组合分类方法用于土地利用动态监测，可以取得较好的效果(张红等，2005)。湿地遥感解译同样存在这一问题，尤其是夏季，地面多为绿色植被所覆盖，湿地植被与其他植被类型之间的界线模糊，不同湿地类型之间的内部界线更不清楚。其原因是绿色植被波谱存在相似性或一致性，因此仅考虑湿地波谱特征有时还不够。实践证明，多时相组合是提取不同湿地类型的有效方法(张树清等，1999)。湿地波谱信息往往是湿地植被、水文和土壤等波谱特性的综合反映，而由于水文、植被、土壤状况具有季节性变化的特征，仅利用单时相遥感图像监测湿地只能产生时间上的单点信息，难以捕捉湿地季节性变化中的关键特征，不利于高精度的湿地信息提取。而利用多时相遥感图像能够产生湿地的多点信息，从而提高分类精度。这种方法主要利用了湿地波谱特征的时间效应，根据湿地植被生境与季相的差异，复合不同时相的遥感图像提取湿地。国内外学者对此做了大量研究，如采用多时相Radarsat-1数据进行湿地信息提取并制图的可行性(Parmuchi et al.，2002)；Lunetta et al.(1999)分别采用单时相和多时相Landsat TM图像提取森林湿地，结果分类精度从单时相的69%提高到多时相的88%，张树清等(1999)研究了基于湿地季相差异的多时相图像组合提取不同湿地类型的方法，这些方法简单实用，能够较好地解决湿地信息提取中存在的“异物同谱”现象。多时相遥感图像提供了随时间而变化的多点信息，是湿地监测中一种行之有效的方法，目前已被广泛应用。

针对不同分辨率多时相图像变化检测精度不足、干扰严重的问题，在对多时相变化检测基本原理，特别是中高分辨率传统检测算法进行研究的基础上，可以引入协同显著模型和色彩空间平滑模型，进行高分辨率遥感图像的变化检测。

6.1.2.4 基于微波遥感图像的获取数据源

微波遥感不受光照条件限制，具有全天候、穿透云雨能力强等优点，并对植被和土壤有一定的穿透能力，且成像面积大、分辨率高、灵敏度强。近几年来，国内外学者开始研究基于微波遥感图像的湿地信息提取。Ormsby et al.(1985)采用SIR-A(shuttle imaging radar)数据研究森林湿地信息提取，得出该图像数据的L波段适宜提取森林植被的结论。

Philip(2001)基于多时相的来源于不同传感器的SAR图像数据，包括11景Radarsat、2景ERS-1和1景JERS-1，评估美国北卡罗来纳州Roanoke河漫滩森林湿地的结构，取得了很好的效果。Bourgeau et al.(2001)采用多波段SIR-C(shuttle imaging radar-C)数据，用MLC(maximum likelihood classifier)和HC(hierarchical classifier)决策树分类法进行湿地分类，对不同波段适宜监测的湿地类型进行了分析。

2016年8月25日，我国国防科技工业局对外公布了GF-3卫星获取的首批遥感图像图。GF-3卫星是我国首颗分辨率达到1m的C频段多极化合成孔径雷达卫星(在世界C频段多极化卫星中是最高的)，也是国内首颗设计寿命达8年的低轨遥感卫星。它可全天候、全天时监测全球海洋和陆地资源，能够高时效地实现不同应用模式下1~500m分辨率、10~650km幅宽的微波遥感数据获取，GF-3卫星采用多极化设计，可用水平极化、垂直极化和交叉极化的方式收发电磁波，极大增强卫星对目标信息的获取能力。该卫星的发射为湿地信息提取提供新的数据源。

6.1.2.5 融合多源遥感图像的获取数据源

由于不同遥感平台图像数据源一些固有的特点和特定的应用领域，有时单独利用某一种图像很难达到理想的分类效果。将不同图像各自的优点结合起来或采用数据融合的方法弥补某一种遥感数据的不足，发挥不同遥感数据源的优势，从而提高遥感数据的应用性，可取得很好的监测效果。数据融合后能够兼顾遥感图像的空间分辨率、波谱分辨率或时间分辨率，往往能够提高湿地监测效果，是湿地监测常用的手段之一。国外学者融合Radarsat Synthetic Aperture Radar(SAR)和光学遥感图像(Landsat TM和SPOT)生成1999~2000年6个时间序列洪水分布图，动态监测加拿大所示伯塔省东北部湿地的时空变化，取得了较好的效果。Augusteijn et al.(1998)基于Airborne Terrestrial Applications Sensor(ATLAS)多波谱数据和Airborne Imaging Radar Synthetic Aperture Radar(AIRSAR)图像数据，采用前馈式神经网络模型对森林湿地进行了分类提取，结果发现单独使用两种数据的一种分类时，分类效果几乎相同，而两种数据融合后分类时，分类精度明显提高。Dwivedi et al.(1999)研究发现不易获取海岸湿地的无云光学遥感数据，进而将ERS-1 SAR数据和Indian Remote Sensing Satellite(IRS-1B)数据进行融合处理，采用了融合后的图像监测湿地动态，从而发挥了不同遥感数据源的优势(李建平等，2007)。

6.1.3 湿地遥感监测的应用领域

6.1.3.1 湿地土壤监测

国内外学者对湿地土壤中物质的遥感监测做了广泛的研究，通过对土壤物质的监测及定量分析研究，更为深入地分析景观尺度范围内土壤性质的变化，以掌握湿地土壤的受污染程度，更好地制定湿地土壤保护措施。Rivero et al.(2007)将波谱数据融于多元地质统计学模型绘制佛罗里达州湿地土壤变化。通过Landsat ETM+和ASTER得到波谱数据及派生数据，在不同空间分辨率、不同季节、相同波谱序列下，监测111个观测点的湿地土壤絮状物及总磷(TP)含量，通过分析讨论湿地土壤的污染程度及污染原因，进而分析土壤性质的变化。杨敏等(2009)利用遥感图像图获取黄河三角洲湿地景观变化趋势，并监测景观变化下土壤容重、水分含量，以及氮、磷、有机质及土壤盐分离子含量的差异，以揭示景观变化对湿地土壤性质的影响(李小涛等，2007)。

各种人为和自然因素对湿地土壤产生影响，导致景观尺度范围内湿地土壤性质的改变，土壤盐渍化程度加深。毛建华等对鄱阳湖典型湿地土壤空间分布格局进行了研究，指出鄱阳湖水陆相互作用过程和人类活动既是湿地覆盖动态变化的两个主要影响因子，也是目前湿地土壤及其空间分布格局形成的决定性影响因子。Matthew et al. (2009)利用多波谱遥感图像及地形数据对中非乌干达涝原湿地土壤景观进行监测，并采用多波谱和地形遥感变量的二元决策树对分类进行绘图，在土壤分类图的基础上，对土壤属性进行统计分析，得出分类景观在土壤质地、颜色、有机碳、盐基饱和度、pH 值、有效阳离子交换量、黏土矿物等方面都大有不同，导致这些土壤性质不同的因素有待进一步研究。遥感技术也可以预测湿地土壤盐渍化的变化趋势，为湿地土壤资源的保护提供可行性依据。我国学者王颖等借助 PCI 和 ENVI 图像处理平台，对北京市野鸭湖湿地盐渍化土壤专题信息进行了提取，得出湿地土壤盐渍化的动态演变趋势。

6.1.3.2 湿地水体监测

目前，我国湿地水资源正面临着严重的污染，大量工农业废水、生活污水的排放和油气资源的开发严重破坏了湿地水生态系统平衡，围垦和城市开发使湿地面积锐减，湿地储水量下降。于瑞宏等(2004)利用遥感原理，对乌梁素海湿地 Landsat TM、ETM 图像数据进行分析，阐述了湿地不同类型区面积与水文气象因子和水环境因子的对应关系，监测结果表明，随着湖泊水域的增长，芦苇区、人工芦苇区、沼泽区、明水区面积趋于增加，密集水草区、浅水区面积趋于减小，表明湿地水环境日趋恶化，为湖泊污染控制和富营养化治理提供了科学依据。湿地储水量是评估湿地水资源的重要标准，是洪涝控制评价中的主要参数。与 20 世纪 50 年代相比，目前，我国长江中下游湖泊湿地储水量下降了 34%，沼泽湿地蓄水量降低了 50%左右。湿地储水量评估的一般方法是通过临近河流水位对湿地水位进行假设，但该方法存在较大误差，然而采用合成孔径雷达(SAR)遥感进行湿地水位监测则较为精准，SAR 监测湿地水位误差控制在 7%。在不同的偏振入射角、环境条件(水位、降雨、植被状况)下，对所获取的遥感图像时间序列进行分析，提出采用交叉极化法改善水位修复，这种方法可以应用于任何入射角的情况，具有更强的理论优势。

湿地水资源减少、水环境恶化是自然因素(降水量，干旱等)与人为因素(农业灌溉，工业污染等)相互作用的结果。利用遥感技术对黄河三角洲湿地进行的资源动态变化研究结果表明：河流、滩涂等湿地面积在逐年减小，这种变化取决于自然因素和人为因素的相互作用，其中黄河来水来沙变化和人工调水调沙等作用是黄河三角洲湿地水资源变化的主要原因(杨敏等，2009)。

6.1.3.3 湿地植被监测

由于湿地所处的特殊环境，湿地植物和其特性不像陆地植物那样易于监测。有两点原因，首先，草本湿地植被具有高波谱和空间变异性，这是快速变化的环境梯度产生窄的过渡带和植被单元之间的不明显分界所导致的。因此，常常难以识别植被群落类型之间的界限。其次，湿地植被冠层的反射波谱通常非常相似，并与底层土壤、水文系统和大气蒸汽的反射波谱结合。这种结合通常使光学分类复杂化，并导致波谱反射率的降低，特别是在吸收水较强的近红外到中红外区域。虽然目前已成功利用光学遥感绘制陆地植被图，但由于水域和潮湿土壤的出现导致从近红外到中红外波段的性能被削弱，可能无法在空间上或波谱上有效区分被淹没的湿地植被。然而，高波谱窄波谱通道却有监测和绘制湿地植被空间异质性的潜力。

(1)基于多波谱数据的湿地植被制图

历史上，航空摄影是绘制湿地植被的第一种遥感方法(Howland，1980；Lehmann et al.，1997)。航空摄影由于其高分辨率的优点，在详细的湿地制图中发挥很大作用。然而，航空摄影处理成本高且耗时，无法在区域尺度上绘制和监测湿地植被，不能用于需要不断验证信息的监测。

目前，可以通过从多波谱传感器到高波谱传感器(在不同波谱内以不同空间分辨率工作的传感器)的一系列机载和空间传感器绘制湿地植被图，涵盖了不同的时间频率和空间尺度，从亚米级到几千米。其中航空图像，Landsat、SPOT 和 WorldView 等是常用的数据。常用的图像分析技术包括数字图像分类技术(包括监督分类和非监督分类等)(Nagler et al.，2001；Gumbricht，2005)和植被指数聚类(Yang，2007)。有学者研究比较了 Landsat TM 和 SPOT 多波谱数据在加利福尼亚北部灌丛草甸植被制图中的应用(May et al.，1997)，得出的结论是，在草地中区分灌木时 Landsat TM 数据比 SPOT 数据更有效，但 Landsat TM 数据和 SPOT 数据均不能有效区分草甸亚类型。在澳大利亚湿地，Landsat TM 已被证明是确定植被密度、活力和水分状况的一个潜在来源，但在确定物种组成方面并不有效(Johnston et al.，1993)。Harvey et al.（2001)在澳大利亚北部地区比较了航空摄影、SPOT XS 和 Landsat TM 影像数据，以确定每个数据源对植被类型的波谱鉴别的准确性和适用性。结果表明，航空摄影在热带湿地植被群落的详细制图中明显优于 SPOT XS 和 Landsat TM 图像。他们还发现，Landsat 2 波段(绿色)、3 波段(红色)、4 波段(近红外、近红外)和 5 波段(MIR)的灵敏度比 SPOT 的分类更准确。Ringrose et al.(2003)利用 NOAA-AVHRR 和 SPOT 绘制了博茨瓦纳奥卡万戈三角洲的生态条件图，很难将草地冲积平原和周边林甸地区进行区分。

来自 Landsat TM 和 SPOT 卫星所拍摄的影像，已经被证明不足以详细分辨湿地环境中的植被物种(May et al.，1997，Harvey et al.，2001)。有三点原因，一是在精细区分某些植被物种之间的生态区划方面面临困难；二是在湿地生态系统中，波谱波段的复杂性与湿地生态系统中狭窄植被单元的生态梯度相关；三是缺乏高波谱和高空间分辨率的光学多波谱图像，这限制了在植被密集的湿地中区分植被类型。

虽然现有的研究在区域尺度和植被群落上绘制湿地植被方面取得了合理的结果，但还需要更多的研究来探索，结合水深测量和其他辅助数据，以提高在物种水平上绘制湿地植被的准确性。

(2)提高湿地植被分类精度的探讨

在复杂环境中区分植被类型之间的波谱是一项具有挑战性的任务，原因是不同的植被类型在遥感图像中可能具有相同的波谱特征。传统的多谱段扫描仪的数字图像受到空间分辨率、波谱分辨率和时间分辨率的限制。对于已混合像元的分解，像素分类器的应用常常不能令人满意，并且会产生不准确的分类。由于所涉及的复杂性，人们开发了更强大的技术来提高在遥感数据中识别植被类型的准确性。

Max et al. (2006)在土耳其中南部阿曼诺斯山区将 Landsat TM 图像与环境变量以及森林管理地图结合在一起，使用了基于知识的分类方法来制作区域尺度的植被图。与传统的最大似然分类方法相比，它们能够产生整体的高精度。可以使用数字航空相片、SPOT-4 和 Landsat-7 ETM+ 图像对河岸植被进行描绘和制图，数字航空摄影的植被分类精度为 81%，SPOT-4 为 63%，Landsat-7 ETM+ 为 53%，航空相片波谱分辨率的缺乏和当前卫星图像的粗略空间分辨率是其在湿地植被制图应用中的主要限制因子。

人工神经网络(ANN)和模糊逻辑的方法也被用于提高在复杂环境下植被类型制图精度。人工神经网络在湿地植被类型制图中具有重要的应用价值。然而，人工神经网络的一个缺点是，当处理大型数据集时，人工神经网络可能需要大量的计算来训练网络系统。卡彭特等(1997)以比较传统的专家方法和 ARTMAP 神经网络方法，利用 Landsat TM 数据绘制北加利福尼亚州塞拉国家森林的植被类型。他们的研究表明，采用 ARTMAP 神经网络方法时，精度由传统专家方法的 78%提高到 83%。研究还发现，ARTMAP 神经网络方法耗时较少，而且它使生成更新结果变得更加容易。

模糊分类技术是一种基于概率的分类方法，而不是一种简单的分类方法。它在混合类区域同样适用，被用来解决复杂植被的映射问题。Sha et al. (2008)在中国锡林河流域采用混合模糊分类器(HFC)，利用 Landsat ETM+ 图像绘制典型草原上的植被。结果表明，HFC 优于常规监督分类(CSC)，HFC 的准确率为 80.2%，而 CSC 的准确率为 69.0%。Zhang et al. (1998)在苏格兰爱丁堡利用 Landsat TM 和 SPOT HRV 数据对郊区土地覆盖进行模糊分类时，也取得了较好的结果。他们的结论是，模糊分类不仅具有传统的分类方法和部分模糊分类方法的优点，而且在遥感数据和辅助数据的集成方面更具可行性。

决策树(DT)分类在湿地等复杂环境植被制图中也显示了良好的应用前景。DT 是一种简单、灵活的基于非参数规则的分类器，能够处理不同测量尺度上的数据。这在绘图过程中需要集成环境变量(如坡度、土壤类型和降水量)。Xu(2005)在纽约锡拉丘兹采用决策树和回归(DTR)算法确定一个像素内的类比例，以便从 Landsat ETM+生成土地覆盖类。结果表明，与传统的最大似然分类器(MLC)和有监督 FCM(54.40%)相比，DTR 具有更高的分类精度(74.45%)。

没有一种单一的分类算法可以被认为是改善植被识别和绘图的最优方法。因此，使用先进的分类器算法必须基于它们在特定领域实现特定目标的适用性。

(3)基于高波谱数据的湿地物种波谱识别

一般来说，高波谱遥感在 400~2500nm 之间具有数百个窄的连续波谱波段，具体包含电磁波频谱的可见光(0.4~0.7nm)、近红外(0.7~1.0nm)和短波红外(1~2.5nm)。高波谱遥感的这种更大的波谱维数使人们能够深入研究和识别植被类型。高波谱遥感数据主要是通过手持式波谱仪或机载传感器获取的。手持波谱仪是一种光学仪器，用于在实验室或野外测量从一个或多个固定波长目标发射的波谱。由于机载多波谱扫描仪的快速发展，20 世纪 60 年代实现了野外波谱反射率的精确测量。

近 20 年来，野外波谱学在原位表征中发挥了重要作用，提供了一种在野外(冠层和树叶)和实验室条件下进行测量的方法。在实验室，人们已经成功地进行了许多尝试，根据湿地物种的新鲜叶反射率来分类，也将尺度上移到航空遥感和在冠层尺度上的反射率(Best et al. , 1981; Peã'Uelas et al. , 1993)。

最早进行湿地物种波谱鉴别研究的是安德森，他利用 ISCO 的 SR 波谱辐射计对美国切萨皮克湾湿地中占主导地位的 10 种沼泽植物物种进行了鉴别。他的结论是，这些物种之间的波谱差异在可见波谱中很小，但在近红外波谱中却很显著。本研究还报道了波谱反射率的季节变化规律。Best et al. (1981)研究了利用 Exotech 的辐射计的 4 个波段来区分主导南达科他州大草原坑洞的植被类型。对 10 种常见物种在早出期、开花期、早种子期和衰老物候期进行波谱测量。他们的发现表明，在所研究的 8 个物种中，鉴别的最佳时期是开花期和种子早期。这表明，同一物种在不同物候阶段的波谱反射率存在显著差异。Schmidt et al. (2003)利用 GER 3700 波谱仪在冠层上测量了 27 个湿地物种的波谱反射率，估算了荷兰 Waddenzee 湿地海岸盐沼植被组合(主要由草地和草本物种组成)的绘图潜力。结果表明，分布在可见光、近红外和短波红外的 6 个波段的反射率是绘制盐沼植被的最佳波段。Fyfe(2003)试图对澳大利亚的 3 种沿海湿地物种(*Zostera capricorni*、*Posidonia australis*、*Halophila ovalis*)进行鉴别。利用单因素方差分析和多元技术，通过 3 种植物在 530~580nm、520~530nm 和 580~600nm 波长的反射率进行鉴别。结果表明，在 570~590nm 之间的差异更显著。Rousseau et al. (2005)在美国加利福尼亚州，使用分析波谱装置(ASD)全波段(0. 35~2. 5nm)PS Ⅱ波谱仪收集了来自物种(柳杉、叶黄杨、互花米草和茜草)的波谱反射率数据，以评估非沼泽物种控制的条件的可分离性。使用波谱混合分析(Spectral Mixture Analysis, SMA)和多重端元波谱混合分析(multiple endmember spectral mixture analysis, MESMA)对 AVIRIS 数据进行分析。使用 SMA 和 MESMA，就可以区分具有较高分类精度的物种，并且，MESMA 技术更合适。Becker et al. (2005)利用基于斜率的导数分析方法的改进版本来识别用于海岸湿地植被分类的最佳波谱波段。他们将 SE-590 波谱仪在冠层测得的高波谱数据转换成二阶导数分析。在可见光和近红外区域发现了六个波段对沿海湿地物种具有很强的鉴别能力。

Vaiphasa et al. (2005)在 Chumporn 省的红树林湿地中识别和区分了 16 种植被类型。他们的研究是在实验室条件下，通过使用波谱辐射计来收集高波谱反射率数据，单因素方差分析(95%置信水平，$P<0.05$)结果和 Jeffries-Matusita(JM)距离的结果表明，在电磁波谱的红边、近红外和中红外区域有 4 个波段，对这 16 种植物的最佳鉴别是有可能的。Vaiphasa et al. (2005)还使用相同的波谱数据集来比较遗传算法(GA)的性能，还有随机选择使用 t 检验的 16 个物种之间最敏感的关键波长方面的性能。使用 JM 距离作为评价工具。结果表明，GA 选择的带组合的分离度显著高于 95%置信度水平的随机选择的带组合的分离度($\alpha=0.05$)。Kamaruzaman et al. (2007)还对马来西亚的红树林湿地物种进行了鉴别和制图，他们利用 ASD Viewspec Pro-Analysis 收集了 Kelantan 和 Terengganu 的五种红树林湿地物种的波谱反射率数据。标准逐步判别分析表明，这 5 种物质在位于红边和近红外区的 5 个波长(693nm、700nm、703nm、730nm 和 731nm)下均具有波谱可分离性。

Wang et al. (2007)试图在意大利威尼斯潟湖的盐沼中绘制高度混合的植被。利用波谱重建(SR)技术对机载波谱成像仪的6个显著波段进行了选择。结果表明基于植被群落的神经网络分类器(VCNNC)在混合像元情况下能够有效地进行分类，准确率(91%)高于神经网络分类器(84%)。另一项鉴别沼泽物种的尝试是Artigas et al.(2005)在美国新泽西州东北部的草甸地区进行的。他们利用高波谱遥感和野外采集来的滨海湿地物种季节性反射波谱对植物活力梯度进行了表征。结果表明，在可见光区域内近红外波长和窄波长(670~690nm)可以用来区分大多数沼泽物种。然而，由于它们属于同一属，因此很难对这两种进行分类。结果表明，使用像素解混技术可以使这些混合像素最小化，从而发现与这些像素相关联的波谱的线性组合。

综上所述，湿地植被在近红外和红边区域变化最大(Asner，1998；Cochrane，2000)。因此，选择用于绘制湿地植被图的大多数波长主要分布在电磁波谱的近红外和红边区域。

构建不同湿地植物的综合波谱库需要做更多的工作。高波谱图像在湿地物种鉴别中具有较高的准确率。然而，即使在覆盖小区域时，高波谱图像的获取是昂贵的，并且处理所需时间较长。利用精细传感器覆盖范围大、空间分辨率高、高波谱传感器波谱分辨率高的优点，采用创新的新方法，可以以合理的成本建立更准确的湿地物种判别模型。

(4)湿地生物量制图

湿地生物量的估算是研究生产力、碳循环和养分分配的基础。许多野外生物量的研究都使用了基于红波段和近红外波段反射率比值的植被指数(Zheng et al.，2004)。Ramsey et al.(1996)在美国利用直升机平台测量了佛罗里达州西南部占优势的4个主要物种的冠层波谱，描述了物种和群落类型之间的波谱和结构变化。从冠层波谱数据生成反射值以对应AVHRR(波段1和2)、Landsat TM(波段1~4)和XMS SPOT(波段1~3)。冠层结构与反射率之间的关系表明，仅凭光学特性很难区分红树林物种。此外，物种组成与反射率波段或植被指数的组合无关。然而，这项研究揭示了利用各种传感器上的红波段和近红外波段估计诸如*LAI*之类的植被生物量的可能性。

Tan et al.(2003)利用Landsat ETM+波段4、3和2假彩色图像，以及野外生物量数据估算了鄱阳天然湿地的湿地植被生物量。通过线性回归和统计分析，确定田间生物量数据与ETM+数据转换后的部分数据之间的关系。结果表明，采样生物量数据与植被指数(*DVI*)呈正相关。任东等(2004)尝试利用Landsat ETM+数据、GIS(用于分析和投影陆地卫星ETM+数据)和GPS(用于野外生物量数据)的组合来估算大型淡水湿地的植被生物量。结果表明，生物量数据的取样以ETM 4数据取样最好，系数为0.86，显著性水平为0.05。研究表明，近红外波段可用于湿地植被生物量的估算。

估计湿地生物量时使用较高空间分辨率传感器也得到了研究，例如，(VHR)IKONOS和AVHRR图像。Proisy et al.(2007)提出了一种新的纹理分析方法，他们应用基于傅里叶的纹理排序(FOTO)在1m全色图像和4m红外IKONOS图像中来估计和绘制亚马孙河流域法属圭亚那森林湿地的高生物量，得到了红树林总地上生物量的准确预测。与4m红外相比，1m全色法测定效果更好，最大系数在0.87以上。

Moreau et al.(2003)研究了NOAA/AVHRR两种方法估算玻利维亚北部高地平原安第斯湿地牧草生物量的方法的潜力和局限性。第一种方法是基于野外生物量测量法；第二种方法是基于双向反射分布函数(BRDF)的归一化植被指数(NDVI)。结果表明，BRDF归一

化 *NDVI* 对绿叶或光合活性生物量敏感。研究还发现，利用遥感数据估算湿地物种生物量的最佳时间是生长期。

许多文献报道了利用植被指数(如 *NDVI*)来估计生物量的局限性，特别是在土壤完全被植被覆盖时。这主要是由于饱和问题。Mutanga et al. (2004)开发了一种新的技术来解决这个饱和问题。他们比较了在实验室条件下，利用连续移除波谱计算的波段深度指数和利用近红外和红色波段计算的两个窄波段 *NDVI* 估算密集植被中的 *Cenchrus ciliaris* 生物量。结果表明，在 *NDVI* 值受饱和度限制的植被密集地区，波段深度分析方法具有较高的估计生物量效率。

(5)湿地植被叶片和冠层含水量的估算

水分有效性是湿地植物生存的关键因素。利用高分辨率的波谱仪(如 ASD 波谱仪)在实验室和田间评估植被含水量作为植物生理状态、长势和生态系统动态的指示器的遥感研究已经快速发展。然而，对湿地植物水分含量的估算研究还不多见。这是因为利用遥感对湿地植物的研究主要针对鉴别和制图，而不是估计植物的生理机能，如水分含量和水分胁迫。

利用中红外区域(1300~2500nm)电磁波谱的吸收特性估计植物水分含量，已经开发了许多不同的指标和技术。例如，在荷兰、加拿大和美国，通过对叶片含水量(*FWC*,%)与特定叶面积(*SLA* 和 *LAI*)以及特定森林冠层的冠层覆盖百分比来确定冠层含水量。然而，该技术依赖于 *SLA* 的估计，其根据物种和物候状态而变化。

Penuelas (2003)研究发现了水波段指数(*WI*)，它是基于水波段 970nm 与 900nm 处反射率的比值开发的，与植物相对含水量有很强的相关性。基于 857nm 和 1241nm 的反射率，标准化差水分指数(*NDWI*)来估计植被水分(Gao，1995)。结果表明，*NDWI* 对大气散射效应敏感性低于 *NDVI*，可用于预测冠层水分胁迫和评价植物生产力。为了更好地理解这一指数，有人建议需要进一步调查，用新一代卫星仪器(如 MODIS 和 SPOT-VEGETATION)对其进行测试。Datt(1999)开发了一些不太敏感的大气散射半经验指数，以确定几种桉树的波谱反射率与重量含水率和等效水厚度的关系(*EWT*)。结果表明，*EWT* 与几个波长区域的反射率具有显著的相关性。然而，反射率和重量含水率之间没有明显的相关关系。

利用遥感技术估算植物含水量具有挑战性，因为很难区分叶面液态水和大气蒸汽对与水有关的吸收波谱的贡献。这是因为与水含量有关的吸收带也受大气蒸汽的影响。通过使用位于吸水带外的红边位置来尽量减少大气圈的干扰。Liu et al. (2004)在小麦植株的 6 个不同生长阶段中，发现植株含水量与红边宽度之间存在显著相关。相关系数分别为 0.62 和 0.72，置信水平为 0.999。结果与使用 *WI* 和 *NDWI* 获得的结果相比更可靠。Simson et al. (2005)报道了类似的结果，他们将叶片含水量与红边位置进行了相关分析，以评估两种针叶树种(油松和樟子松)的叶片含水量和波谱信号之间的关系。结果表明，二者显著相关。

由于目前还没有对湿地植物水分含量和水分胁迫进行专门的估算研究，因此需要对这些方面进行进一步的研究，以更好地理解湿地植物的波谱响应。这类研究结果可以帮助研究人员开发精确的模型，例如，确定湿地植物品种的布局，以及估算叶面养分和发展量化湿地植物的综合状况的指标，这些指标可以识别它们在不同尺度上的主要胁迫源。

(6)湿地植被叶面积指数的估算

叶面积指数(*LAI*)定义为每单位地面积(m^2)冠层中所有叶的总单侧面积。*LAI* 信息对于量化陆地生态系统的能量和质量交换特征是有价值的。从波谱反射率测量估计 *LAI* 的研究工作主要集中在森林和作物。一些专门用于估算湿地物种 *LAI* 的研究只在森林湿地和红树林湿地中进行。一般来说，上述研究已经考察了几种从反射率数据中估算 *LAI* 的分析技术。这可以分为两个主要的技术：随机冠层辐射模型和经验模型。经验模型比随机冠层辐射模型得到了更广泛的研究。由可见光波长和近红外波长导出的植被指数 *NDVI* 和简单比值的单变量回归分析是应用最广泛的经验模型，已用于 *LAI* 的估计。来自高空间分辨率数据的植被指数被证明是监测红树林中 *LAI* 的有效方法。有研究在墨西哥纳亚里特的一片退化红树林中测试了 *LAI* 的原位估计与 IKONOS 图像得出的植被指数之间的关系。原位估计的回归分析表明，*LAI* 和 *NDVI* 之间呈很强的线性关系，且比值较简单。此外，在估算两块地的 *LAI* 时，简单比和 *NDVI* 模型在估计时没有显著差异。也有研究在物种水平上考察了 IKONOS 在红树林 *LAI* 定位中的潜力(Kovacs et al.，2005)，此外还评估了手持 *LAI*-2000 传感器，用于收集现场红树林 *LAI* 的数据。从 IKONOS 数据发现 *NDVI* 与用 *LAI*-2000 传感器收集的 *LAI* 之间存在很强的相关性。结果表明，IKONOS 卫星数据和 *LAI*-2000 数据在物种水平上是红树林 *LAI* 定位的理想方法。

研究表明，由窄带导出的植被指数(*VIs*)对于提供用量化的额外信息是至关重要的(如 *LAI* 之类的植被的生物物理特征)。Darvishzadeh et al. (2008)研究了利用高波谱数据估计和预测意大利不同种类草冠的 *LAI*。比较了暗、光土壤和植物结构对 *LAI* 的红外反射率和近红外反射率反演的影响。利用 GER 3700 分光辐射计，在实验室条件下，测定了 4 种不同叶片形状和大小的植物的波谱反射率，然后计算和测试了很多指数。结果表明，在浅色土壤中，*LAI* 和窄波段 *VIS* 之间的关系比深色系土壤更为明显。因此，窄波段简单比值植被指数(*RVI*)和第二土壤调节植被指数(*SAVI*2)被发现是估计 *LAI* 的最佳选择。

虽然从窄带 *VIS* 估计 *LAI* 得到合理的结果。2000 年，一些作者指出(Ray et al.，2006；Darvishzadeh et al.，2008)，这些方法尚未利用大量高波谱波段的强度，因为只有来自红色和近红外区域的两个波段用于制定指标。在估计诸如 *LAI* 时，多重线性回归(MLR)技术利用高波谱数据的高维性来选择最佳的波段组合来形成 *VIS* 更加有效(Thenkabail et al.，2000；Ray et al.，2006)。

尽管在估算一些生态系统的生化和生物物理参数方面取得了一些成功，但在湿地环境中，由于土壤、水的背景及大气条件的强烈影响，对可见光和近红外冠层反射率的估算仍然具有挑战性，还需要进一步的研究来开发能够减小背景和大气质量影响的指标。

遥感技术为湿地资源动态变化监测创造了崭新的前景，但目前这些研究还都处于起步阶段，仍有许多问题需要解决。如湿地本身具有类型多样性、分布广泛性及边界不确定性等特点，湿地资源波谱特征极易混淆，这将影响变化监测结果的准确性，对遥感技术在智能化提取、解译精度等方面的提高与突破提出新的要求。尽管湿地资源遥感监测的方法很多，但是在分类算法的有效性上依然欠缺，往往受到空间、波谱、时域和专业知识的限制，导致监测结果都不十分理想。针对目前湿地资源遥感监测的现状，在未来的研究中，更要注重新技术、新方法的应用与改进，采用多时相、多分辨率、多数据源遥感图像获取高质量的数据，结合地面调查的大量辅助资料，开发新的遥感图像解译模型，通过各种算法的改进与多种算法的融合，提高信息提取的精度与湿地分类的准确性（解佳宁等，2010）。

6.1.4　遥感监测的方法过程

6.1.4.1　湿地分类系统确定

湿地的科学分类是湿地科学理论的核心问题之一，也是湿地科学发展水平的标志。目前国内外湿地分类标准不统一，从不同角度和不同目的出发，许多国际组织、国内外专家提出了多种湿地分类系统。基于多分辨率、多数据源遥感图像的湿地信息提取与动态监测，首先要建立或采用一个湿地分类系统，而这一系统不同于其他湿地研究的分类系统，通常较宏观、灵活性强。我国学者也对湿地分类进行了大量的研究，并根据我国湿地特点、研究区实际情况和研究目标提出了一些切实可行的分类系统，以适应我国湿地遥感监测的研究。1995—2001 年国家林业局组织了第一次全国湿地资源调查，将我国湿地分为滨海湿地、河流湿地、湖泊湿地、沼泽湿地和库塘湿地 5 大类 28 型。基于遥感图像的湿地动态监测，湿地分类系统的建立，一方面应根据研究区的实际情况、调查任务及可行性等；另一方面取决于采用的图像数据源，采用高空间、波谱分辨率的遥感图像时，可建立多级湿地分类系统，反之，则通常最多建立二级分类。

6.1.4.2　图像选择

根据不同的研究目标或者目的选择不同的卫星遥感图像作为基本的信息源，通常需要进行一定的数据变换，比如通过计算 *NDVI* 来增加图像的波段信息。

6.1.4.3　数据预处理

在选择数据源之后，还要对数据进行一系列的数据预处理。数据预处理是一个重要的环节，主要包括辐射校正、大气校正、地形校正、几何纠正、空间滤波、彩色变换和多波谱变换等。

（1）辐射校正

由于遥感图像成像过程复杂，传感器接收到的电磁波能量与地物本身辐射的电磁波能量并不相同。传感器输出的能量包含了由于太阳高度和角度、大气传输过程、地形影响和传感器本身性能的改变引起的各种失真，因此，为了分析和提取地物本身的波谱特性必须对这些失真进行校正。用户得到的数据都经过了系统辐射校正，也就是消除了传感器本身性能改变引起的辐射误差。

由于定量遥感的发展，国内外研发多种辐射校正方法。校正方法可以分成两类：绝对校正和相对校正。

绝对校正通过对大气、地形和其他因素的校正，可以把遥感图像的 *DN* 值转换成最终的地面反射率或者辐射率。主要的模型有“6S”（second simulation of the satellite signal in the solar spectrum)、MODLOWTRANTRAN(moderate resolution atmosphere radiance and transmittance model)、LOWTRAN、image-based DOS(dark object subtraction)等。

相对辐射校正是指去除或者标准化同景图像之间的亮度差异或者同一研究区不同时相的图像之间的亮度差异。这种校正方法不能得到地物的地面反射率。常用的方法有直方图匹配、黑像元去除法(dark object subtraction)、多时相图像回归分析法。

根据模型的性质和复杂程度，辐射校正的方法和模型可以分成3种。第一种是物理模型。这类模型需要很多参数而且需要详细的与图像获取同步的大气状态资料，能够将值反演成为地面绝对反射率，且精度高。由于其要求实时的大气状态资料，而这对于大多数的研究来说很难获取，尤其是获取历史数据，所以极大地限制了其应用的广度。第二种是基于图像的模型。这类模型不需要实时的大气资料，模型参数的确定仅仅依靠图像本身及头文件中的有关信息，如图像获取日期、增益设置等。模型有表面反射率法、暗像元减法、改进法等，其中改进法能够较高精度地将值转换成地表反射率。第三种是相对辐射校正。相对辐射校正不能去除大气的影响，不适合用于波段比值运算和各种相关指数提取。

(2)大气校正

大气校正是遥感图像处理的基础工作，大气校正效果的好坏也决定了后期定量反演和应用的精度。辐射校正后的图像并没有去除大气的影响和太阳光照条件引起的辐射差异。而大气的影响在很多情况下都是不能忽略的，所以用户仍需要对大气的影响进行校正。在使用多时相图像进行动态监测及生物量特征等定量信息提取时，去除大气的影响更加重要。目前，比较常用的大气校正模块主要有如下两种。

① ENVI 中的 FLAASH 模块：内置于 ENVI 软件的 FLAASH 大气校正模块，可对多波谱、多波谱数据、航空图像和自定义格式的多波谱图像进行快速大气校正分析。FLAASH 使用了 MODTRAN4 辐射传输模型的代码，通过快速生成查找表获取大气的主要参数，可以基于像素级别校正由于漫反射引起的连带效应，包含卷云和不透明云层的分类图，可调整由于人为抑止而导致的波谱平滑，获得地物较为准确的地表反射率和辐射亮度等物理模型参数。

②ATCOR 大气校正模型：ATCOR 大气校正模型是由德国 Wessling 光电研究所 Richter 博士于 1990 年研究提出，并且经过大量验证的一种快速大气校正算法。ATCOR 模型有两种模式：一种是适用于卫星图像的 ATCOR2 /3 模式；另一种是适用于机载和航拍的 ATCOR4 模式。ATCOR 模型支持几乎所有的高波谱和多波谱卫星传感器，如 RapidEye、WorldView、Landsat 和资源系列等，也可对新的卫星或者航空传感器进行自定义，模型自带大气数据库信息，辐射传输查找表由最新的 MODTRAN5 程序计算。最新版本的 ATCOR 大气校正商业软件由 IDL 语言开发，在参数反演、图像处理和数据更新等方面做了较大改进，例如，加入了二次雾霾去除算法、更新了相函数、基于 MODTRAN5.3 和 HITRAN-2013 进行了高分辨率数据库的更新及支持更多传感器等。

(3)地形校正

复杂地形地表接收到的太阳辐射受太阳、大气和地形等多种因素的影响，从而使地表接收到的太阳辐射能量具有非均一性。卫星传感器(如 MSS、TM、SOPT 和 IKONOS 等)获得的图像由于受到地形起伏(即坡度和坡向变异)的影响，而导致阴阳坡图像辐射亮度的差异，即阳坡较亮，而阴坡较暗。复杂地形地区遥感图像的这种辐射畸变称为地形效应。这种现象的产生主要与传感器方位和目标图像区的太阳高度及方位相关，这就造成有些图像区处于阴影覆盖下，而另一些却处于过度感光状态。

地形效应严重影响遥感图像的各种定量分析，必须对其进行校正处理，即地形校正。地形校正是指通过各种变换，将所有像元的辐射亮度变换到某一参考平面上(通常取水平面)，从而消除由于地形起伏而引起的图像辐亮度值的变化，使图像更好地反映地物波谱特性，即对遥感图像由于地形不规则导致的太阳辐射度值差异进行校正。其目标是消除所有由于地形因素导致的辐射亮度值的差异，即地形效应，以便使具有相同反射率的两个不同太阳方位角的物体表现出相同的波谱响应。

地形校正作为复杂地形区遥感图像预处理的重要步骤，对提高地表参数遥感定量化精度具有重要意义。国内外各种地形校正方法并将其划分为基于波段比、DEM 和超球面 3 类方法。其中，基于波段比的方法即比值法或比值合成法是消除地形阴影的最简单方法。它主要用一个波段的波谱值除以另一个波段的波谱值产生一个新的数据层，此比值数据通常可增强空间辐射变化，与原始数据相比，一定程度上消除了地形阴影的影响，此方法存在一个问题，即当地表覆被具有相似的波谱反射特性时，地表反照率的差异变得模糊不清(张洪亮等，2001)。基于 DEM 的校正方法又可以划分为 4 种类型：统计—经验模型、归一化模型、朗伯体反射率模型和非朗伯体反射率模型。基于超球面的方法主要为超球面方向余弦转换(HSDC)校正法，HSDC 方法把度量向量映射到超球面上。研究发现，HSDC 法能够很好的消除了地形阴影的影响，特别是在热波段效果更佳。在进行岩石分类时，校正前波段的假彩色合成图像不能很好地区分岩石类别界线，而校正后界线则变得清晰可见，提高了分类精度。

(4) 图像配准

图像配准(image registration)是将不同时间、不同传感器(成像设备)或不同条件下(天候、照度、拍摄位置和角度等)获取的两幅或多幅图像进行匹配、叠加的过程，它已经被广泛地应用于遥感数据分析、计算机视觉、图像处理等领域。

配准技术的流程如下：首先通过对两幅图像进行特征提取得到特征点，再通过进行相似性度量找到匹配的特征点，然后通过匹配的特征点对得到图像空间坐标变换参数，最后由坐标变换参数进行图像配准。而特征提取是配准技术中的关键，是特征匹配成功进行的保障。因此，寻求具有良好不变性和准确性的特征提取方法，对于匹配精度至关重要。

(5) 图像增强

图像增强处理是图像数字处理的基本方法之一。通过增强可以突出图像中有用的信息，使研究对象的特征得以加强，如线形地物河流或面状水体等，图像会变得清晰，解译性提高。图像增强的方法多种多样，常用的方法主要有线性拉伸增强、自适应增强、均衡化增强和平方根增强等。为了突出特定的地物类型，需要采取特定方式的增强处理。例如，图 6-1 显示了图像线性拉伸增强处理，经过线性拉伸处理的图像增强了图像的层次感，提高了图像的对比度，拉大不同地物之间的差异。

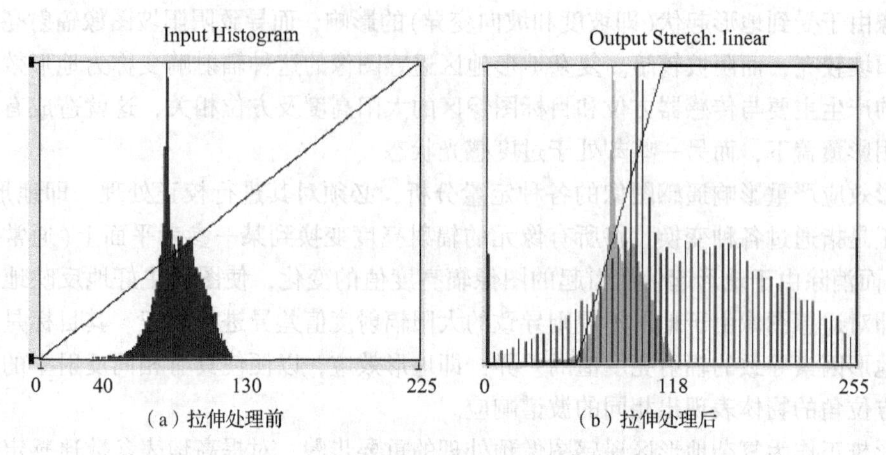

（a）拉伸处理前　　（b）拉伸处理后

图 6-1　内蒙古西部湿地线性拉伸直方图

由图 6-1 可以看出，未经增强处理的遥感图像灰度值范围较窄，为 40～130；而经过线性拉伸增强处理后，灰度值几乎分布于整个 0～225 范围内。从拉伸前后的遥感图像可以清晰地比较出线性增强前后遥感图像的差别。拉伸处理前，整个图像的色调比较暗，各湿地类型之间的差别较小，几乎无法辨认各湿地类型，很难对其进行遥感译。经过线性拉伸处理后，图像的反差较大，各湿地类型边界清晰，各类型之间色调差别较大，利于解译。

(6) 图像裁剪与拼接

将增强后图像进行拼接与裁剪得到各区块的遥感图像。在配准好的图像上选取研究区裁剪，然后将两个时相的图像尽可能地调整成一致的直方图，使图像的亮度值趋于协调，以便于比较。

(7) 图像融合处理

图像融合存在 3 个层次上的融合：像元级融合、特征级融合和决策级融合。

①像元级融合：是最低层次的融合，是对测量的物理参数的合并，直接在采集的原始数据上进行。该级融合要求图像之间高精度的几何配准，处理信息量大、费时、实时性差。但是它保留了尽可能多的信息，具有图像原有的真实感，能提供图像细节信息。

②特征级融合：是中级层次的融合。其先对遥感数据进行特征提取，然后在此基础上进行融合处理。这样处理既能实现数据压缩，又能提供决策分析需要的特征信息，提高对特征属性判断的准确性和可信度。

③决策级融合：是最高层次的融合，是在图像理解和图像识别基础上的融合，直接面向应用，为决策服务。常用的图像融合方法有贝叶斯估计法、神经网络法、模糊集理论等。

像元级融合是目前 3 个层次融合中较为成熟的一级，形成了丰富的算法。常用的像元级融合方法有：基于色彩变换的和基于统计方法的主成分融合，基于多分辨率分析方法的高通滤波法、小波融合，基于算数运算法、加权平均法及基于光照模型的像元级遥感图像。融合方法主要有 Brovery 变换方法，HIS 变换，color normalized（CN）变换方法。

(8)实地踏查与遥感解译标志的建立

根据实地的地面调查结果与卫星遥感图像，建立遥感图像解译判读标志或者分类训练点，采用人机解译方法或者数字图像处理方法，进行湿地遥感信息的提取。

6.1.4.4　湿地信息提取技术

遥感分类技术是主要的遥感信息提取手段，目前主要有基于统计学原理的监督分类、非监督分类，以及其他非统计学的神经网络分类、模糊分类、决策树分类法等。非监督分类不需要定义训练区，仅根据图像本身的统计特征和点群分布判断像元归属，不需要先验知识。优点是操作简单，容易实现，但是受“同物异谱”“异物同谱”的影响较大。监督分类法是利用对研究区的先验知识建立训练区，然后以训练区的统计资料作为图像分类的依据，对各像元进行分类。常用的方法有最大似然法、最小距离法、平行六面体法、马氏距离法、波谱角度制图仪法、特征曲线法、神经网络法以及模糊分类法等。决策树信息提取方法具有准确快捷的特点，在深入分析遥感图像的波谱特征规律和对区域环境特征的深入了解的基础上可以方便地引入各种非遥感数据，从而可以大大提高信息提取的精度。决策树分类法在土地利用、土地覆盖制图方面有很大的潜力，但和最大似然法等常规分类法相比应用并不是很广泛(韩敏等，2005)。决策树分类法由于具有直观简洁、可行性强、计算量小的特点，在遥感信息提取方面有很大的优势。

针对传统土地利用解译技术的局限性，通过深入分析地物波谱特征，采用波谱角分类技术对地类进行分类。波谱角分类(spectral angle mapper，SAM) 技术是一种通过处理亚像元组分波谱或样本波谱与待分类像元波谱之间的夹角进行地物信息提取的方法，属于波谱匹配技术。波谱角分类技术主要识别角度的差别，向量本身长度与不同波谱向量间的角度没有关联。因此，波谱角分类技术略去波谱向量的长度，重视波谱角度，提升了波谱曲线特征的主导性，与传统方法相比，具有更明显的价值。另外，由于同物异谱和同谱异物现象的干扰，使得传统技术自动分类的结果漏分、错分现象非常严重。波谱角分类技术利用各地物具有不易受干扰的独特的吸收峰的特点，大大减少了自动解译过程中的漏分和错分现象。但是，现在该技术仅在个别省份进行了使用，还没有完全推广开来(丁中宝，2018)。

6.1.4.5　分类结果准确度验证

分类结果的准确度决定进一步分析的准确性和可靠性，需要根据实地的考察或者通过高分辨率遥感图像确定一些验证点，计算分类的准确度。通常情况下，遥感图像的处理软件都可提供准确度的计算，如 *ENVI* 等。当准确度低于预期或者某一阈值时，需要对数据进行再处理，如更改大气校正算法、更改信息提取方法等，直到满足要求。

6.2　湿地景观格局动态监测

景观格局动态监测分析是景观生态学研究的主要方法，它有助于理解空间上的生态学过程，同时，也是研究景观格局潜在驱动力，识别景观水平上各种生态问题并进行对策设计的基础。研究景观格局的目的主要有以下几个方面：①确定产生和控制空间格局的因子及其作用机制；②比较不同景观镶嵌体特征及其变化；③探讨空间格局的尺度性质；④确定景观格局和功能过程的相互关系；⑤为景观的合理管理提供有价值的资料。

6.2.1 景观格局

6.2.1.1 景观格局的定义

景观生态学中的格局是指空间格局，广义地讲，它包括景观组成单元的类型、数目，以及空间分布与配置(邬建国，2007)。例如，不同类型的斑块可在空间上呈随机型、均匀型或聚集型分布。景观格局具体是指在自然或人为因素影响下，大小不一的景观要素斑块特征在空间上的配置。它既是景观异质性的具体表现，也是系统属性空间变异不同程度的具体体现，同时还是不同生态过程在不同尺度上被不同干扰因素作用的结果。

总的来说，景观格局是指景观的空间格局，是大小、形状、属性不一的景观空间要素在空间上的分布、配置和组合形式。景观格局是景观形成因素与景观生态过程长期共同作用的结果，反映了景观形成过程和景观生态功能的外在属性。景观格局可分为以下几类：

①规则或均匀分布格局：指某一特定类型景观要素间的距离相对一致的分布格局，如美国华盛顿州贝克山针叶林中砍伐斑块的规则分布格局。

②聚集(团聚)型分布格局：同一类型的景观要素斑块相对聚集在一起，同类景观要素相对集中，在景观中形成若干较大面积分布区，再散布在整个景观中，如在丘陵农业景观中，农田多聚集在村庄附近或道路一端。

③线状格局：指同一类景观要素的斑块呈线性分布，如沿公路零散分布的房屋、干旱地区或山地沿河分布的耕地。

④平行格局：指同一类型的景观要素斑块呈平行分布，如侵蚀活跃地区的平行河流廊道，以及山地景观中沿山脊分布的林地。

⑤特定的组合或空间联结格局：指不同的景观要素类型由于某种原因经常相联结分布。空间联结可以呈正相关，也可以是呈相关，如稻田与河流或渠道并存是呈正相关空间联结，而平原的稻田很少有大片林地出现呈负相关。

6.2.1.2 景观格局描述方法

景观格局描述方法是用来研究景观结构组成特征和空间配置关系的分析方法。景观格局的描述方法主要包括：景观指数分析法、景观动态度模型、质心偏移和空间转移矩阵法。

(1)景观指数分析法

景观格局指数指能够高度浓缩景观格局信息、反映景观结构组成和空间配置某些方面特征的定量指标，能够通过描述景观格局进而建立景观结构与过程或现象的联系，是景观生态学研究的重要方法。对于湿地景观而言，通常根据湿地的特性选用一些能够反映湿地景观格局变化特征的指数(如景观多样性指数、破碎度、优势度、分维数等指标)来分析湿地景观格局。根据景观格局指数在不同时段内的动态变化来反映景观格局空间结构特征的变化。

在选用景观格局指数时，应充分了解所选指数的特点和各指数之间的相互独立性，并根据研究内容和目的以及指数对景观格局的敏感度，选取能够说明问题并尽量简单的指数，综合运用RS和GIS技术对景观格局指数进行筛选(孔凡亭等，2013；Yan et al.，2009)。首先，根据国际湿地分类原则和实际情况，考虑遥感方法的实际可操作性，设计研究区域湿地遥感分类系统；然后，选取适当波段组合对不同时期的RS图像进行处理，以充分判读所获取的湿地类型，在图像人工判读或者数字处理后，在GIS系统中进行数据处理输出及地理数据库的更新；最后，选用一些最能反映湿地景观格局变化特征的景观格局指数，根据指数在不同时段内的动态变化来反映景观格局空间结构特征的变化。

景观指数可分为描述景观要素的指数和描述景观总体特征的指数。两种指数具有不同的层次。描述景观要素的指数分为单个要素的指数、同类要素之间关系的指数、不同类型要素之间关系的指数和不同要素之间关系的指数四个层次。其中，单个要素的指数如描述斑块的面积、周长、形状指数，描述廊道的长度、曲度等。同类要素之间关系的指数主要是指单个要素指数的统计值，如均值、极值、离差及空间关系(斑块密度、斑块平均面积、斑块面积标准差等)。不同类型要素之间关系的指数主要是指描述具有相同生态学意义的不同类型要素统计值及空间关系的指数。不同要素之间关系的指数如描述斑块与廊道之间空间关系(空间距离等)的指数(最邻近距离、平均邻近距等)。描述景观总体特征的指数可分为基于景观要素的景观总体特征指数和基于景观构型的景观总体特征指数两个层次。基于景观要素的景观总体特征指数如优势度(dominance)、蔓延度(contagion)；基于景观构型的景观总体特征指数是指景观构型的数量化表示(张馨艺，2013)。

本书采用斑块水平指数、斑块类型水平指数和景观水平指数3种类型，对景观指数的定义进行描述。斑块水平指数包括单个斑块面积、形状、边界等；斑块类型水平指数包括斑块密度、平均面积、平均形状指数、面积和形状指数标准差等；景观水平指数包括均匀度指数、聚合度指数、优势度指数等(林孟龙等，2008)。

① 斑块水平指数：包括类斑块平均面积和形状指数。

a. 类斑块平均面积：

$$\bar{A} = \frac{1}{N}\sum_{j=1}^{N_i} A_{ij} \tag{6-1}$$

式中：N_i——第i类景观要素的斑块总数；

A_{ij}——第i类景观要素j个斑块的面积。

b. 形状指数：

$$LSI = \frac{e_i}{\min_{e_i}} \tag{6-2}$$

式中：e_i——景观类型i的斑块周长；

$\min_{e_i}$——景观类型的总面积。

LSI的取值范围为0~100。

② 斑块类型水平指数：包括景观斑块密度、聚合度指数和斑块结合度指数。

a. 景观斑块密度：

$$PD = \frac{1}{A}\sum_{j=1}^{M} N_i \tag{6-3}$$

$$PD_i = \frac{N_i}{A_i} \tag{6-4}$$

式中：PD——景观斑块密度，类斑块总数/类型总面积；

M——研究范围内某空间分辨率上景观要素类型总数；

N_i——第 i 类景观要素的斑块总数；

A——研究范围景观总面积；

PD_i——景观要素的斑块密度：景观中某类景观要素的单位面积斑块数。

b. 聚合度指数：

$$AI = \left[\frac{g_{ij}}{\max \to g_{ij}}\right] \cdot 100 \tag{6-5}$$

式中：g_{ij}——相应景观类型的相似邻接斑块数量；

AI——基于同类型斑块像元间公共边界长度来计算。

c. 斑块结合度指数：

$$COHESION = \left[\frac{\sum_{i=1}^{m}\sum_{j=1}^{n} P_{ij}}{\sum_{i=1}^{m}\sum_{j=1}^{n} P_{ij}\sqrt{a_{ij}}}\right] \cdot \left[1 - \frac{1}{A}\right] \cdot 100 \tag{6-6}$$

式中：P_{ij}——斑块 ij 像元表面积测算的周长；

a_{ij}——第 ij 像元测算的表面积；

A——该景观的像元总数。

③景观水平指数：包括均匀度指数和优势度指数。

a. 均匀度指数：

$$E = \frac{H}{H_{\max}} \cdot 100\% \tag{6-7}$$

式中：H——修正后的 Simpson 指数；

$H_{\max}$——多样性指数最大值。

b. 优势度指数：

$$D = H_{\max} + \sum_{i=1}^{m} P_k \text{In}(P_k) \tag{6-8}$$

式中：$H_{\max}$—— 多样性指数最大值；

P_k—— 斑块类型 k 在景观中出现的概率。

D 为景观多样性的最大值与实际值之差，D 越大说明一个或少数几个板块类型占主导地位。

由于景观指数很多且相关性很强，因此在选择景观指数时应考虑以下原则：①总体性原则。研究区的研究重点是在斑块水平、类别水平还是景观水平，相应来选择景观指数。

②常用性原则。景观指数很多，选择常用的景观指数易于理解与交流。③简化原则。即选用的景观指数不宜过多，研究中充分考虑景观指数的相关性与替代性，选择能说明研究区主要景观过程的指数。综合考虑以上原则，选择能准确表达的景观指数(张馨艺，2013)。

(2)景观动态度模型

景观动态模型包括随机景观模型、基于过程的景观模型，以及基于规则的景观动态模型。其中随机景观模型是目前景观动态变化研究的主要方法；基于规则的景观动态模型是一种试图与人工智能技术相结合的方法。目前，国内学者主要采用动态度模型、相对变化率模型、斑块连接指数模型和斑块质心变化模型等模型来研究湿地景观的动态变化，采用MARKOV模型和细胞自动机模型等景观动态模型来模拟和预测湿地景观格局的动态变化。

(3)质心偏移

某种景观的空间变化可以通过其质心的变化情况来反映。运用GIS空间分析工具里面的质心计算模型，计算出研究所需湿地类型的质心，并通过距离、角度等计算分析研究区各类湿地的偏移规律。质心计算公式如下(宫兆宁等，2011)：

$$\begin{cases} X_t = \sum_{t=1}^{n} (C_{ti} \cdot X_{ti}) / \sum_{i=1}^{n} C_{ti} \\ Y_t = \sum_{t=1}^{n} (C_{ti} \cdot Y_{ti}) / \sum_{i=1}^{n} C_{ti} \end{cases} \tag{6-9}$$

式中：X_{ti}，Y_{ti}——分别表示第t年第i个典型滨海湿地斑块质心的经度和纬度坐标；

C_{ti}——第t年第i个滨海湿地类型斑块的面积。

(4)空间转移矩阵法

利用转移矩阵对湿地各景观类型面积转移进行分析，并结合动态变化率法转化率对湿地演变方向进行定量分析。转移矩阵模型能够全面、具体地刻画出各类型土地利用类型变化的方向和土地利用的结构特征，是各类型景观面积之间的相互转换定量分析的常用方法。该方法来源于系统分析中对系统状态与形态的定量描述，并被广泛应用于土地利用变化方法研究方面。转移矩阵的计算公式如下(莫文超，2017)：

$$S_{ij} = \begin{bmatrix} s_{11} & s_{12} & \cdots & s_{1n} \\ s_{21} & s_{22} & \cdots & s_{2n} \\ \vdots & \vdots & \vdots & \vdots \\ s_{n1} & s_{n2} & \cdots & s_{nn} \end{bmatrix} \tag{6-10}$$

式中：s——景观类型面积；

n——湿地景观类型数；

i，j——分别为研究初期与末期的湿地景观类型，i，$j=1$，2，…，n；

S_{ij}——由i类型景观转变为j类型景观的面积。

矩阵中每行元素代表转移前的i类型景观向转移后的各类型景观的流向信息，矩阵中每一列元素代表转移后的j类型景观面积从转移前的各类型景观的来源信息。转移前后各类型的数量可以有所不同，这时的行数和列数不同，是一个一般的矩阵。

研究一定时间段内某种景观类型动态变化速率是景观格局变化研究的重要指标，基于研究区面积转移矩阵，动态变化率公式如下：

$$C_i = \frac{w_{bi} - w_{ai}}{w_{ai}} \cdot \frac{1}{t} \cdot 100\% \tag{6-11}$$

式中：C_i——研究时段内某一景观类型的变化率；

w_{bi}，w_{ai}——分别为研究时段内初期、末期某一景观类型面积；

t——研究时段，当 t 被设定为年时，模型结果表示该地区此类型景观面积的年变化率。

动态变化速率虽能够定量对某一类景观变化速度率进行描述，但其仅反映了湿地面积变化的净值和动态变化的整体趋势，掩盖了各景观类型转入转出的动态变化过程，C_i 以研究时段内初期与末期面积之差为基础，弱化了景观类型转移的细节。因此，在实际的研究中加入景观类型转化率作为补充，能够进一步揭示研究区景观类型动态变化的强度，其公式如下：

$$C = \frac{w_{\text{out}} - w_{\text{in}}}{w_{\text{ai}}} \cdot \frac{1}{t} \cdot 100\% \tag{6-12}$$

式中：w_{in}——某一特定景观类型在特定时间段开始时的面积；

w_{out}——某一特定景观类型在特定时间段结束时的面积；

C——某一特定景观类型的年转化比率。

w_{in} 和 w_{out} 均为 0 时，即这一时段内没有转入转出；当 w_{in} 和 w_{out} 有且只有一项为 0 时，则 C 等于 C_i（莫文超，2017）。

6.2.1.3 景观格局分析与模拟软件

(1) Spatial Scaling

软件的操作系统是基于 MS-DOS 平台，软件开发的目的是用于分析景观格局的一维和二维空间分析程序，主要功能：sp_ An_ 1D 包含的程序和文本是用于执行空间格局的一维统计分析，也有数据输入输出的例子。sp_ An_ 2D 是用于执行空间格局的二维统计分析，同样有数据输入输出的例子。

(2) LEAP Ⅱ

软件的操作基于 Win NT 平台，软件的开发目的是研究、监测和评价景观及其生态状况。主要功能：从多个角度研究景观，包括破碎度、边缘特征、空间形态、连通性。监测和追踪实施管理和政策参数后生态特征的时间变化。应用其他 DSS（decision support system）工具，如火灾机制模拟等，评价管理和政策参数的空间模拟结果。

(3) Fragstats

这是一种较为出名和成熟的景观格局分析软件，软件主要用于景观结构的空间分析，包括面积指数（形态、大小等）、最近邻域分析、格局多样性、聚集度及分布特征等。Fragstats 有两个版本，一个用于矢量数据，另一个用于栅格图像。栅格版本是 C 程序，可以接受 ASCII 码图像文件、8 或 16 位的二进制图像文件、ArcInfo SVF 文件、ERDAS 图像文件和 IDRISI 图像文件；该版本同时可提供 DOS 或 MAC 可执行的版本。矢量版本由 ArcInfo AML 编写而成，可接受 ArcInfo 多边形 Coverage 数据。两个版本输出文件格式相同。Fragstats 软件极其强大，可计算出 50 多个景观指标。这些指标被分为 3 种级别，分别为：Patch(斑块)、Class(斑块类型)、Landscape(整体景观)，3 种级别逐步扩大尺度，高度相关，这 3 个层次的指标也基本是所有景观分析中都会用到的指标。可支持矢量数据和栅格图像，采用专门的景观分析软件 Fragstat 3.3 对景观指数进行计算，相对其他方法(如利用 MapGIS 软件通过编辑土地利用现状图及地形图得到景观分类图，再在 Excel 或其他景观计软件中进行计算)，提高了计算自动化程度和工作效率(何原荣等，2008)。因此更推荐使用 Fragstats 软件。

(4)APACK

软件能够针对大的数据集进行快速的景观指数计算。APACK 设计的目的是开发一种有效的程序来计算景观指数，是由 C++语言编写的独立执行的程序，在 Windows 平台上运行，支持的数据格式包括 ERDAS GIS 文件和 ASCII 文件。输出的数据由文本文件和电子表格组成。APACK 能计算 25 个景观指数，这些指数主要包括基本指数(如面积)、信息指数(如多样性)、结构指数(如孔隙度、连通性)、概率指数(如选择度)等。与其他常用的景观分析软件相比，APACK 具有运算速度快的优势，部分原因是 APACK 仅仅计算用户指定的指数，同时程序本身并没有嵌入或直接连接 GIS。APACK 能方便有效地计算大栅格图的景观指数。

(5)Patch Analyst

斑块分析是 ArcGIS 的扩展模块，主要用来辅助景观斑块的空间分析，模拟斑块的关联属性，还可用来进行空间格局分析，支持栖息地建模、生物多样性保护和森林管理。最大特点在于能够借助于 ArcGIS 平台对矢量图层和栅格图层进行分析。该软件作为 ArcView 3X 的扩展模块由 Avenue 语言编写，需要空间分析模块支持，能够对 Shape 或 Grid 进行常用的景观指数计算。软件开发者也开发了能够搭载 ArcGIS 9X 和 ArcGIS 10 版本的适用程序，计算结果也可以直接转入 Excel 或其他关系数据库软件进行统计分析。

除此之外，计算景观格局指数还可采用 RULE、SIMMAP 2.0 等软件，各种软件计算的重点和基于的平台技术都不尽相同，可解决景观格局分析中的不同问题。

6.2.2　湿地景观动态监测

长期以来，大家的湿地保护意识薄弱，片面追求经济效益最大化。在快速发展的经济活动过程中，忽略了对湿地的保护，使原本脆弱的湿地生态系统加剧退化，在自然和人为双重影响下，湿地景观格局发生着巨大的变化，面临湿地面积减少、生物多样性丧失、生态功能衰退等一系列问题。因此及时掌握湿地的分布状况，特别是做好湿地资源的动态监测，对做好湿地保护、修复和恢复工作，维持生态环境和人类社会的可持续发展具有重大意义。

(1)湿地面积变化监测

对湿地面积进行监测，首先要界定湿地的边界，而湿地的界限并不是十分明显的，因此对湿地面积的监测要通过其他指标来体现。湿地面积监测指标主要包括直接指标和间接指标。其中直接指标是指湿地水面面积的变化，由于水文因素是湿地形成和演化的主要因子，因此通过湿地水面变化可以直接反映湿地面积的变化；间接指标包括湿地生境和景观变化指标，可从影响湿地变化的因素中间接获得。湿地生境变化主要包括季节性沼泽、潟湖、湿草甸等生境的变化，利用生境变化来描述湿地面积及类型的改变。景观变化包括景观结构、景观面积、景观破碎化程度及观测区河流长度等指标。它们是湿地面积变化的定量指标。对湿地面积的监测还可从影响湿地变化的因素中获得，例如，土地面积的变化、河道沟渠变化、岸堤修筑、河流侵蚀与沉积速率等。

湿地变化趋势可以通过不同年度之间的监测指标比较得到，一般的监测年限为5~10a。确定指标后，选取一个适当面积的典型区进行定点重复观测，观测湿地面积变化。实现手段可借助于遥感图像、航空相片。大范围及对观测精度要求不高的观测可以通过遥感图像解译而获得，对于高精度的观测仍要利用航空相片。目前雷达遥感的利用也比较广泛，它的应用使观测结果更加准确。GIS的应用使观测数据得以储存、管理和分析，这对于庞大而复杂的观测结果来说，可以提供一个十分方便快捷的平台(孙欣，2016)。

目前利用的测量手段主要包括光学传感器、微波传感器及热红外传感器等，它们为湿地类型分布以及洪水区时间分布进行成像分析提供了可能。传感器的主要类型有6种：低分辨率光学传感器、高分辨率光学传感器、高波谱光学传感器、主动式微波传感器、被动式微波传感器和微型雷达高度计。这几种传感器在获得数据方面各有特点，因此在利用过程中应根据需要选择具体的传感器类型。例如，光学传感器有很好的时间分辨率，但由于云层的阻挡不能对云层下选定的地点进行探测；相反利用微波可以穿透云层，而且实际接收频率与收集时间频率几乎一致。在森林冠层下，由于光波从林冠的表层返回，光学传感器无法获得林冠下地表特征信息(如洪水等)。高波谱影像能够识别各种湿地要素，但由于费用过高，使它仅限用于全球性的观测。卫星雷达高度计可以通过对地表高度的变化测定和构建湿地地区数字高程模型来计算湿地季节性积水深度，进而得出湿地水面面积变化情况。卫星雷达高度计可以测量人们不能到达的湿地地区的地面参数，其所测得的海拔精度与卫星轨道参数有关，所测资料的时空分辨率取决于卫星轨道、地形复杂程度以及高度计的跟踪机制(牛明香，2004)。

(2)湿地景观类型转化监测

在RS和GIS技术支持下，湿地景观格局演变驱动力分析的主要包括：确定湿地景观格局演变的驱动因子和定量分析各驱动因子之间的相对重要性。湿地景观格局演变的驱动因子是指导致湿地景观类型、格局及功能发生变化的主要自然和社会经济因素。在自然系统中，气候、土壤、水文和自然灾害等被认为是主要的驱动因子类型；在社会经济系统中，通常将驱动因子分为5类，即人口、技术、经济体制、政策和文化。社会经济因子通过影响人们在土地利用上的决策对湿地景观的变化产生直接影响，它们相对活跃，是目前和未来短时空尺度内湿地景观格局变化的主要外生驱动因子。

景观格局指数可以比较不同景观之间的空间分布和组合特征等结构差异，也可以用来定量描述和监测景观空间结构随时间的变化情况。基于遥感技术测定湿地景观类型变化的研究过程包括以下步骤：

①选取数据源：选取某湿地之前的遥感图像。为保证数据源与监测时间一致，遥感图像选择集中在某一月份进行测定。

②数据预处理：包括遥感图像几何校正，校正误差控制在一个像元以内，以保证多个时期的遥感图像空间位置一致；还包括对遥感图像进行图像增强处理，以消除图像边缘与噪声，提高图像对比度，在图像中突出湿地信息；对感兴趣的区域进行图像裁剪与拼接(黄宏业等，2001)。

③湿地信息提取：对湿地类型进行分类，参考关于湿地的研究成果，综合野外湿地调研数据、研究区内地形图、气候与降水量等数据，建立遥感图像的湿地解译标志。根据遥感解译标志，参考研究区内地形图、气候、降水量等数据，对遥感图像进行信息提取，方法包括目视解译、数字信息自动提取等，生成多个时期的湿地景观分布图。

④湿地景观指数计算：可根据关注的问题选取一定的景观指数类型进行景观指数计算。例如，可根据马尔科夫转移矩阵模型和质心偏移分析进行空间演变分析。

(3)湿地景观变化的长时间序列监测

湿地生态系统的长期演变过程、规律及其驱动机制不但是湿地生态修复理论研究的重要内容，也是实施湿地保护与修复工程的科学依据。但实际应用中常常由于缺乏高质量长期连续的湿地变化监测资料，严重制约着湿地生态系统的长期演变规律及其驱动机制的研究，这对长远的湿地生态修复策略制定、湿地的生态修复和重建效果评估、湿地资源的合理保护和科学管理等产生了重大影响。随着遥感技术的快速发展及遥感数据可获取能力的不断提高，基于高质量长时间序列遥感数据分析湿地生态系统长期演变过程、规律、机制及其生态效应成为可能。目前，已针对已有湿地产品存在的时空不连续、一致性差、精度不高的问题，提出了面向湿地生态系统长期演变的遥感监测新方法，开展了高质量长时间序列的湿地的遥感制图和变化监测研究，并在此基础上深入分析并探索湿地生态系统结构和功能的长期演变过程、特征与驱动机制。

目前湿地景观变化的长时间序列监测要解决的主要问题包括：数据产品不一致问题(分类系统不一致，内容零星、片段化且缺乏长时序)、云等气象因素造成的时空不连续问题、精度和效率平衡问题。对于快速演变的湿地生态系统，目前多数研究仍然使用二时相或稀疏时间序列遥感数据分析湿地演变过程，这些研究采用的数据源不同、监测技术与方法不同、侧重点不同，以及不同学者湿地制图的水平差异，导致目前的湿地遥感产品存在时空不连续(零星、片段化)、一致性差、精度不高等缺点，使得关于湿地长期演变特征与机制研究的结果可比性差(甚至相互矛盾)，结论可靠性不强。构建高质量长时间序列的湿地遥感产品可能是解决这些问题的有效办法。然而，如何构建高质量长时间序列湿地遥感产品并揭示其长期演变过程、规律与机制的研究很少。

目前，可运用面向对象的分层分类方法、Updating 与 Backdating 方法、物候规律等最新遥感分类技术，不但能够较好地平衡湿地产品生产中的精度和效率问题，并且可构建一致性高质量的长时间年际序列湿地产品(艾金泉，2018)。湿地景观变化的长时间序列监测还可分别从趋势性、突变性和周期性 3 方面对时间序列变化特征展开分析。其中，趋势性分析可采用趋势分析法(杨勤科等，2008)；突变性分析可选用 Mann-Kendall(M-K)突变分析法(李抗彬等，2012)；周期性分析采用 Morlet 小波分析方法(陈楠，2014)。

参考文献

艾金泉，2018. 基于时间序列多源遥感数据的长江河口湿地生态系统长期演变过程与机制研究［D］. 上海：华东师范大学.

陈楠，2014. DEM 分辨率与平均坡度的关系分析［J］. 地球信息科学学报，16(4)：524-530.

丁中宝，2018. 湿地生态保护现状及修复对策探讨［J］. 南方农业，12(18)：163，165.

宫兆宁，张翼然，宫辉力，等，2011. 北京湿地景观格局演变特征与驱动机制分析［J］. 地理学报，66(1)：77-88.

韩敏，程磊，唐晓亮，等，2005. 向海自然保护区土地覆盖分类研究［J］. 应用生态学报，16(2)：101-105.

何原荣，周青山，2008. 基于 SPOT 图像与 Fragstats 软件的区域景观指数提取与分析［J］. 海洋测绘，28(1)：18-21.

胡文亮，赵萍，董张玉，2010. 一种改进的遥感图像面向对象最优分割尺度计算模型［J］. 地理与地理信息科学，26(6)：15-18.

黄宏业，刘侠，陈宝树，2001. CBERS-1 卫星 IRMSS 数据在城市绿地系统规划的应用［J］. 航天返回与遥感，22(3)：65-68.

解佳宁，王炜，周超，2010. 遥感技术在湿地资源监测中的应用［J］. 科技创新导报(27)：121-122.

孔凡亭，郗敏，李悦，等，2013. 基于 RS 和 GIS 技术的湿地景观格局变化研究进展［J］. 应用生态学报，24(4)：941-946.

李建平，张柏，张泠，等，2007. 湿地遥感监测研究现状与展望［J］. 地理科学进展，26(1)：33-43.

李抗彬，沈冰，李智录，2012. DEM 数据分辨率对黑河金盆水库流域地形参数提取的影响分析［J］. 西安理工大学学报，28(2)：127-131.

李小涛，黄诗峰，杨海波，等，2007. 新水沙环境下的黄河三角洲湿地资源动态变化研究［J］. 水利水电技术，38(11)：18-21.

李英成，1994. 数字遥感图像地形效应分析及校正［J］. 北京测绘(2)：14-19.

林孟龙，曹宇，王鑫，2008. 基于景观指数的景观格局分析方法的局限性：以台湾宜兰利泽简湿地为例[J]. 应用生态学报，19(1)：139-143.

孟庆伟，2007. 内蒙古西部湿地遥感动态监测与分析［D］. 呼和浩特：内蒙古农业大学.

莫文超，2017. 近 20 年泉州湾滨海湿地遥感监测与景观格局分析［D］. 福州：福建农林大学.

牛明香，2004. 湿地资源遥感动态监测及其对生态环境的影响研究［D］. 泰安：山东农业大学.

潘晨，东方星，2016. 高分-3 卫星首批微波遥感图像图对外公布［J］. 国际太空(9)：45-47.

孙欣，2016. 基于 GIS 的边坡稳定性模糊综合评价研究［D］. 重庆：重庆交通大学.

王岩威，2011. “3S”技术在三江湿地生态环境保护监测中的应用［J］. 民营科技(6)：96.

邬建国，2007. 景观生态学：格局、过程、尺度与等级［M］. 2 版. 北京：高等教育出版社.

杨敏，刘世梁，孙涛，等，2009. 黄河三角洲湿地景观边界变化及其对土壤性质的影响［J］. 湿地科学，7(1)：67-74.

于瑞宏，李畅游，刘廷玺，等，2004. 乌梁素海湿地环境的演变［J］. 地理学报，59(6)：948-955.

张红，舒宁，刘刚，2005. 多时相组合分类法在土地利用动态监测中的应用［J］. 武汉大学学报(信息科学版)，30(2)：39-42.

张洪亮，倪绍祥，张军，2001. 国外遥感图像的地形归一化方法研究进展［J］. 遥感信息(3)：24-26，9.

张树清，陈春，万恩璞，1999. 三江平原湿地遥感分类模式研究［J］. 遥感技术与应用，14(1)：54-58.

张馨艺，2013. 景观生态学中景观格局指数的研究［J］. 科学技术创新(4)：271.

张云霞，李晓兵，陈云浩，2003. 草地植被盖度的多尺度遥感与实地测量方法综述［J］. 地球科学进展，18（1）：85-93.

Adam E，Mutanga O，2009. Spectral discrimination of papyrus vegetation（*Cyperus papyrus* L.）in swamp wetlands using field spectrometry［J］. Isprs Journal of Photogrammetry & Remote Sensing，64(6)：612-620.

Augusteijn M F，Warrender C E，1998. Wetland classification using optical and radar data and neural network classification［J］. International Journal of Remote Sensing，19(8)：1545-1560.

Author O M C，Skidmore A K，2004. Narrow band vegetation indices overcome the saturation problem in biomass estimation［J］. International Journal of Remote Sensing，25(19)：3999-4014.

Becker B L，Lusch D P，Qi J，2005. Identifying optimal spectral bands from in situ measurements of Great Lakes coastal wetlands using second-derivative analysis［J］. Remote Sensing of Environment，97(2)：238-248.

Best R G，Wehde M E，Linder R L，1981. Spectral reflectance of hydrophytes［J］. Remote Sensing of Environment，11(81)：27-35.

Blaschke T，Hay G J，Kelly M，et al.，2014. Geographic object-based image analysis-towards a new paradigm［J］. Isprs Journal of Photogrammetry & Remote Sensing，87(100)：180-191.

Cochrane M A，2000. Using vegetation reflectance variability for species level classification of hyperspectral data［J］. International Journal of Remote Sensing，21(10)：2075-2087.

Darvishzadeh R，Skidmore A，2008. Estimation of vegetation LAI from hyperspectral reflectance data：Effects of soil type and plant architecture［J］. International Journal of Applied Earth Observations & Geoinformation，10(3)：358-373.

Dwivedi R，Rao B，Bhattacharya S，1999. Mapping wetlands of the Sundaban Delta and it′s environs using ERS-1 SAR data［J］. International Journal of Remote Sensing，20(11)：2235-2247.

Fyfe S K，2003. Spatial and temporal variation in spectral reflectance：Are seagrass species spectrally distinct?［J］. Limnology & Oceanography，48(1-2)：464-479.

Gong P，Pu R，Biging G S，et al.，2003. Estimation of forest leaf area index using vegetation indices derived from Hyperion hyperspectral data［J］. IEEE Transactions on Geoscience and Remote Sensing，41(6)：1355-1362.

Grings F，Salvia M，Karszenbaum H，et al.，2009. Exploring the capacity of radar remote sensing to estimate wetland marshes water storage［J］. Journal of Environmental Management，90(7)：2189-2198.

Gumbricht T，2005. Ecoregion classification in the Okavango Delta，Botswana from multitemporal remote sensing［J］. International Journal of Remote Sensing，26(19)：4339-4357.

Hansen M K，Brown D J，Dennison P E，et al.，2009. Inductively mapping expert-derived soil-landscape units within dambo wetland catenae using multispectral and topographic data［J］. Geoderma，150(1-2)：72-84.

Harvey K R，Hill G J E，2001. Vegetation mapping of a tropical freshwater swamp in the Northern Territory，Australia：A comparison of aerial photography，Landsat TM and SPOT satellite imagery［J］. International Journal of Remote Sensing，22(15)：2911-2925.

Hestir E L，Khanna S，Andrew M E，et al.，2008. Identification of invasive vegetation using hyperspectral remote sensing in the California Delta ecosystem［J］. Remote Sensing of Environment，112(11)：4034-4047.

Howland W G，1980. Multispectral aerial photography for wetland vegetation mapping［J］. Photogrammetric Engineering & Remote Sensing，46(1)：87-99.

Johnston R M，Barson M M，1993. Remote sensing of Australian wetlands：An evaluation of Landsat TM data for inventory and classification［J］. Marine & Freshwater Research，44(2)：235-252.

Kent B J，Mast J N，2005. Wetland change analysis of San Dieguito Lagoon，California，USA：1928—1994［J］.

Wetlands, 25(3): 780-787.

Kovacs J M, Flores F, 2004. Estimating leaf area index of a degraded mangrove forest using high spatial resolution satellite data [J]. Aquatic Botany, 80(1): 13-22.

Kovacs J M, Wang J, Flores-verdugo F, 2005. Mapping mangrove leaf area index at the species level using IKONOS and LAI-2000 sensors for the Agua Brava Lagoon, Mexican Pacific [J]. Estuarine Coastal & Shelf Science, 62(1): 377-384.

Lehmann A, Lachavanne J B, 1997. Geographic information systems and remote sensing in aquatic botany [J]. Aquatic Botany, 58(3-4): 195-207.

May M B, Pinderiii J E, Kroh G C, 1997. A comparison of Landsat Thematic Mapper and SPOT multi-spectral imagery for the classification of shrub and meadow vegetation in northern California, U. S. A [J]. International Journal of Remote Sensing, 18(18): 3719-3728.

Meer F D V D, Jong S M D, 2001. Imaging spectrometry: Basic principles and prospective applications[M]. Dordrecht Kluwer Academic Publishers.

Milton E J, Schaepman M E, Anderson K, et al., 2006. Progress in field spectroscopy [J]. Remote Sensing of Environment, 113(1): 92 - 109.

Miyamoto M, Yoshino K, Nagano T, et al., 2004. Use of balloon aerial photography for classification of Kushiro wetland vegetation, northeastern Japan [J]. Wetlands, 24(3): 701-710.

Moreau S, Bosseno R, Gu X F, et al., 2003. Assessing the biomass dynamics of Andean bofedal and totora high-protein wetland grasses from NOAA/AVHRR [J]. Remote sensing of Environment, 85(4): 516-529.

Mutanga O, Skidmore A K, Wieren, et al., 2003. Discriminating tropical grass (*Cenchrus ciliaris*) canopies grown under different nitrogen treatment using spectroradiometry [J]. Isprs Journal of Photogrammetry & Remote Sensing, 57(4): 263-272.

Nagler P L, Glenn E P, Huete A R, 2001. Assessment of spectral vegetation indices for riparian vegetation in the Colorado River delta, Mexico [J]. Journal of Arid Environments, 49(1): 91-110.

Ormsby J P, Blanchard B J, Blanchard A J, 1985. Detection of lowland flooding using active microwave systems [J]. Photogrammetric Engineering & Remote Sensing, 51(3): 317-328.

Parmuchi M G, Karszenbaum H, Kandus P, 2002. Mapping wetlands using multi-temporal RADARSAT-1 data and a decision-based classifier [J]. Canadian Journal of Remote Sensing, 28(2): 175-186.

Peã' Uelas J, Filella I, Biel C, et al., 1993. The reflectance at the 950~970 nm region as an indicator of plant water status [J]. International Journal of Remote Sensing, 14(10): 1887-1905.

Proisy C, Couteron P, Fromard F, 2007. Predicting and mapping mangrove biomass from canopy grain analysis using Fourier-based textural ordination of IKONOS images [J]. Remote Sensing of Environment, 109(3): 379-392.

Ray S S, Das G, Singh J P, et al., 2006. Evaluation of hyperspectral indices for LAI estimation and discrimination of potato crop under different irrigation treatments [J]. International Journal of Remote Sensing, 27 (24): 5373-5387.

Ringrose S, Vanderpost C, Matheson W, 2003. Mapping ecological conditions in the Okavango delta, Botswana using fine and coarse resolution systems including simulated SPOT vegetation imagery [J]. International Journal of Remote Sensing, 24(5): 1029-1052.

Rivero R, Grunwald S, Bruland G, 2007. Incorporation of spectral data into multivariate geostatistical models to map soil phosphorus variability in a Florida wetland [J]. Geoderma, 140(4): 428-443.

Rizzo W M, Dailey S K, Lackey G J, et al., 1996. A metabolism-based trophic index for comparing the ecological values of shallow-water sediment habitats [J]. Estuaries, 19(2): 247-256.

Schmidt K S, Skidmore A K, 2003. Spectral discrimination of vegetation types in a coastal wetland [J]. Remote Sensing of Environment, 85(1): 92-108.

Sha Z, Bai Y, Xie Y, et al., 2008. Using a hybrid fuzzy classifier (HFC) to map typical grassland vegetation in Xilin River Basin, Inner Mongolia, China [J]. Intiremote Senscise, 29(8): 2317-2337.

Silva T S F, Costa M P F, Melack J M, et al., 2008. Remote sensing of aquatic vegetation: Theory and applications [J]. Environmental Monitoring & Assessment, 140(1-3): 131-145.

Thenkabail P S, Smith R B, Pauw E D, 2000. Hyperspectral vegetation indices and their relationships with agricultural crop characteristics[J]. Remote Sensing of Environment, 71(2): 158-182.

Toomey M P, Vierling L A, 2006. Estimating equivalent water thickness in a conifer forest using Landsat TM and ASTER data: a comparison study [J]. Canadian Journal of Remote Sensing, 32(4): 288-299.

Townsend P A, 2002. Estimating forest structure in wetlands using multitemporal SAR [J]. Remote Sensing of Environment, 79(2): 288-304.

Townsend P A, 2001. Mapping seasonal flooding in forested wetlands using multi-temporal Radarsat SAR [J]. Photogrammetric engineering and remote sensing, 67(7): 857-864.

Vaiphasa C, Ongsomwang S, Vaiphasa T, et al., 2005. Tropical mangrove species discrimination using hyperspectral data: A laboratory study [J]. Estuarine Coastal & Shelf Science, 65(1): 371-379.

Wang C, Menenti M, Stoll M P, et al., 2007. Mapping mixed vegetation communities in salt marshes using airborne spectral data [J]. Remote Sensing of Environment, 107(4): 559-570.

Xie Y, Sha Z, Yu M, 2008. Remote sensing imagery in vegetation mapping: A review [J]. Journal of Plant Ecology, 1(1): 9-23.

Xu M, Watanachaturaporn P, Varshney P K, et al., 2005. Decision tree regression for soft classification of remote sensing data [J]. Remote Sensing of Environment, 97(3): 322-336.

Yan S J, Hong W, 2009. Spatiotemporal dynamics of land use in Langqi Island at Minjiang Estuary [J]. Chinese Journal of Applied Ecology, 20(5): 1243-1247.

Yang X, 2007. Integrated use of remote sensing and geographic information systems in riparian vegetation delineation and mapping [J]. International Journal of Remote Sensing, 28(2): 353-370.

Yuan L, Zhang L, 2006. Identification of the spectral characteristics of submerged plant *Vallisnerias spiralis*[J]. Acta Ecologica Sinica, 26(4): 1005-1010.

Zhang J, Foody G M, 1998. A fuzzy classification of sub-urban land cover from remotely sensed imagery [J]. International Journal of Remote Sensing, 19(14): 2721-2738.

Zheng D, Rademacher J, Chen J, et al., 2004. Estimating aboveground biomass using Landsat 7 ETM+ data across a managed landscape in northern Wisconsin, USA [J]. Remote Sensing of Environment, 93(3): 402-411.

Zomer R J, Trabucco A, Ustin S L, 2009. Building spectral libraries for wetlands land cover classification and hyperspectral remote sensing [J]. Journal of Environmental Management, 90(7): 2170-2177.

第7章

湿地及周边社会经济调查

社会经济调查是指运用调查统计的方法，研究社会经济问题形成的原因和影响，总结其发展和变化的客观规律，为研究解决社会经济问题的政策或对策服务的一种研究方法。社会经济调查在内容上包括社会问题的调查和经济问题的调查。前者包括对宗教信仰、犯罪、环境、法律、政策举措等广泛问题的调查；后者包括对生产、分配、消费、投资、市场等广泛问题的调查(林凤彩等，2002)。湿地及周边社会经济调查是指采用社会经济调查相关方法和工作流程，对湿地周边社区因湿地资源利用而形成的社会问题和经济问题，以及湿地管理对该社会问题和经济问题的影响等开展调查。调查的目的是认识自然—社会—经济湿地复合生态系统的社会问题和经济问题的发展规律，分析其形成原因，评价和预测人类社会经济活动对湿地的影响；分析和评价湿地管理措施的合理性，指导湿地管理决策。

7.1 社会经济调查的流程

7.1.1 分析基础资料

在开展湿地及周边社会经济调查之前，应全面掌握该区域社会经济的基础资料，为后续的社会经济调查工作的开展奠定基础。通过对基础资料的全面分析，有利于准确确定调查问题和调查对象，科学设计调查方案。通常情况下，社会经济基础资料涉及湿地所在县(区)社会经济年鉴、统计年鉴、经济公报、统计公报、政策文件等；对于已建自然保护区的湿地区域，应高度重视该自然保护区的科学考察报告、自然保护区总体规划等资料；对于已开展社区工作(如社区共管、生态补偿等)的湿地区域，应加强对这类工作资料的收集、整理和分析。

7.1.2 确定调查问题

应具备问题意识，即要清楚本次调查要解决的问题，确保调查有的放矢。根据湿地及周边社会经济调查的目的，可以将调查问题大致分为两类：湿地及周边社会经济基本情况调查、湿地管理措施(如湿地保护和恢复、生态补偿、社区共管等)对社会经济的影响调查。社会学方法是“经验研究”的方法，而不是“理论研究”的方法。问题意识的树立需要调查方案设计者长时期的经验积累，对于刚开始从事湿地及周边社会经济调查的人员来说，充分利用已有资源能够起到事半功倍的效果。专家咨询是较为常用和简便的方法，是指通过借助专家经验和知识，较为准确、快捷地确定调查需解决的关键问题。也可借鉴环境影响评价中的工程分析方法，针对湿地管理措施的实施，就其可能导致的社会经济变化进行全面分析，梳理该湿地管理措施可能会导致湿地及周边社会经济变化的关键所在，进而确定需解决的关键社会经济问题。如针对退耕还湿，由于耕地面积减少可能会导致湿地社区居民经济收入及其结构的变化；因此，可将退耕还湿前后居民的经济收入及其结构的变化设为调查要解决的关键问题。

7.1.3　选取调查对象

与一般的社会经济调查对象不同，湿地及周边社会经济调查主要是针对因湿地资源利用而形成的社会经济关系开展调查，即基于湿地资源的利用，湿地社区人与人之间在物资(生产、分配、消费等)及精神方面(湿地文化、湿地资源利用的传统知识等)形成的关系。湿地及周边社会经济调查的对象为因湿地资源利用而形成的社会经济现象总体，包括社会现象和经济现象两类。

7.1.4　设计调查方案

在明确调查问题和调查对象后，应着手设计调查方案。首先，确定调查范围和单位，即调查的取样范围和单位，如要调查退耕还湿对家庭收入的影响，就应以退耕还湿项目涉及的社区为对象，以户为调查单位；若要进行影响评价，应考虑社会经济条件相似但未参与退耕还湿项目的社区；若要调查湿地周边社区居民的湿地保护意识，就应以湿地周边社区为调查范围，以居民个体为调查单位，并可进一步以年龄、文化程度、性别等将对个体进行划分。调查样本的选择通常采用随机抽样的方法，对于样本数小的情况，调查可全面覆盖。其次，设计调查指标。指标的选择应具有针对性，即要针对调查问题的解决，通过定量或定性调查指标来达成，如针对经济问题的指标多为定量指标，针对社会问题的指标多为定性指标。在开展正式调查之前一般应进行预调查，根据预调查的结果优化调查指标。

7.1.5　开展社会经济调查

湿地及周边社会经济调查通常采用入户调查，以访谈结合问卷的方式开展。在开展入户调查时，通常邀请对调查区域社区比较了解，受到居民信任的代表人物为向导(如村干部)，这样利于节约调查时间成本；在建立自然保护区的湿地区域，也可邀请保护区社区科或负责社区工作的同志为向导。但在一些情况下，村干部或保护区工作人员在场可能会使得调查中部分受访者在回答问题时有所顾虑，不回答真实的信息。因而，在向导的选择方面，应结合调查的问题和社区的特征灵活把握。另外，在访谈时，应考虑湿地周边社区居民文化水平，应采用通俗易懂的访谈语言，避免出现过多的专业术语，目的是要使被调查对象能够准确理解问题信息，以保证调查结果的准确性。

7.2 社会经济调查方法

7.2.1 文献研究法

文献研究法是指通过分析第二手资料获得满足调查所需的信息，该方法具有很明显的间接性和无干扰性(风笑天，1997)。该方法用于湿地及周边社会经济调查的前期准备阶段，能够满足了解、分析调查区域社会经济基本情况的目的；用于社会经济调查中，能够满足某些特定指标的数据需要，如人口数量、经济收入、农业产值等数据。采用该方法可以直接利用已有数据资源、节省时间，对于调查范围涉及县、乡一级，具有较大的便利性；但对于涉及村或居民小组一级，已有数据仅能起到参考作用，需要通过实地调查完成。

7.2.2 访谈调查法

(1)结构式访谈法

结构式访谈法是指访谈对象的选择、访谈问题的编制、访谈问题的答案、提问的方式、提问的顺序、回答的方式都已经标准化，访谈者只能根据访谈表按顺序进行提问，由被访谈者回答，该方法又称为标准化访谈法。结构式访谈中使用的问题都是封闭式问题。封闭式问题是指不仅进行提问，还提供了问题的答案，答案可能单独作为选项列出，也可能包含在所提出的问题中，被访谈者只能从这几个答案中进行选择(毕超贤等，2016)。例如，在云南大山包自然保护区实施生态效益补偿项目对社区居民态度的调查中，设计了以下结构式访谈问卷(表7-1)。

表7-1 大山包保护区社区居民对生态补偿的态度调查

居民态度	调查事项	
	是否赞成生态补偿措施	是否赞成“半耕半补”
非常赞成		
赞成		
无所谓		
不赞成		
非常不赞成		

(2)半结构式访谈法

半结构式访谈法是指访谈表的问题组成既有封闭式问题，又有开放式问题；开放式问题是指向访问对象提问，不提供预先设计好的答案，由访谈对象根据自己的实际情况自由回答(毕超贤等，2016)。该访谈方法多应用于湿地文化、传统知识等社会问题的调查中，如对某一湿地区域湿地植物的利用方式调查、在少数民族地区对神山圣湖等自然崇拜的调查。

(3) 无结构式访谈法

无结构式访谈法是指访谈对象的选择、访谈问题的编制、访谈问题的答案、提问的方式、提问的顺序、回答的方式、记录的方式、访谈的时间和地点等，都没有统一的规定和要求，由访谈者根据访谈时的情况灵活调整，访谈者仅需按照一个粗略的访谈提纲进行访谈的一种方法。该方法又称为非标准化访谈法、开放式访谈法、自由式访谈法(毕超贤等，2016)。

7.2.3　问卷调查法

问卷调查法是调查者运用统一设计的问卷向被调查者进行调查的方法。问卷是指调查者根据一定的调查目的和要求，按照一定的理论假设设计出来的，由一系列问题、备选答案及说明组成的，向被调查者搜集资料的一种工具。问卷调查法是询问调查法的诞生和发展，是建立在询问调查法基础上的一种标准化调查方法。在湿地及周边社会经济调查中，考虑大多数湿地周边社区居民的文化水平较低，问卷调查通常应用在旅游者、相关专家等的调查和咨询中。

7.3　社会经济调查指标

由于我国湿地类型多样，湿地周边社区对湿地资源利用的方式多样，因而对社会经济调查的内容或指标难以统一，需要具体问题具体分析。目前提出的湿地及周边社会经济调查内容或指标，如《重要湿地监测指标体系》(GB/T 27648—2011)将涉及社会经济的指标作为“影响状态的调查与监测指标”，从人口、农业、渔业和水产业、牧业、旅游业、交通运输、污染物排放等方面设计了 23 项指标；《云南省湿地生态监测标准》(DB 53/T 653.7—2014)同样将社会经济作为影响因子，从社会经济、日游客数量、农业生产、渔业捕捞、养殖业、水资源利用、基础设施建设、禁止性行为等 8 个方面设置调查内容或指标。吕宪国等(2005)从人口、经济技术、环境生态、效益等方面设置了 38 项指标。上述社会经济调查内容或指标均是从满足其监测目的的角度出发进行设置的，并非放之四海而皆准的指标，可作为湿地及周边社区社会经济调查的参考。在开展具体调查时，可在此基础上根据具体湿地社区社会经济状况进行调整，并增加能够反映该区域社会经济特征的指标。上述湿地监测标准将社会经济作为影响指标，考虑了人类活动对湿地生态系统的影响，但未考虑某些湿地社区传统文化具有自然保护的元素。在青藏高原区域，藏族传统文化中有神山圣水的原始崇拜；在青藏高原和云贵高原黑颈鹤栖息的湿地区域，均有将黑颈鹤视为“神鸟”，不能伤害的传统。这些传统文化蕴含了朴素的自然保护思想，在开展湿地及周边社会经济调查时应高度重视。从已有的湿地及周边社会经济调查指标来看，吕宪国等(2005)提出的指标涵盖面较广、操作性强，作为湿地及周边社区社会经济调查的参考指标较为适宜(表 7-2)。

表 7-2 湿地及周边社会经济调查参考指标

调查项目	调查指标		技术方法	频度
人口	人口总数		人口普查数据	1次/5年或根据实际需要调整调查频次
	人口密度			
	劳动力人数			
经济技术	工业产值		实际调查或从有关部门或缺或从地方统计年鉴获取	
	农业产值	农作物产值		
		林业产值		
		牧业产值		
		副业产值		
		渔业产值		
	人均收入			
	产业结构			
	能源结构			
	水利设施			
	交通线路			
湿地资源利用与干扰	放牧	牲畜数量	从农业畜牧管理部门获取数据或直接调查	
		牲畜分布		
		牲畜构成		
		放牧面积		
	狩猎	狩猎人数	从相关的管理部门获取数据或直接调查	
		狩猎天数		
		猎物数量		
	水产捕捞	捕捞人数	从水产部门获取数据或直接调查	
		捕捞天数		
		捕捞数量		
	水产养殖	网(箱)数		
		养殖面积		
		养殖时间		

（续）

<table>
<tr><th>调查项目</th><th colspan="2">调查指标</th><th>技术方法</th><th>频 度</th></tr>
<tr><td rowspan="11">湿地资源利用与干扰</td><td colspan="2">农业用化肥施用量</td><td rowspan="4">从相关的管理部门获取数据或直接调查</td><td rowspan="11">1 次/5 年或根据实际需要调整调查频次</td></tr>
<tr><td colspan="2">工农业耗水量</td></tr>
<tr><td colspan="2">工业污染数量和分布</td></tr>
<tr><td colspan="2">工业污染面积</td></tr>
<tr><td colspan="2">湿地植物资源利用</td><td rowspan="2">通过调查、利用直接费用法计算</td></tr>
<tr><td colspan="2">泥炭开采</td></tr>
<tr><td rowspan="4">旅 游</td><td>旅游人数</td><td rowspan="4">通过调查、利用权变估值法计算效益</td></tr>
<tr><td>旅游时间</td></tr>
<tr><td>游客来源</td></tr>
<tr><td>活动范围</td></tr>
<tr><td>科研文化</td><td>科研经费、文化宣传、影视</td><td>通过调查、利用直接费用法计算</td></tr>
</table>

注：引自吕宪国等，2005。

参考文献

毕超贤，杨士剑，刘聪，等，2016. 访谈法在野生动物调查中的应用综述[J]. 林业调查规划，41(4)：12-15.

风笑天，1997. 社会调查方法还是社会研究方法？——社会学方法问题探讨之一[J]. 社会学研究(2)：23-32.

林凤彩，侯振明，2002. 实用社会经济调查[M]. 沈阳：东北大学出版社.

陆丹丹，陈思源，2017. 旅游地居民对生态补偿态度测量研究——以广西漓江流域为例[J]. 生态经济，33(4)：154-159.

吕宪国，2005. 野外试验站(台)观测方法丛书：湿地生态系统观测方法[M]. 北京：中国环境科学出版社.

第8章 湿地生态系统评价

湿地生态系统评价是随着社会经济的高速发展、人口的不断增加，以及生态环境问题大量涌现而逐渐开展的一项对湿地生态系统现状、变化和影响进行分析并提出解决对策的一系列评价行为。湿地生态系统评价是湿地保护的基础，评价政策的合理制定与发展有利于定量了解人类活动对湿地生态系统健康的影响，进而提高人类的湿地保护与管理意识。为满足湿地保护、恢复和管理等方面的需求，20世纪70年代以后，湿地生态系统评价逐渐成为湿地研究的热点(武海涛等，2005)。2016年，马广仁等出版了《中国国际重要湿地监测》一书，对中国国际重要湿地进行了评价，促进了中国湿地生态系统评价和保护工作。本章将对湿地生态系统评价的指标和方法进行介绍。

8.1 湿地生态系统评价数据获取方式

湿地生态系统评价指标体系的所采用的原始数据有以下4种来源：

①统计数据：如人口数量、人均收入等，一般向当地湿地主管部门收集或者从当地统计部门购买年鉴，也可在统计信息网上获取相应统计资料。

②问卷调查数据：包括湿地功能评价问卷和湿地周边居民湿地保护意识调查问卷。前者是向当地湿地主管部门发放，后者是向评价区周边居民发放。

③监测数据：包括大气环境监测数据、土壤监测数据、水环境监测数据、生物监测数据、景观格局与遥感监测数据和社会经济调查数据等。

④遥感解译/反演数据：各种土地利用类型的面积及景观格局数据，并用其计算景观指标及部分价值指标。

8.2 湿地生态系统评价指标计算方法

湿地生态系统健康评价指标体系包括：水环境指标、土壤指标、生物指标、景观指标和社会指标，共5个一级指标，其中包含13个二级指标。湿地生态系统功能评价指标体系包括：供给功能、调节功能、文化功能、支持功能共4个一级指标，其中包含7个二级指标。湿地生态系统价值评价指标体系包括：直接使用价值、间接使用价值、选择价值、存在价值 4 个一级指标，其中包括 8 个二级指标。

8.2.1　健康评价指标计算方法

(1)地表水质

根据综合水质标识指数，确定湿地水体综合水质类别。根据国家标准《地表水环境质量标准》(GB 3838—2002)将地表水划分Ⅰ类、Ⅱ类、Ⅲ类、Ⅳ类、Ⅴ类 5 级，考虑到污染的水源无使用功能，所以将其定为劣Ⅴ类，共分为六大类(表 8-1)。水质类别数据由当地湿地主管部门提供。

根据国家标准《海水水质标准》(GB 3097—1997)将海水划分Ⅰ类、Ⅱ类、Ⅲ类、Ⅳ类 4 级，考虑到污染的水源无使用功能，所以将其定为劣Ⅳ类，共分为五大类(表 8-2)。水质类别数据由当地湿地主管部门提供。

表 8-1　地表水水质类别及解释表

类别	功　能	分值
Ⅰ类	主要适用于水的源头、国家级自然保护区	10
Ⅱ类	主要适用于集中式生活饮用水地表水源地一级保护区、珍稀水生生物栖息地、鱼虾类产卵场、仔稚幼鱼的索饵场等	8
Ⅲ类	主要适用于集中式生活饮用水地表水源地二级保护区、鱼虾类越冬场、洄游通道、水产养殖区等渔业水域及游泳区	6
Ⅳ类	主要适用于一般工业用水区及人体非直接接触的娱乐用水区	4
Ⅴ类	主要适用于农业用水区及一般景观要求水域	2
劣Ⅴ类	水源污染严重，无利用价值	0

表 8-2　海水水质类别及解释表

类别	功　能	分值
Ⅰ类	适用于海洋渔业水域，海上自然保护区和珍稀濒危海洋生物保护区	10
Ⅱ类	适用于水产养殖区，海水浴场，人体直接接触海水的海上运动或娱乐区，以及与人类食用直接有关的工业用水区	7
Ⅲ类	适用于一般工业用水区，滨海风景旅游区	5
Ⅳ类	适用于海洋港口水域，海洋开发作业区	3
劣Ⅳ类	水源污染严重，无利用价值	0

(2)水源保证率

水源保证率(P_{sy})用湿地生态系统的当年蓄水量(W)与湿地生态系统多年平均需水量(Q)的比值来表示，见式(8-1)。当年蓄水量是 2008 年公布的《全国湿地资源调查技术规程(试行)》中规定的必测项目，可直接获得；湖泊和沼泽湿地的多年平均需水量由式(8-2)至式(8-4)计算得出。

$$P_{sy} = W/\overline{Q} \tag{8-1}$$

湿地生态需水量是指湿地生态系统达到某种生态水平或维持某种生态系统平衡所需的

水量，或湿地生态系统发挥期望的生态功能所需要的水量。对于某一特定的湿地生态系统，其生态需水量有一个阈值范围，具有上、下限值，超过上、下限值都会导致湿地生态系统的退化和破坏(张祥伟，2005)。根据不同的数据类型，湖泊湿地的生态需水量计算公式可选用式(8-2)或式(8-3)(刘静玲等，2002)。

$$\overline{Q}_{LW}=\overline{E}+\overline{F}_{\text{jing}}-\overline{P} \tag{8-2}$$

式中：$\overline{Q}_{LW}$——湖泊生态需水量；

$\overline{E}$——多年平均蒸发量；

$\overline{F}_{\text{jing}}$——多年平均净流出量；

$\overline{P}$——多年平均降水量。

$$\overline{Q}_{LW}=\overline{W}/T \tag{8-3}$$

式中：$\overline{W}$——多年平均蓄水量；

T——换水周期，由多年平均蓄水量与多年平均流出量的比值表示。

沼泽湿地生态需水量等于生态耗水量的多年平均值，即多年平均储水状态(可取最佳生态储水量)下的耗水量与地下水出流量之和扣除多年平均降水量，见式(8-4)(李九一等，2006)。

$$\overline{Q}_{ML}=\overline{E}+\overline{G}-\overline{P} \tag{8-4}$$

式中：$\overline{Q}_{ML}$——沼泽湿地生态需水量；

$\overline{E}$——多年平均蒸发量；

$\overline{G}$——多年平均地下水出流量；

$\overline{P}$——多年平均降水量。

所需数据为多年平均降水量、多年平均蒸发量、多年平均地下水出流量、当年湿地蓄水量，由评价区域历史监测数据和当年监测数据直接或通过计算获得。该指标的分值(S_{sy})可由式(8-5)计算。

$$S_{sy}=\begin{cases}P_{sy} & 0\leqslant P_{sy}\leqslant 10\\ 0 & P_{sy}>10\end{cases} \tag{8-5}$$

式中：P_{sy}——水源保证率。

针对滨海湿地，沿海湿地分为潮间带、潮上带和潮下带3个部分。潮间带和潮下带因有海水供给，所以湿地水源保证率为满分；潮上带区域，可通过计算潮上带区域湿地供水量得分及潮上带与湿地总面积比来计算总体滨海湿地水源保证率。

(3)土壤重金属含量

根据铜(Cu)、锌(Zn)、铅(Pb)、铬(Cr)、镉(Cd)5种重金属元素的含量，计算内梅罗综合污染指数，据此计算土壤重金属含量指标分值。内梅罗综合污染指数反映了各污染物对土壤的作用，同时突出了高浓度污染物对土壤环境质量的影响，内梅罗综合污染指数见式(8-6)。

$$P_N=\left[\left(PI_{均}^2+PI_{最大}^2\right)/2\right]^{1/2} \tag{8-6}$$

式中：$PI_{均}$——平均单项污染指数；

$PI_{最大}$——最大单项污染指数。

其中，单项污染指数 PI 用土壤污染物实测值与土壤污染物质量标准的比值表示，土壤污染物质量标准参考中华人民共和国国家标准《土壤环境质量标准》(GB 15618—1995)中各指标的自然背景值。根据中华人民共和国环境保护行业标准《土壤环境监测技术规范》(HJ/T 166—2004)中土壤内梅罗综合污染指数评价标准，土壤重金属分值(S_{P_N})的计算公式见式(8-7)。

$$S_{P_N}=\begin{cases}0 & (P_N>3)\\ (3-P_N)/2.3\cdot 10 & (0.7<P_N\leqslant 3)\\ 10 & (P_N\leqslant 0.7)\end{cases} \tag{8-7}$$

(4) 土壤 pH 值

土壤 pH 值代表与土壤固相处于平衡溶液中的 H^+ 浓度的负对数。湿地土壤多呈微酸性至中性，pH 值为 5.5~7.0，且随土壤深度的增加而逐渐增大，底土多呈中性(吕宪国等，2004)。其中，盐化沼泽土的 pH 最高，可以达 9.0，泥炭土的 pH 值最低，一般为 4.0~6.0。在现场采集土壤样本带回实验室，用电位法测定。指标归一化公式见式(8-8)。

$$S_{pH}=\begin{cases}0 & (pH\leqslant 4.0 \text{ 或 } pH\geqslant 9.0)\\ (9-pH)/2\cdot 10 & (7.0<pH<9.0)\\ (pH-4)/1.5\cdot 10 & (4.0<pH<5.5)\\ 10 & (5.5\leqslant pH\leqslant 7.0)\end{cases} \tag{8-8}$$

式中：S_{pH}——土壤 pH 值的归一化分值；

pH 值——实测土壤 pH 值。

(5) 土壤含水量

土壤含水量(TR)采用重量百分比表示。湿地区域内所有采样点的土壤平均含水量(TR_{avg})是评价湿地健康的重要依据之一。在现场采集土壤样本带回实验室用烘干称重法进行测定。指标计算方法见式(8-9)。

$$S_w=\begin{cases}TR_{avg}\cdot 10 & (0\leqslant TR_{avg}<1)\\ 10 & (TR_{avg}\geqslant 1)\end{cases} \tag{8-9}$$

式中：S_w——土壤含水量的归一化分值。

(6) 生物多样性

生物多样性包括物种多样性、遗传多样性和生态系统多样性 3 个层次。《区域生物多样性评价标准》(HJ 623—2011)从野生维管束植物丰富度、野生高等动物丰富度、生态系统类型多样性、物种特有性、受威胁物种的丰富度、外来物种入侵度 6 个方面来评价生物多样性。针对湿地生态系统，去除生态系统多样性，参考该标准，将生物多样性指数(BI)的表达式确定为式(8-10)。

BI=[野生高等动物种类/635×0.25+野生维管束植物种类/3662×0.25+
物种特有性×0.25+受威胁物种的丰富度×0.125+
(1-归一化外来物种入侵度)×0.125]×100　　(8-10)

物种特有性=(评价区域内中国特有的野生高等动物种数/635+
评价区域内中国特有的野生维管束植物种数/3662)/2/0.3070　　(8-11)

受威胁物种的丰富度=(受威胁的野生高等动物种数/635+受威胁的野生维管束植物种数/3662)/2/0.1572　(8-12)

归一化外来物种入侵度=外来入侵动物、植物和微生物种数/本地野生高等动物和野生维管束植物种数之和/0.1441　(8-13)

生物多样性分级标准参见《区域生物多样性评价标准》(HJ 623—2011)。按式(8-14)归一化。

$$S_{BI}=\begin{cases}0 & (BI\leqslant 20)\\ (BI-20)/40\cdot 10 & (20<BI<60)\\ 10 & (BI\geqslant 60)\end{cases} \tag{8-14}$$

式中：BI——生物多样性指数；

S_{BI}——生物多样性指数归一化结果。

指标计算所需数据来源于当地湿地主管部门统计数据。其中，维管束植物指蕨类植物、裸子植物和被子植物。在数据收集时，因受威胁的野生高等动物种类和受威胁的野生维管束植物种类较难获取，采用以国家重点保护野生动物(Ⅰ级和Ⅱ级)类别和国家重点保护野生植物(Ⅰ级和Ⅱ级)代替。

(7)外来物种入侵度

外来入侵物种包括外来入侵动物、外来入侵植物和外来入侵微生物。外来物种入侵度(P_{in})用评价区域内外来入侵物种数与本地野生高等动物和野生维管束植物种数之和的比值来表示。数据来源于当地湿地主管部门统计数据。该指标的归一化公式见式(8-15)。

$$S_{in}=\begin{cases}(0.1441-P_{in})/0.1441\cdot 10 & (0\leqslant P_{in}\leqslant 0.1441)\\ 0 & (P_{in}>0.1441)\end{cases} \tag{8-15}$$

式中：S_{in}——P_{in} 的归一化分值。

(8)野生动物栖息地指数

胡嘉东等(2009)利用景观生态学原理，选择既能较好地反映潮间带栖息地变化，又能敏感地反映海岸带开发影响的有效湿地斑块面积、单位面积湿地斑块数量、植被覆盖度和栖息地复杂性4个指标，建立了潮间带湿地栖息地功能评价模型。参考该模型，分别对有效湿地斑块面积(V_{size})、单位面积湿地斑块数量(V_{num})和植被覆盖度(V_{cover})进行标准化，形成S_{size}、S_{num}、S_{cover}3个指标来综合反映湿地的野生动物栖息地功能。野生动物栖息地指数(S_{WAHI})见式(8-16)。

$$S_{WAHI}=S_{size}\cdot 0.4+S_{num}\cdot 0.3+S_{cover}\cdot 0.3 \tag{8-16}$$

①标准化的有效湿地斑块面积：用每类湿地斑块面积乘以斑块形状系数，并将其定义为有效湿地斑块面积；而对各类湿地的有效斑块面积求和，即可得到有效湿地斑块总面积。

$$V_{size}=\sum_{i=1}^{n}A_iC_i \tag{8-17}$$

式中：V_{size}——有效湿地斑块总面积；

n——湿地斑块类型数量；

A_i——i类型湿地斑块面积，可通过卫星遥感图像的解译或地形图测量得到；

C_i——i 类型湿地斑块形状系数(表 8-3)。

表 8-3　有效湿地斑块总面积指标赋值表

有效湿地斑块总面积 V_{size}(km^2)	标准化分值 S_{size}	有效湿地斑块总面积 V_{size}(km^2)	标准化分值 S_{size}
$V_{size}<80$	2	$240<V_{size}\leqslant 320$	8
$80\leqslant V_{size}\leqslant 160$	4	$V_{size}>320$	10
$160<V_{size}\leqslant 240$	6		

C_i 的确定与斑块形状指数(Shp_i)相关联，根据人类的开发活动特征，以正方形为参照的计算形式，计算每种湿地斑块的形状指数。

$$Shp_i = 0.25P_i / \sqrt{A_i} \tag{8-18}$$

式中：Shp_i——i 类型湿地斑块的形状指数；

P_i——i 类型湿地斑块的周长。

Shp_i 越趋近于 1，表示湿地斑块的人为干扰因素越多；Shp_i 越大，表示湿地斑块形状越无序，越接近于自然状态。可根据 Shp_i 确定适当的 C_i(表 8-4)。二者的对应关系具有普遍性，适用于任何地区。

表 8-4　斑块形状指数与形状系数对应关系表

湿地斑块形状指数 Shp	湿地斑块形状系数 C	湿地斑块形状指数 Shp	湿地斑块形状系数 C
$1\leqslant Shp<5$	0.1	$15\leqslant Shp<20$	0.7
$5\leqslant Shp<10$	0.3	$20\leqslant Shp<25$	0.9
$10\leqslant Shp<15$	0.5	$Shp\geqslant 25$	1.0

②标准化的单位面积湿地斑块数量：单位面积湿地斑块数量表达了湿地斑块的破碎化程度，斑块总面积的减少或斑块数量的增加，都会导致较大的单位面积湿地斑块数量减少，其值越高对生物的生存越不利。

$$V_{num} = N/A \tag{8-19}$$

式中：V_{num}——单位面积($1km^2$)的湿地斑块数量，个；

N——湿地斑块数量，个；

A——湿地斑块总面积，km^2。

通过遥感图像解译得到湿地斑块数和面积(表 8-5)。

表 8-5　单位面积湿地斑块数量指标赋值表

单位面积(km^2)的湿地斑块数量 V_{num}	标准化分值 S_{num}	单位面积(km^2)的湿地斑块数量 V_{num}	标准化分值 S_{num}
$V_{num}\leqslant 0.1$	10	$0.3<V_{num}\leqslant 0.4$	4
$0.1<V_{num}\leqslant 0.2$	8	$0.4<V_{num}\leqslant 0.5$	2
$0.2<V_{num}\leqslant 0.3$	6	$V_{num}>0.5$	0

③标准化的植被覆盖度：野生动物需要有植物群落来保证摄食、筑巢和避难。植物生物量的减少将导致第一生产力下降，最终导致肉食动物数量减少。植被覆盖度的降低对生

境提供避难场所和筑巢的能力也会产生不利影响。因此，植被覆盖度是反映湿地生境质量的一个重要因素，见式(8-20)(胡嘉东等，2009)。

$$V_{cover}=A_v/A_a \quad (8\text{-}20)$$

式中：V_{cover}——植被覆盖度；

A_v——植被覆盖区面积，由遥感解译获得；

A_a——湿地总面积，由统计资料获得(表 8-6)。

表 8-6　植被覆盖度指标赋值表

植被覆盖度 V_{cover}	标准化分值 S_{cover}	植被覆盖度 V_{cover}	标准化分值 S_{cover}
$V_{cover}\leqslant 0.1$	2	$0.3<V_{cover}\leqslant 0.4$	8
$0.1<V_{cover}\leqslant 0.2$	4	$V_{cover}>0.4$	10
$0.2<V_{cover}\leqslant 0.3$	6		

该指标的分值范围已经处于 0~10，可直接使用。

(9)湿地面积变化率

以现有湿地面积与前一年同时期湿地面积的百分比(A_{zzl})来表示，两期湿地面积通过解译两年同时相的遥感图像获得，该指标的归一化公式见式(8-21)。

$$S_{zzl}=\begin{cases}0 & (A_{zzl}\leqslant 0.65)\\(A_{zzl}-0.65)/0.35\cdot 10 & (0.65<A_{zzl}<1)\\10 & (A_{zzl}\geqslant 1)\end{cases} \quad (8\text{-}21)$$

式中：S_{zzl}——该指标的归一化分值。

(10)土地利用强度

土地利用强度以待评价区域内农业、建设用地、沙地(因人类不合理活动所导致的天然沙漠扩张和土地沙化)、畜牧业土地面积占评价区域土地总面积的百分比(P_{Lu})来表示(王利花，2007；孙贤斌等，2010；孙永光，2012)。数据来源于待评价湿地所在区域的土地利用数据和遥感图像解译数据。该指标用 S_{Lu} 表示，见式(8-22)。

$$S_{Lu}=\begin{cases}10-P_{Lu}/0.1\cdot 2 & (P_{Lu}<0.1)\\8-(P_{Lu}-0.1)/0.1\cdot 2 & (0.1\leqslant P_{Lu}\leqslant 0.2)\\6-(P_{Lu}-0.2)/0.2\cdot 2 & (0.2<P_{Lu}\leqslant 0.4)\\4-(P_{Lu}-0.4)/0.4\cdot 2 & (0.4<P_{Lu}\leqslant 0.8)\\2-(P_{Lu}-0.8)/0.2\cdot 2 & (P_{Lu}>0.8)\end{cases} \quad (8\text{-}22)$$

式中：S_{Lu}——该指标的归一化分值。

(11)人口密度

人口密度(R_d)用评价区内人口总数与待评价区面积的比值表示，单位：人/km^2。评价区内的人口总数和评价区面积可来源于湿地主管部门。归一化公式见式(8-23)。

$$S_{R_d}=\begin{cases}(600-R_d)/600\cdot 10 & (0\leqslant R_d<600)\\0 & (R_d\geqslant 600)\end{cases} \quad (8\text{-}23)$$

式中：S_{R_d}——该指标的归一化分值。

(12)物质生活指数

以人均收入水平表征，单位为元/(人·年)。以评价区内居民的总体收入除以评价区内总人口来表示，符号为 Y_{income}。评价区内人口总数和总收入数据可从当地湿地管理部门获取。

该指标的归一化得分用 S_{income} 表示，见式(8-24)。

$$S_{income}=\begin{cases}(10000-Y_{income})/10000\cdot 10 & (0\leqslant Y_{income}\leqslant 10000)\\ 0 & (Y_{income}>10000)\end{cases} \tag{8-24}$$

(13)湿地保护意识

在当地进行问卷调查，湿地保护意识以被调查人员中具有湿地保护意识的人员占问卷调查总人数的比例来表示，调查问卷见附录 1，每题的分值情况如下。

①第 1 题、第 9 题作为问卷有效性参考，不计分数。

②第 2 题、第 5 题、第 6 题、第 8 题的答案均正确，故根据被调查者的答全率计分，各题目分值如下：第 2 题每选择 1 项得 2 分，最高得 6 分；第 5 题每选择 1 项得 3 分；第 6 题每选择 1 项得 3 分；第 8 题每选择 1 项得 3 分。

③第 3 题、第 4 题只有唯一的正确答案，选择正确得 4 分，选择错误得 0 分。

④第 7 题选择 A、B 得 0 分，选 C 得 1 分，选 D 得 4 分。

⑤第 10 题选 B 得 4 分，选 D 得 3 分。

从所有问卷中提取有效问卷，其数量用 N_v 表示；问卷满分为 100 分，得分 50 分以上为合格，表示被调查者具有湿地保护意识，有效问卷中具有湿地保护意识的问卷数量用 N_y 表示。根据式(8-25)计算湿地保护意识指标 S_{ys} 归一化值。

$$S_{ys}=N_y/N_v\cdot 10 \tag{8-25}$$

8.2.2　功能评价指标计算方法

(1)物质生产

物质生产指标由评价区当年的湿地产品(水产品、禽畜产品、谷物、淡水、薪柴)分别与前一年同类湿地产品的比值之和表示。如果湿地产品的年收获量减小率大于 12%，则赋 0 分，湿地产品的年收获量减小率低于 6%，则赋 0~3 分；如果湿地产品的年收获量变化率小于 6%，则赋 3~7 分；如果湿地产品的年收获量增加率大于 6%，则赋 7~10 分，年收获量增加率大于 12%，则赋 10 分。

(2)气候调节

如果不存在局地小气候现象，气温和空气湿度与周围地区没有差别，则赋 0~3 分；如果存在局地小气候现象，气温日较差较周围地区略有减小，空气湿度略大于周围地区，则赋 3~7 分；如果局地小气候现象十分明显，气温日较差较周围地区明显减小，空气湿度明显大于周围地区，则赋 7~10 分。

(3)水资源调节

如果工程附加费大，但是不能调控水资源，且旱涝灾害发生频率很大，则赋 0~3 分；

如果需有筑堤、水库和滞洪区配合，才具有较强的调控能力，则赋3~7分；如果天然状态下，水资源调节能力强，基本无旱涝灾害和附加工程费用，则赋7~10分。

(4)净化水质

该指标依据水质质量赋分。将水质为Ⅴ类和劣Ⅴ类的湿地赋值为0~3分；将水质为Ⅲ类和Ⅳ类的湿地赋值为3~7分；将水质为Ⅰ类和Ⅱ类的湿地赋值为7~10分。

(5)休闲与生态旅游

如果景观美学价值很小，没有开发旅游活动，则赋0~3分；如果具有一定的景观美学价值，在特定时间段有观光旅游活动，则赋3~7分；如果景观美学价值很高，观光旅游日很多，且不断增加，则赋7~10分。

(6)教育与科研

如果湿地没有代表性，科研价值很小，没有学者以其为研究区进行湿地相关研究，则赋0~3分；如果湿地的科研价值一般，与其他同类型湿地相似，有部分学者以其为研究区进行湿地相关研究，则赋3~7分；如果湿地具有很高的科研价值，能进行多方面有特色、有代表性的研究，每年有较多的学者以其为研究区进行湿地相关研究，则赋7~10分。

(7)保护生物多样性

该指标以生物多样性指数来表征，具体计算方法参见式(8-10)。指标计算所需数据来源于当地湿地主管部门统计数据。如果物种贫乏，生态系统类型单一、脆弱，生物多样性极低，生物多样性指数小于20，则赋0~3分；如果物种较少，特有属、特有种不多，局部地区生物多样性较丰富，但生物多样性总体水平一般，生物多样性指数位于20~60，则赋3~7分；如果物种高度丰富，特有属、特有种繁多，生态系统丰富多样，生物多样性指数≥60，则赋7~10分，生物多样性指数≥120，则赋10分。

8.2.3 价值评价指标计算方法

目前对湿地价值评价常用的方法有市场价格法、意愿调查价值评估法(CV法)、旅行费用法、享乐价值法、成果参照法、影子工程法、内涵定价法、生产率变动法、碳税法、生态价值法等。

①市场价格法：是对有市场价格的生态系统产品和功能进行估价的一种方法，主要用于对生态系统物质产品的评价。

②意愿调查价值评估法(CV法)：针对当地的实际情况，通过设计合适的调查问卷，要求被调查者回答他们愿意为某些特定的收益支付多少钱，经过减小误差、去除异常等处理后，基于一定的方法进行总结，统计得到某种服务的价值(这种方法潜在地适用于所有问题)。

③旅行费用法：根据旅游者在旅游活动中所有的支出和花费，对旅游地区的旅游价值进行估算的方法。

④享乐价值法：指由于人们购买的商品中包含了湿地的某种生态环境价值属性，通过人们为此支付的价格来推断湿地价值的方法，该方法主要应用在房地产领域。

⑤成果参照法：指利用从某个情境中(通过任何方式)得到的估算结果来对另一个不同

情境中的价值进行计算。例如，旅游者在某个公园欣赏野生动植物时所得效益的估算值，这一结果有可能被用来估算在另一个不同的公园观赏野生动植物所得到的效益。

⑥影子工程法：指某些环境效益和服务虽然没有直接的市场可买卖交易，但这些效益或服务的替代品具有一定的市场和价格，通过估算其替代品的花费来确定某些环境效益或服务的价值。例如，湿地固定的二氧化碳价值以人工造林所用的成本替代，湿地净化去污的价值以人们为替代该功能而建造污水处理厂的成本来计算。

⑦内涵定价法：使用统计技术把付给某一服务的价格分解成该服务的每种属性的蕴含价格，其中包括环境属性。例如，对消遣场所的可达性或者空气的清新程度等(该方法由于需要大量数据而难以使用)。

⑧生产率变动法：指环境变化可以通过生产过程来影响生产者的产量、成本和利润，或者通过消费品的供给与价格变动来影响消费者福利。例如，因湿地面积缩小导致渔业减产时，损失的价值等于损失产量与单价之积。

⑨碳税法：根据一个地区的碳税价格，基于计算得到的湿地固定碳量来估算湿地在调节温室气体方面的价值。

⑩生态价值法：生态价值法是将 Pearl 生长曲线与社会发展水平，以及人们的生活水平相结合，根据人们对某种生态功能的实际支付来估算该生态服务价值的方法。

由于各个具体指标的性质不同，有的存在现实的市场交易，更多的却不存在这样的市场；有的可以根据观测到的行为对服务进行经济价值评估，有的却需要基于假设的市场进行估算，有的则需要使用成果参照的方法。对于有些指标，可以通过多种方法对其进行价值估算；一些方法也对多种服务的评估具有普适性，根据调研的相关文献(Malt-by et al.，1994；Kosz，1996；Barbier，1997；Richard et al.，2001；Turner et al.，2000、2003；崔丽娟，2002；吴玲玲，2003；庄大昌等，2003；Fennessy et al.，2004；皮红莉，2004；王伟等，2005；张晓云等，2006；陈贵龙，2006；傅娇艳，2007；张培，2008；李华等，2008；赵美玲等，2008；欧维新等，2009；Oliver et al.，2009；Maltby，2009)，分别选择一种学者使用较多的方法作为各个指标的评价方法，各项指标的获取来源和评价方法如下。

(1)湿地产品

评价湿地生产的食物、木材等各种原材料的年生产价值，数据由当地湿地主管部门提供。估算方法是市场价格法，见式(8-26)。

$$V = \sum_{i=1} S_i \cdot Y_i \cdot P_i \tag{8-26}$$

式中：V——物质产品价值，既包括水产品价值，又包括原材料生产价值；

S_i——第 i 类物质的可收获面积；

Y_i——第 i 类物质的单产；

P_i——第 i 类物质的市场价格。

产品市场价格参照当年相关统计年鉴及当地实际物价。在原材料价值的估算中，可收获面积按总生产面积的50%计算(吴玲玲等，2003)。

(2)休闲娱乐

该指标是指湿地生态系统或者湿地景观为人类提供观赏、娱乐、旅游的价值。数据主要由当地湿地主管部门提供，评价方法是费用支出法。估算中用旅游者费用支出的总和(包括交通费、食宿费等一切用于旅游方面的消费)作为该景观旅游功能的经济价值，见式(8-27)。

$$旅游价值=旅行费用支出+消费者剩余+旅游时间价值+其他花费 \tag{8-27}$$

旅行费用支出主要包括游客从出发地至景点的直接往返交通费用，游客在整个旅游时间中的食宿费用，门票和景点的各种服务收费。旅行时间价值是由于进行旅游活动而不能工作损失的价值。其他花费包括用于购买旅游宣传资料、纪念品、摄影等。某一生态系统旅游价值的总消费者剩余消费取决于费用与旅游人次，约为其他各项费用支出的10%(辛琨等，2002)。

(3)环境教育

要准确估算湿地生态系统科研价值非常困难，因为教育、科研的经济效益不明显，而且在短期内难以见效，尤其是基础研究，研究结果对人类的贡献本身就难以估算，同时投资力度往往受各方面人为因素的限制。因此，本指标体系选择成果参照法来估算教育、科研的价值。采用美国经济生态学家Costanza(1997)推算出的世界湿地的文化价值为881美元/($hm^2 \cdot a$)来推算湿地的科学研究价值，计算时根据用于解译的遥感图像的日期当日的汇率换算为人民币。湿地面积由遥感图像解译得到。

(4)调节大气

湿地调节大气的价值由湿地每年吸收的二氧化碳和释放的氧气的价值之和来表征，吸收的二氧化碳和释放的氧气的价值由碳税标准和工业制氧价格与湿地面积之积来计算。湿地面积由遥感图像解译得到。估算方法是碳税法和制造成本法，见式(8-28)。

$$X=A_1W_1+A_2W_2 \tag{8-28}$$

式中：X——湿地调节大气的价值；

A_1——碳税标准，700元/t；

W_1——湿地固定二氧化碳的重量；

A_2——工业制氧价格，400元/t；

W_2——湿地释放氧气的重量。

依据植物光合作用方程：

$$CO_2(264g)+H_2O(108g)\rightarrow C_6H_{12}O_6(108g)+O_2(193g)\rightarrow 多糖(162g)$$

由式(8-28)可知，植物每年生产1t干物质可固定1.63t二氧化碳，放出1.2t氧气。根据评价区每年初级产品，按干湿比1∶20计算，即可计算出评价区湿地调节大气价值(赵美玲等，2008)。

(5)调蓄洪水

以湿地当年的洪水调蓄量和修建同样蓄积量的水库的价值来表征该指标。调蓄量由当地湿地主管部门提供，估算方法是影子工程法，见式(8-29)。

$$L = \frac{1}{n}\sum_{t=1}^{n} C_t \cdot V_t(1 + X_t) \tag{8-29}$$

式中：L——多年平均调蓄洪水价值；

V_t——当年洪水调蓄量；

C_t——当年修建 $1m^3$ 水库库容的平均价格；

X_t——价格的增长系数，其单价为 0.67 元/m^3(庄大昌，2004)。

在缺乏数据的情况下，可用湿地当年的蓄水量代替调蓄洪水的水量进行计算。

(6)净化去污

该指标以工业方法去除等量的污水所用的费用来表征湿地净化去污的价值，去除污水总量由当地湿地主管部门提供。估算方法是影子工程法，见式(8-30)。

$$L = C_t \cdot V_t \tag{8-30}$$

式中：L——评价区净化去污的价值；

V_t——第 t 年接纳周边地区废水污水量；

C_t——第 t 年单位污水处理成本(庄大昌，2004)。

由于 V_t 的值较难获取，在缺乏数据的情况下，可采用成果参照法进行计算，采用 Costanza(1997)的研究成果，对全球湿地降解污染功能平均价值进行估计，为 4177 美元/($hm^2 \cdot a$)，计算时根据用于解译的遥感图像的日期当日的汇率换算为人民币。湿地面积由遥感图像解译得到。

(7)生物多样性

生物多样性价值的估算，采用成果参照法。采用 Costanza(1997)的研究成果，对全球湿地生物多样性的价值进行估计，为 439 美元/($hm^2 \cdot a$)，计算时根据用于解译的遥感图像的日期当日的汇率换算为人民币。湿地面积由遥感图像解译得到。

(8)生存栖息地

生存栖息地价值的估算，采用成果参照法。采用美国经济生态学家 Costanza(1997)的研究成果，即湿地的避难所价值为 304 美元/($hm^2 \cdot a$)计算时根据用于解译的遥感图像的日期当日的汇率换算为人民币。栖息地的面积由遥感图像解译得到。

8.3　湿地生态系统综合评价

8.3.1　湿地生态系统健康评价

湿地生态系统健康由综合健康指数(index of comprehensive health, *ICH*)表示(麦少芝等，2005)。*ICH* 是所有标准化后的二级指标值的加权和，各个指标权重由层次分析法(analytic hierarchy process, AHP)(郭风鸣，1997)计算得到。根据湿地生态系统综合健康指数的分值，将湿地生态系统健康分为好、中、差 3 个等级(表 8-7)，湿地生态系统健康评价的最终结果表示为湿地生态系统健康等级，辅以对应健康等级的描述性文字。

表 8-7 湿地生态系统健康等级表

等级	分值	健康状况
好	[7, 10]	湿地生态系统功能完善，系统稳定且活力很强，湿地景观保持良好的自然景观，系统活力极强，外界压力小
中	[3, 7]	湿地生态系统结构较为完整，具有一定的系统活力，可发挥基本的生态功能，外界存在一定压力，湿地景观发生了一定的改变，部分功能退化，已有少量的生态异常出现
差	[0, 3]	湿地生态系统结构不完整、不合理，系统不稳定，外界压力大，湿地景观受到很大破坏，结构破碎，活力较低，系统功能退化严重

各个指标计算值与健康等级的对应关系参照以下原则：首先按照国家标准；若没有国家标准，则借鉴评价区多年平均值或相关研究调查成果或公认的数量界限，否则采取模糊评价法计算其区间。

各指标权重因评价区而异，可以对单个湿地生态系统的健康状况进行评价。同区域同类型湿地之间的比较，各指标采用相同的权重。不同湿地之间的比较则需综合考虑湿地类型和区域特征。

8.3.2 湿地生态系统功能评价

湿地生态系统功能由综合功能指数(index of comprehensive function，*ICF*)表示，*ICF* 是所有二级功能指标分值的加权和，各个指标权重由层次分析法计算得到。根据湿地生态系统综合功能指数的分值，将湿地生态系统功能分为好、中、差 3 个等级(表 8-8)，湿地生态系统功能评价的最终结果表示为湿地生态系统功能等级，辅以对应功能等级的描述性文字。

表 8-8 湿地生态系统功能等级表

等级	分值	功能状况
好	[7, 10]	湿地产品的年收获量增加大于 6%；局地小气候现象十分明显；天然状态下，洪水调控能力强；景观美学价值很高；湿地具有很高的科研价值；生物多样性指数大于 60
中	[3, 7]	湿地产品的年收获量在减少 6%和增加 6%之间；存在局地小气候现象；需有筑堤、水库和滞洪区配合，才具有较强的洪水调控能力；具有一定的景观美学价值；湿地的科研价值一般，有相关研究；物种较少，特有属、特有种不多，生物多样性指数为 20~60
差	[0, 3]	湿地产品的年收获量减小 6%以上；不存在局地小气候现象；洪水极难控制；景观美学价值很小，没有开发旅游活动；科研价值很小，没有学者以其为研究区进行湿地相关研究；物种贫乏，生态系统类型单一、脆弱，生物多样性极低，生物多样性指数小于 20

各指标权重因评价区而异，可以对单个湿地生态系统的功能进行评价。同区域同类型湿地之间的比较，各指标采用相同的权重。不同湿地之间的比较则需综合考虑湿地类型和区域特征。

指标获取采用定性打分和定量计算相结合的方式，对于不能定量表达的指标，可以通过向当地湿地主管部门发放问卷的形式获得指标分值，每个指标的评分标准见表 8-9。

健康和功能评价各指标权重依据有以下 3 种来源：

①评价区工作人员提供参考：在实地调查过程中，评价区管理人员协助填写一张湿地

表 8-9　湿地生态系统功能评价指标评分标准

一级指标	二级指标	分值		
		[7，10](好)	[3，7](中)	[0，3](差)
供给功能	物质生产	湿地产品的年收获量增加 6%~12%，若超过 12%，得分为 10	湿地产品的年收获量在减少 6%和增加 6%之间	湿地产品的年收获量减小为 6%~12%，若减少超过 12%，得分为 0
调节功能	气候调节	局地小气候现象十分明显，气温日较差较周围地区明显减小，空气湿度明显大于周围地区	存在局地小气候现象，气温日较差较周围地区略有减小，空气湿度略大于周围地区	不存在局地小气候现象，气温和空气湿度与周围地区没有差别
	水资源调节	天然状态下，水资源调节能力强，基本无旱涝灾害和附加工程费用	需有筑堤、水库和滞洪区配合，才具有较强的调节能力	工程附加费大，但不能起到调节水资源的作用，且旱涝灾害发生频率很大
	净化水质	Ⅰ类、Ⅱ类水	Ⅲ类、Ⅳ类水	Ⅴ类、劣Ⅴ类水
文化功能	休闲与生态旅游	湿地景观美学价值很高，观光旅游日很多，且不断增加	湿地具有一定的景观美学价值，在特定时间段有观光旅游活动	湿地景观美学价值很小，没有开发旅游活动
	教育与科研	湿地具有很高的科研价值，能进行多方面有特色、有代表性的研究，每年有较多的学者以其为研究区进行湿地相关研究	湿地的科研价值一般，与其他同类型湿地相似，有部分学者以其为研究区进行湿地相关研究	湿地没有代表性，科研价值很小，没有学者以其为研究区进行湿地相关研究
支持功能	保护生物多样性	物种高度丰富，特有属、特有种繁多，生态系统丰富多样，生物多样性指数≥60，生物多样性指数大于 120 时，得分为 10 分	物种较少，特有属、特有种不多，局部地区生物多样性较丰富，但生物多样性总体水平一般，20≤生物多样性指数<60	物种贫乏，生态系统类型单一、脆弱，生物多样性极低，生物多样性指数<20

评价各指标相对重要性征求意见表，根据他们的实际工作经验，给出当地湿地健康和功能各个指标的相对重要性大小。

②实地调查、访谈等获取信息：通过实地调查，了解当地湿地的特点及影响湿地生态系统健康和功能实现的各个因素，从而分析出各个指标的相对重要性。

③查阅文献：通过检索评价区湿地研究的相关文献，查阅出某些评价指标相对重要性的描述性文字或者类似评价中部分指标的权重大小，并将其作为权重设置的参考依据。

8.3.3　湿地生态系统价值评价

湿地生态系统价值评价最终结构表现为经济价值，通过公式计算出每个指标的货币金额。目前对湿地价值评价常用的方法有市场价格法、意愿调查价值评估法(CV 法)、旅行费用法、享乐价值法、成果参照法、影子工程法、内涵定价法、生产率变动法、碳税法、生态价值法等，根据调研的相关文献(Fennessy et al.，2004；Maltby et al.，2009；Springate-Baninski et al.，2009；庄大昌，2004；Barbier，1997；Turner et al.，1997；崔丽娟，2004)，分别选择一种学者使用较多的方法作为各个指标的评价方法(表 8-10)。

表 8-10 湿地生态系统价值评价方法

一级指标	二级指标	计算方法
直接使用价值	湿地产品	市场价格法
	休闲娱乐	费用支出法
	环境教育	成果参照法
间接使用价值	调节大气	碳税法和制造成本法
	调蓄洪水	影子工程法
	净化去污	影子工程法
选择价值	生物多样性	成果参照法
存在价值	生存栖息地	成果参照法

参考文献

陈贵龙，2006. 扎龙湿地功能评价及生态需水量研究[D]. 大连：大连理工大学.

崔丽娟，2002. 扎龙湿地价值货币化评价[J]. 自然资源学报，17(4)：451-456.

崔丽娟，2004. 鄱阳湖湿地生态系统服务功能价值评估研究[J]. 生态学杂志，23(4)：47-51.

傅娇艳，2007. 红树林湿地生态系统服务功能和价值评价研究——以漳江口红树林自然保护区为例[D]. 厦门：厦门大学.

郭凤鸣，1997. 层次分析法模型选择的思考[J]. 系统工程理论与实践(9)：55-59.

国家海洋局，1997. 海水水质标准：GB 3097—1997[S]. 北京：中国标准出版社.

国家环境保护总局，2004. 土壤环境监测技术规范：HJ/T166—2004[S]. 北京：中国标准出版社.

国家林业局，2008. 全国湿地资源调查技术规程(试行)[S]. 北京：中国标准出版社.

胡嘉东，郑丙辉，万峻，2009. 潮间带湿地栖息地功能退化评价方法研究与应用[J]. 环境科学研究，22(2)：171-175.

环境保护部，2011. 区域生物多样性评价标准：HJ 623—2011[S]. 北京：中国标准出版社.

李华，蔡永立. 2008. 湿地公园规划的生态服务功能影响预评价[J]. 国土与自然资源研究(2)：56-58.

李九一，李丽娟，姜德娟，等，2006. 沼泽湿地生态储水量及生态需水量计算方法探讨[J]. 地理学报，(3)：289-296.

刘静玲，杨志峰，2002. 湖泊生态环境需水量计算方法研究[J]. 自然资源学报(5)：604-609.

吕宪国，王起超，刘吉平，2004. 湿地生态环境影响评价初步探讨[J]. 生态学杂志(1)：83-85.

马广仁，2016. 中国国际重要湿地生态系统评价[M]. 北京：科学出版社.

欧维新，杨桂山. 2009. 基于生态位的湿地生态—经济功能评价与区划方法探讨[J]. 湿地科学，7(2)：125-129.

皮红莉. 2004. 洞庭湖湿地生态系统服务功能价值评价及其恢复对策研究[D]. 长沙：湖南师范大学.

湿地国际中国项目办，1999. 湿地经济评价[M]. 北京：中国林业出版社.

孙贤斌，刘红玉，2010. 土地利用变化对湿地景观连通性的影响及连通性优化效应——以江苏盐城海滨湿地为例[J]. 自然资源学报，25(6)：892-903.

孙永光，赵冬至，张丰收，等. 2012. 基于遥感方法的大洋河口湿地环境污染风险时空动态模糊评价[J]. 应用生态学报，23(11)：3180-3186.

王利花，2007. 基于遥感技术的若尔盖高原地区湿地生态系统健康评价[D]. 长春：吉林大学.

王伟，陆健健，2005. 三垟湿地生态系统服务功能及其价值[J]. 生态学报，25(3)：404-407.
吴玲玲，陆健健，2009. 长江口湿地生态系统服务功能价值的评估[J]. 长江流域资源与环境，12(4)：411-416.
辛琨，肖笃宁，2002. 盘锦地区湿地生态系统服务功能价值估算[J]. 生态学报(8)：1345-1349.
袁军，吕宪国，2004. 湿地功能评价研究进展[J]. 湿地科学(2)：153-160.
袁兴中，刘红，陆健健. 2001. 生态系统健康评价——概念构架与指标选择[J]. 应用生态学报(4)：627-629.
张培，2008. 白洋淀湿地价值评价[D]. 保定：河北农业大学.
张祥伟，2005. 湿地生态需水量计算[J]. 水利规划与设计(2)：13-19.
张晓云，吕宪国，2006. 湿地生态系统服务价值评价研究综述[J]. 林业资源管理，10(5)：81-86.
赵美玲，成克武，2008. 唐山南湖湿地公园生态系统服务功能价值评估[J]. 安徽农业科学，36(14)：6020-6022.
庄大昌，丁登山，董明辉，2003. 洞庭湖湿地资源退化的生态经济损益评估[J]. 地理科学，23(6)：680-685.
Genet J A, Olsen A R, 2008. Assessing depressional wetland quantity and quality using a probabilistic sampling design in the redwood river watershed, Minnesota, USA[J]. Wetlands, 28(2): 324-335.
Horwitz P, Finlayson C M, 2011. Wetlands as settings for human health: Incorporating ecosystem services and health impact assessment into water resource management[J]. BioScience, 61(9): 678~688.
Huang X, Chen Y, Ma J, et al., 2011. Research of the sustainable development of tarim river based on ecosystem service function[J]. Procedia Environmental Sciences, 10(1): 239-246.
Jackson L E, Daniel J, Betsy McCorkle, 2013. Linking ecosystem services and human health: The eco-health relationship browser[J]. International Journal of Public Health, 58(5): 747-755.
Karr, James R, 1981. Assessment of biotic integrity using fish communities[J]. Fisheries, 6(6): 21-27.
Kosz M, 1996. Valuing riverside wetlands: The case of the "DonauAuen" National Park[J]. Ecological Economics(2): 109-127.
Oliver S B, David A, William D, 2009. An Intergrated Wetland Assessment Toolkit[M]. Cambridge: IUCN.
Richard T W, Wui Y S, 2001. The economic value of wetland services a meta-analysis[J]. Ecological Economics (37): 257-270.
Schaeffer D J, Herricks E E, Kerster H W, 1988. Ecosystem health: Measuring ecosystem health[J]. Environmental Management, 12(4): 445-455.
Turner R K, Jeroen C J M, Soderqvist T, 2000. Ecological-economic analysis of wetlands: Scientific integration for management and policy[J]. Ecological Economies(35): 7-23.
Zhang F, Zhang J, Wu R, et al., 2016. Ecosystem health assessment based on dpsirm framework and health distance model in nansi lake, China[J]. Stochastic Environmental Research and Risk Assessment, 30(4): 1235-1247.